长期主义护城河

跨越财富人生第二曲线

常娜 著

电子工业出版社
Publishing House of Electronics Industry
北京·BEIJING

内容简介

长期主义护城河，不是静态防守，而是动态地深耕自己的领域，横向持续拓宽自己的边界，这就是护城河的作用，能够帮助我们捍卫自己的优势，挡住潜在"对手"，得以谋求生存空间。以长期主义为护城河的本质，就在于能够让我们给自己充分的时间成长，谋划空间与时间以占据优势地位，通过定位人生的意义发挥优势，创造属于自己的舞台。我们应以长期主义作为护城河，做好当下的事。本书尝试探讨的问题就是：如何在不确定的时代对冲不确定性，定位人生意义与价值，在平衡短期与长期的选择下，跨越成长第二曲线？什么是真正意义上的"财富人生"？

未经许可，不得以任何方式复制或抄袭本书之部分或全部内容。
版权所有，侵权必究。

图书在版编目（CIP）数据

长期主义护城河：跨越财富人生第二曲线 / 常娜著. —北京：电子工业出版社，2023.1
ISBN 978-7-121-44804-1

Ⅰ.①长… Ⅱ.①常… Ⅲ.①人生哲学—通俗读物 Ⅳ.①B821-49

中国版本图书馆CIP数据核字（2022）第252546号

责任编辑：张月萍
印　　刷：三河市君旺印务有限公司
装　　订：三河市君旺印务有限公司
出版发行：电子工业出版社
　　　　　北京市海淀区万寿路173信箱　　　邮编：100036
开　　本：720×1000　　1/16　　　印张：15　字数：272千字
版　　次：2023年1月第1版
印　　次：2023年1月第1次印刷
定　　价：69.00元

凡所购买电子工业出版社图书有缺损问题，请向购买书店调换。若书店售缺，请与本社发行部联系，联系及邮购电话：(010) 88254888，88258888。
质量投诉请发邮件至 zlts@phei.com.cn，盗版侵权举报请发邮件至 dbqq@phei.com.cn。
本书咨询联系方式：(010) 51260888-819，faq@phei.com.cn。

推荐序一

长期主义是战略，护城河是竞争优势，面对世界不确定性越来越多的"乌卡时代"，常娜女士的这本书汇通中外思想智慧，佐以案例分析，是奉献给创业者、企业家和职场奋斗者启迪灵感的一套精美思想大餐。

过去的四十年可谓"中国三千年未有之变局"中最波澜壮阔的一段伟大历程。中国终于找到了正确开启工业化进程的秘诀，遵照实验主义的哲学逻辑，按渐进式双轨制的改革路径，发挥后来者优势，推动中国工业化和城市化进程厚积薄发，快速迭代发展，目前已趋于完成，由此中国也与世界不断融为一体，成为世界经济不可分割的重要组成部分。奋斗在这样转型时代的企业需要专注、执着才能生存下去，并可能越变越好，而奋斗者也必须基于个人比较优势的反省、总结，扬长避短，制定人生的长期战略定位，抱元守一，持之以恒，才能有所作为。

无数中外企业和奋斗者的成功例子，反复验证了长期主义的坚持和打造自己的护城河竞争优势是迈向成功的不二法门。路在脚下，但目标在远方。相信这本书必会给读者以惊喜和启迪。

刘长征博士
北京大学国家发展研究院新结构经济学研究院研究员，资深实务专家

推荐序二

梦想或者目标是一种推动力。作为投资人，我们在投资项目时，往往要看这个项目的目标是什么，以及实现目标的路径是什么，这条路径是可测量的、可实现的，是具象的、清晰的，是结合自身能力和资源系统性分析之后可执行落地的，所以这种清晰、具象的目标和路径，它的推动力更具有现实的力量。本书提到的"长期主义"恰恰是我们对于如何实现目标的一种分析，一种自我剖析的过程。只有知道我们需要什么，或者目标清晰了，我们才能为之付出努力，去实现目标。

我认同精神财富和物质财富是平行的，是并进的。不论是精神的还是物质的，都是一种财富。幸福感是什么？它是一种精神上的愉悦和满足。为什么不同的人幸福感不一样呢？我们需要解析幸福从哪儿来的问题，对物质财富的获取必须不断作用于精神财富，才能具有幸福感。在获取了物质财富之后，沉迷于享受，最终还是没有幸福感的，因为幸福感来自精神，而精神的满足对不同阶层的物质要求不一样，所以物质财富不能满足于精神的不断提升。

我们在不断的学习和认知中理解社会，认识自己，从而获取财富的密码，掌握财富。我们需要不断地提升学习和认知，从而不断地解读下一阶段财富的密码，螺旋式上升与进化的模型。这种模型也是人类发展的模型，是人类认识世界、认识宇宙的模型，还是我们认知自我的模型，是我们自己认知世界的模型，所以很多时候我们看起来像是在原地转圈，那是因为你从顶部看是一个二维的圆，但是从三维的层面来看，你看到了高度，这种高度就是我们在不断地认知和成长。因此，古今中外的哲学中都有提及圆的概念，从点出发画一个圈回到原点，但此终点非彼原点。尽管它们看上去是重叠在一起的，但是不看清楚这种螺旋式上升，我们就会觉得迷茫或者彷徨，仿佛又回到了原点，而实际上精神、经验、学识、认知已经在不知不觉中提升到台阶之上，这就需要我们深刻地认知自我，通过构建长期主义的护城河，作为自己的灯塔。

唯有坚持目标，围绕目标制定长期的策略和路径，你才能始终走在正确的沥青道路上，而不是像大多数人一样，在路边坑洼的泥地中步履蹒跚，却始终不愿意看看远方。

武军

蓝源资本创始合伙人、执行总裁

香港家族办公室协会执行会长

家族财富管理研究院副院长

中国风险投资研究院合伙人

推荐序三

马克·吐温说，生命中最重要的日子有两天，一是你出生的那天，二是你明白为何出生的那天。常娜是年轻一代中，非常清晰地知道自己的使命的人，具有全球视野，家国情怀，非常勤奋、自律。在当下，看到这样的年轻人非常欣慰，尽管当下仍有很多挑战，但对我们国家的发展充满信心。

长期主义护城河，不是静态防守，而是动态地深耕自己的领域，横向拓宽自己的边界，这就是护城河的作用，能够帮助我们捍卫自己的优势，挡住潜在的"对手"，得以谋求生存空间。这是常娜在书中对长期主义护城河的定义。还有对人生"第二曲线"、财富与人生意义的平衡、投资理财的底层逻辑的探讨，这些观点都非常有价值，是基于大量理论和实践研究之后的思考与升华，既有西方哲学大家的思想，又充满东方传统文化的智慧。

对于个人来说，长期主义会让我们从人类历史发展的轨迹来看人的一生，思考人生的意义、人的使命感。当我们面对挑战和不确定性的环境时，拒绝躺平，正所谓"穷则独善其身，达则兼济天下"，实现人生的目标。对于企业来说，在外部环境剧烈变化、产业升级转型的背景下，长期主义更是指导企业战略选择的重要法则。

这本书中还有如"成长型思维""日拱一卒""马拉松策略跑稳职业生涯"等大量实用的模型和方法，可以说知行合一的逻辑是本书的一大特色。我期待本书的出版，它一定能够给年轻人、企业的管理者和领导者，以及致力于可持续高质量发展的有为之士以帮助。也祝福常娜继续前行！

王海山博士
中建协认证中心有限公司首席专家、董事长

推荐序四

常娜和我说要写一本关于"财富人生"的书，这是一个大家都很关心且不太容易解答的问题，但我很期待，也相信她能把这个难题讲好、讲透。因为作为专业的财富管理咨询顾问，她有着丰富的财富规划案例库，清楚大多数人对于财富人生的诉求，同时她还是金融行业的观察者，对行业现状、宏观经济趋势等都有着自己专业的见解。当我认真读完整本书后，感觉她把自己的经验积累和所思所想都毫无保留地分享了出来。

人生和创业开公司很像，你有自己的优势和目标，期望可以一帆风顺实现自己的人生价值，但是社会提供的资源就这么多，你既要警惕竞争对手抢占属于你的资源，又得小心一些"黑天鹅事件"对生活和收入造成打击。如何应对这些风险，实现自己的人生蓝图呢？这就需要像企业一样建立自己的"护城河"，企业的护城河也许是核心技术，也许是品牌影响力等，但人生的护城河是什么呢？常娜给出了答案——长期主义。

这本书中对长期主义的介绍，有几点我感觉很棒。

第一，以往谈起"长期主义"，往往是在投资理财里，但常娜给我们打开了一个新的观察视角，将长期主义应用到人生中，借助长期主义的杠杆作用来打造人生的护城河，也就是个人的核心竞争力。第二，每个人的人生走向都与经济大趋势有着千丝万缕的联系，如果脱离经济趋势空谈人生和长期主义是没有意义的，而常娜在写这本书时充分发挥了她的职业优势，在其中对当下"乌卡时代"面临的各种不确定因素进行了比较理性且详尽的分析，比如长寿时代、低利率等。第三，人生除了财富，还有很多重要的东西，常娜笔下的"财富人生"并不单单指向物质层面，书中不仅讲述了投资理财的底层逻辑和财富传承等很实用的内容，还对认知、成长等层面的提高做了比较专业的介绍。

  本书是常娜对她多年实战经验和行业观察的深刻总结，包含她的大量心血，希望更多的读者能从常娜的经验和智慧中有所收获。

李璞

太平人寿北京分公司个险渠道前总经理、晟睿投资创始合伙人

独立财务顾问、特许金融分析师

得到App课程主理人

推荐序五

常娜老师学术功底深厚，知识扎实，对长期主义很有自己的见解，这也与宏观经济和产业发展的初心一脉相承。她的这本书体系完整、清晰，直击本质。

从客观意义和严肃范畴来讲，长期主义是指一种为了长期目标或结果而做决定的实践。对于长期跟踪和服务一个产业的咨询机构而言，长期主义意味着当下的所有资源投入，都服务于长期愿景、价值观和长期目标，它不仅仅是"理念、信仰"，还是一个个具体的"价值选择"——是局部和短期最优，还是全局和长期最优。此外，长期主义也不是简单的"坚持"或"连续"，而是随着环境不断地从模糊到精确的动态变化过程，是持续的"前进"和"进化"。

我所从事的康养产业就是一个周期长、投入大、长期微利的产业。从关键要素看待一个产业，长期看人口结构和需求，中期看竞争格局，短期看财务收益和资本的青睐度。如果从"盈利性"的角度来看待或投资康养产业，它不够诱惑，也没有太多的想象空间和倍增效率。但是从"持续性"的角度来看，伴随着老龄化程度的加深和社会化养老的普及，伴随着中产阶级规模的增长和消费的升级，庞大的老龄群体带来的相关消费是发展康养产业新的经济增长点，这是人口红利。此外，随着宏观经济的不断调速换挡，中国经济结构发生变化调整，能够满足人民美好生活的服务业、消费业占比提升，康养产业关乎着占据总人口1/3庞大人群的"衣食住行医护养娱"，这是产业红利，能够满足人们最基本需求的产业往往是最长寿、最可持续发展的产业。

基于这样的长期特性，我们一直在寻找和关注产业内有"长期特质"的潜力企业。有的企业做康养是被朝阳产业种了草，而有"长期特质"的企业做康养更像是种树，种一棵百年长成的参天大树。如果以短期的视角审视商业模式，那么一定会从成本、资金周转效率、毛利、盈利方式、损益状况、现金流等维度来考虑；如果在足够长的时间内看如何应对康养产业的变化，就需要一个足够长的时空观——不是机会主义和短线性质的交易性机会，而是致力于构建一种核心能力，这种能力能够经历产业周期的波动，能够经历组织发展的迭代，能够平滑风险的对冲，能够沉淀持续领先的竞争力……这些在康养产业这个长期且艰苦的赛道中朴素的坚持和执着的迭代，其实才是真正意义上中国商业实践中长期主义的落地和升华。

未来任何一个产业的冠军企业，一定是跨越不确定性的长期主义者，就是坚持为人所不屑、自己却坚信正确的道路。道正不怕路远，让长期有价值成为一种信仰。

曹卓君

和君咨询康养事业部合伙人

序言

这是每个人的"大时代",也是每个人的"小史记"

在欧洲读书和工作期间,我有幸参观了不同国家和城市的教堂,比如法国的巴黎圣母院,意大利的米兰大教堂、圣母百花大教堂和罗马城中之国梵蒂冈的西斯廷教堂,发现了一个现象:这些宏伟的教堂用了几百年,甚至上千年的时间才建造成,经过时间的沉淀,不仅气势恢宏,而且建筑工艺与艺术造诣也让人叹为观止,肃然起敬。

梵蒂冈西斯廷教堂对我的震撼不仅是其建筑的工艺,还有其闻名于世的文艺复兴时期意大利的"艺术三杰"之一米开朗基罗的天顶画。

1473年,西库斯托斯四世作为教皇修建礼堂时,天花板是简单的星空装饰。随后,教皇朱利乌斯二世决定重绘天花板。这项工作落到了米开朗基罗的肩上。在短廊式的500多平方米的天顶上,米开朗基罗以圣经《创世记》为主线进行了创作,人物足足有300个。据说,米开朗基罗一天18个小时站在脚手架上,耗时四年零五个月。如此鸿篇巨制,没有足够的使命感和韧性是难以支撑其长期艰苦创作的。

为什么欧洲教堂要几百年建成

为什么欧洲教堂的建造要耗时那么久,动用那么多资源和财力,后期又请艺术大师长期不断完善?这引起了我的思考。

在赖建诚[1]博士的一篇分析中，我看到三位经济学者[2]对这一问题的思考与阐述。他们从经济学的视角给出的答案是：因为这符合竞争策略。这虽然不一定能充分回答这个问题，但能提供一个思考窗口。从产业竞争的视角来看，欧洲各地建筑大教堂是为了占据当地宗教影响力的优势地位。

> 中世纪的欧洲经济尚未起飞，封建领主的庄园经济是重心。当时最能掌控经济、影响政治的是宗教界，教会拥有大量的城市土地、农庄、财产捐献等资源，这是其他团体无法比拟的。维护教会的独占性特权，建筑超大型的教堂，吸引该地区的剩余资源大幅投入教堂，是非常有必要的。
>
> 天主教的竞争策略，就是运用"超额设备"（excess capacity）的理念，盖一座比实际需要还大很多的教堂，来阻挡其他宗教的进入与竞争。天主教先抢光对手的可能生存空间，让自己独自壮大，然后又以雄伟的教堂（好像孔雀漂亮的大型尾扇）来炫耀。这样做，首先是为了吸纳更多的资源（磁吸效应）；其次，又可吓阻潜在的竞争者与威胁者；最后，还能繁荣地方经济，活跃当地的就业市场。

由此可见，欧洲教堂之所以能够穿越百年还在不断地建造和完善，在于通过长期持续地投入和付出，设立对其他宗教流派的竞争壁垒，从而构建宗教、政治、经济各个维度的护城河。

长期主义护城河

近些年，很多企业和个人都在说要做时间的朋友，要奉行长期主义。那么，长期主义到底是什么？如何兼顾"长期主义"和"短期诱惑"呢？

我认为，长期主义似乎更能与宏观和全局对应，短期主义更倾向于微观细节与局部。长期主义指不追求远方的完美，而是在行动中试错和复盘，在当下进行逐步迭代。

简单来看，"知一行九"[3]和"知行合一"与长期主义理念是一致的：要在当下局部、可掌控的小事上持续行动迭代，不以完美结果为当下迫切实现的目标。这样

1　赖建诚，1952年生，巴黎高等社会科学研究院博士（1982年），专攻经济史、经济思想史。
2　Brighita Bercea, Robert Ekelund, Robert Tollison (2005). Cathedral building as an entry-deterring device. Kyklos, 58(4):453-65.
3　"知一行九"，指人们在信息、知识日益过载的时代，输入太多，输出太少，落实不够的问题，要多付诸行动。

的好处是能够在看到远期方向的同时，立足当下实实在在做落地的小事，并在不断试错、复盘、迭代中谋求进步。

北京大学国家发展研究院林毅夫教授的治学理念与知行观念有很多共通之处。林教授在其著作《本体与常无》中提出"做学问"的学问：

> 理论是用来解释现象的一套简单逻辑体系，学习经济学和研究经济学理论的目的是了解社会，推动社会的进步。作为后来者，我们需要站在巨人的肩膀上面，要多读前人的理论研究的成果。但是，任何理论都不是真理本身，而且，对于一个现象，经常会有好几个似乎可以解释这个现象但可能相互矛盾的理论存在。所以，在了解我们的社会存在的问题和现象时，我们必须知道怎样对待现有的理论，知道如何取舍，才不会成为现有理论的奴隶。同时，当现有理论不能解释我们社会上存在的现象时，我们还应该有能力进行理论创新，提出新的解释。只有这样，我们才能成为对社会进步、对经济学科的理论发展有贡献的经济学家。所以，我在方法论上侧重于经济学理论的接受、摒弃和创新方法与原则的探讨。

长期主义护城河，不是静态防守，而是动态地深耕自己的领域，横向持续拓宽自己的边界，这就是护城河的作用，能够帮助我们捍卫自己的优势，挡住潜在"对手"，得以谋求生存空间。以长期主义为护城河的本质，就在于能够让我们给自己充分的时间成长，谋划空间与时间以占据优势地位，通过定位人生的意义发挥优势，创造属于自己的舞台。

"黑天鹅"与"灰犀牛"共舞时代的新议题

当下我们所处的历史节点，是一个"黑天鹅"与"灰犀牛"共舞的时代。17世纪之前的欧洲人没有见过黑天鹅，所以在他们的认知里，所有的天鹅都是白色的。直到人们在澳大利亚发现了黑天鹅，这个事实将他们牢不可破的观念打破了。数万只白天鹅的存在支撑着他们"天鹅都是白色的"这个观念，但只要出现一只黑天鹅，就足以推翻这个结论。

"黑天鹅"的存在寓意着不可预测的重大稀有事件，它在意料之外，却又改变着一切。无论是在政治、经济、自然、健康等领域，还是在资本市场或日常生活中，"黑天鹅事件"都在越发频繁地出现。"黑天鹅事件"的出现总是出乎意料，以至于人们毫无防备、措手不及，因为人们根本没有意识到它的存在。

与之对应且互补的现象，被称为"灰犀牛"现象。犀牛是一种看起来体型笨重、移动缓慢的巨大生物。你能看到它就在远处向你走来，但是你却毫不在意。你以为你能轻松地躲过它的攻击，但是一旦它被激怒，向你狂奔而来，在它惊人的爆发力面前，你无法躲避，会被直接撞倒。

人类社会最可怕的并非不可预知的小概率事件，而是那些近在眼前的大概率会发生的危机。很多危机事件的发生是一个较长的过程，在爆发前已有迹象显现，但却被人们忽视，最后演变成巨大的灾难。所以，"灰犀牛"常常用来指代人们习以为常的风险——你清楚地知道它的存在，你以为你能够掌控它，它也不会对你产生威胁，但是事情一旦爆发，它将会带来极大的破坏力。现今流行的命题是：如何在黑天鹅与灰犀牛共舞的乌卡时代（VUCA[1]）更好地生存？

这一命题下的主题包括：如何重新规划人生的上半场与下半场；如何未雨绸缪，做时间的朋友；如何重仓未来，开启财富人生第二曲线等。

长期主义与阿基米德的杠杆

长期主义是人生战略思维的呈现。人生如下棋，切记不要走一步看一步，而是要在走之前，就在头脑中对未来几步甚至整盘棋有思考、有规划。经历人生，就是经历一场战役，就是战胜自己的过程，要布局、谋划、权衡取舍，归根结底，就是要整合现有资源，在杠杆的作用下撬动未来的蓝图。

物理学家阿基米德从提水桶用的杆和撬起石头用的棍中得到启发，他发现借助杠杆能够达到省力的效果，于是在一次给国王的信中，阿基米德写道："我不费吹灰之力，就可以随便移动任何重量的东西。只要给我一个支点，一根足够长的杠杆，我连地球都可以撬动。"

阿基米德之所以如此自信，正是因为物理世界里具有机械力量的杠杆威力无

---

[1] VUCA，Volatility（易变性）、Uncertainty（不确定性）、Complexity（复杂性）、Ambiguity（模糊性）的缩写。

穷。同样，杠杆效应也能够被应用到人生成长、事物发展等诸多方面。假如人生是一场力量的博弈，那么获胜这个目标则是我们始终博弈的对象。我们的目标、梦想和愿景，就是我们要撬动的地球；我们握在手里的有形资源与无形资源，就是杠杆，例如时间、财富、人际关系、能力、认知、教育、信用、健康等。这些资源能够为我们所用，撬动一个共同的目标，打造一个理想中的世界，经营一个协作的项目。杠杆越长，其起到的作用就越显著。

支点是我们对自己的定位。定位足够清晰和精准，也就更容易发挥杠杆的作用，数倍放大我们的力量，更好地成事。给人生正确定位的支点和足够长的杠杆，我们也就更加容易积蓄力量，撬动人生的蓝图，这就是长期主义的底层逻辑。

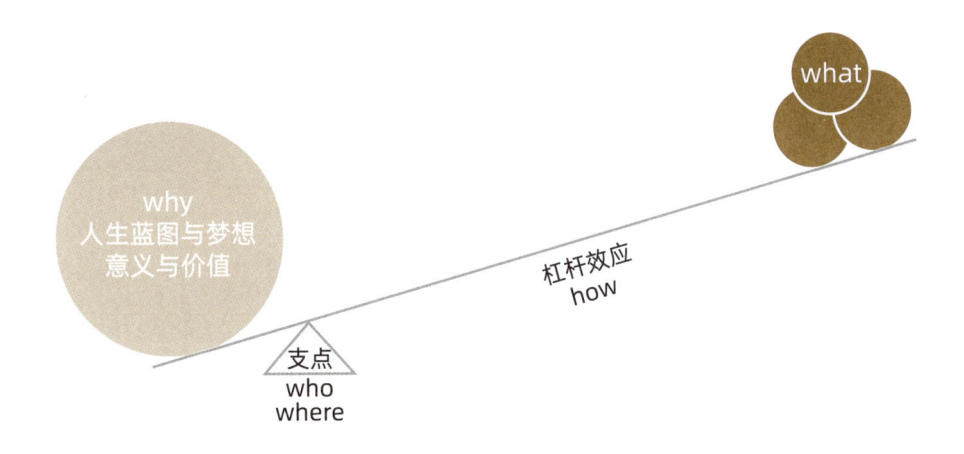

践行长期主义，需要考虑四个维度：人生蓝图 = 支点 × 杠杆 × 成长策略。

★ **地球**：人生蓝图、财富人生、愿景、使命。

★ **支点**：人生定位、优势定位、人生价值与意义。

★ **杠杆**：长期主义、复利效应、人际网络经营。

★ **效能人士养成**：成长策略、认知升级、跨越第二曲线。

人生是一场无限游戏，站在时代的十字路口，我们会重新审视如何开启人生的上半场与下半场。长期主义是主动的选择和对未来的谋划，帮助我们在"黑天鹅"与"灰犀牛"的挑战下跨越成长的瓶颈，开启财富人生第二曲线，打开新局。

成为"人生工业品",还是设计"人生代表作"

"给自己定一个截止时间,打磨出一个代表作。"这是稻盛和夫对年轻人的寄语。何为代表作?打磨一个代表作的意义是什么?在思考这句话的时候,我也在审视自己是否够资历写这本书。如此宏大的人生主题,怎么能够通过一本书阐述透彻。但我认为,每个人的成长故事与"事故",都能够提炼出有益的思考。其实,我们每个人都在写一本书,书的内容就是我们的一生。如果你想去阅读一本书,但至今还没有人把它写出来,你就可以打磨一个代表作——它可以是一本书、一部作品集、一个项目、一个工艺品,甚至一段经历。

读万卷书,行万里路,阅无数人,历万般事。我喜欢从形形色色的人群中找到一些共性与差异的东西,每个人的故事以及人们相互碰撞产生的思考让我想要记录下来,并尝试用文字呈现其中的启发和在我看来对人生有益的思考。把文字真诚地分享给有缘的读者,如果你也认同长期主义这一理念,那不妨一道感受一下这些思考成果。

写书的过程,也是将思考、智慧、认知和能力提炼的过程,是将自己产品化,贴上主题标签,并传递价值的过程。这是制作最初级的代表作。更高级的代表作则更加系统,本书的后面会具体讲述如何实现长期主义并打磨自己的代表作,相信对于读者来说,这会是一个有意义的旅程。

乔布斯在哈佛大学毕业典礼上分享了"如何把生命中的点滴串联起来(connecting the dots)":"你在向前展望的时候不可能将这些片段串联起来,你只能在回顾的时候将点点滴滴串联起来,所以你必须相信这些片段会在你未来的某一天被串联起来。你必须要相信某些东西:你的勇气、目的、生命、因缘。这个过程从来没有令我失望,只是让我的生命更加与众不同而已。"

物质财富并不是人生追求的全部,财富人生是一个丰满的、有意义的人生,值得每个人自己经营与亲自定义。有些人身处历史中,有些人在创造历史,还有些人在创造历史的同时,不忘记录历史。我认为,每个人都是历史的亲历者、创造者与记录者。在对抗新冠肺炎疫情的每一天,人们都在重塑自身的免疫力,这注定会以一种非常独特的方式载入史册。

人生是无法按delete（删除）键前行的，我们无法像按delete键这样轻易删除一场席卷全球的新冠肺炎疫情带来的创伤。但历史可以用来铭记，为了更好地活在当下，也为了更好地创造"明天的历史"。或许，以文字的形式，记录这个大时代下的"小人物"的成长与思考，是一件有意义的事情。

这个时代，每个人都需要创造一部自己的作品。用自己的方式替自己的受众解决一个问题，这就是在实现自身微小的价值，实现与外部环境的互动和连接。本书尝试探讨的问题就是：如何在不确定的时代对冲不确定性，定位人生意义与价值，在平衡短期与长期的选择下，跨越成长第二曲线？什么是真正意义上的"财富人生"（wealthy life）？

目录

第1篇 价值支点——人生定位

第1章 长寿时代 / 2

长寿时代的少子老龄化大势 / 2
  中国人口金字塔的昨天、今天、明天 / 5
  低欲望社会陷阱 / 6
  长寿时代的少子化趋势 / 7
少子老龄化的宏观经济走势 / 12
  人口结构与经济 / 15
  人生消费的经济周期 / 17
低利率时代 / 19
少子老龄化的微观影响 / 21
  市场供求关系调整 / 22
  技术进步与创新 / 23
  家庭资产配置 / 25
少子老龄化对养老的影响 / 26
少子老龄化对职业生涯的影响 / 29
  人生是一场无限游戏 / 30
  再造老年价值 / 30
  长寿时代职业生涯的格局与远见 / 32
经营有价值的"退休后时代" / 33

第2章 找准人生定位 / 35

何为人生定位 / 35
  定位理念一：聚焦优势战略 / 39

　　　　定位理念二：考察自身所处的生态位　/　41
　　　　定位理念三：人生"蓝海战略"　/　43
　　　　定位理念四：跳出能力舒适区　/　44
　　如何整合个人定位，打造人生商业模式　/　46
　　　　优势战略：像狐狸一样组合能力　/　46
　　　　目标定位：事业象限的布局　/　49
　　　　价值定位：打造个人品牌护城河　/　51
　　　　方法路径：搭建职场管道与塑造影响力　/　53
　　底层逻辑：漏斗商业模式　/　58

第3章　财富与人生意义的平衡　/　60

　　人生不是零和游戏　/　62
　　人生的资产负债表　/　65
　　　　重新认识资产　/　65
　　　　重新认识负债　/　67
　　　　重新认识所有者权益　/　67
　　跳出意义追寻的"爬坡—滑坡"陷阱　/　70
　　利他主义　/　71
　　　　成为利他的跑步的"兔子"　/　73

第4章　攀登人生高峰：认知建设和目标管理　/　75

　　探寻人生意义的英雄之旅　/　76
　　"目标—格局—愿力"山峰模型　/　78
　　跨越"第二曲线"　/　81
　　　　颠覆式创新　/　83
　　　　创新是开辟另一条S型曲线　/　84
　　　　跨越S型曲线　/　84
　　　　新物种"丛林进化"的类比　/　86

第2篇　杠杆效应——长期主义

第5章　人生就像滚雪球　/　90

　　长期主义的耐心"基因"　/　90
　　人生马拉松策略　/　91
　　跨期投资的耐心与智慧　/　92

定投长期有价值的选择 / 93

第6章 做时间的朋友 / 96

时间，的确看得见 / 96
时间认知：人生的时间格局 / 97
总体规划：时间变焦 / 98
时间颗粒度管理：番茄工作法 / 99
合理配置：时间组合拳 / 100
《肖申克的救赎》：规划人生自由度 / 101
复利效应与飞轮效应 / 102

第7章 做行动的巨人，创造财富人生 / 105

后发优势＝逆袭 / 105
　停止内耗，马上开始 / 106
在他人的人生里积攒自己的经验 / 108
用历史为当下的时代注解 / 108
知一行九 / 109
认知陷阱：先思考再行动 / 111

第8章 投资理财底层逻辑 / 113

全生命周期的财富观 / 113
人生四季与美林时钟 / 114
风险金字塔与财富金字塔 / 116
现金流模式与财商思维 / 119
人生现金流管理 / 121
财富人生四象限 / 123
财富增长立方体 / 126
借智历史，资管时代财富管理 / 127
　美国资产配置转型 / 127
　日本资产配置转型 / 129
　中国资产配置现状 / 133
资管新规时代 / 133
　资管新规时代的银行业 / 134
　资管新规时代的信托业 / 136
　资管新规时代的保险资管业 / 139

第9章 传承：基业长青与永续经营 / 144

传承的普世价值 / 144
财富管理的认知 / 145
法商的资产保全 / 146
信托的法商与财富管理功能 / 147
保险金信托模式 / 150
企业风险隔离 / 150
婚姻风险隔离 / 152
  防范婚姻风险带来财富缩水 / 152
  法商：税务筹划 / 153
  法商：财富传承 / 154
当我们谈财富管理时，在谈什么 / 155

第3篇 成长策略——跨越第二曲线

第10章 认知护城河 / 158

稀缺陷阱 / 158
柏拉图的洞穴 / 162
  被埋在认知中的"平均值" / 163
  罗森塔尔实验与皮格马利翁效应 / 165
  自利性偏差值 / 167
  决策逻辑：成本＜收益 / 168
  站在食物链顶端应如何认知 / 169
组合思维 / 170
  所有能力的问题，都是资源配置的错位 / 171
  创新，即有限事物的再组合 / 172
  乐高式创新 / 172
  美第奇效应 / 174
  多元化的人才成就美第奇效应 / 175
整合思维 / 176
  一个人走得快，一群人走得远 / 176
  联盟思维 / 179
  协作者 DISC 类型 / 180
  所谓格局，即寻找最大公约数 / 183

　　　　整合最优解　　／　184
　　　　复制力　　／　185

第 11 章　跨越第二曲线　／　187
　　　　"英雄之旅"的成长思维　　／　187
　　　　学习的信念　　／　188
　　　　成长型思维　　／　189
　　　　竞争力规划　　／　190
　　　　认知是一种选择力　　／　191
　　　　　　要事第一　　／　191
　　　　　　认知深度，决定选择思考的长度　　／　192
　　　　　　用进废退　　／　194
　　　　　　认知的近光灯与远光灯　　／　195
　　　　　　蜜蜂和苍蝇，谁更有智慧　　／　196
　　　　　　懂得当下放弃什么比把握什么还重要　　／　198
　　　　　　楚门的世界："这个世界很大"是一个伪命题　　／　198
　　　　自律给我自由　　／　200
　　　　　　摆脱多巴胺，追逐内啡肽　　／　200
　　　　　　实现"自律给我自由"的底层逻辑　　／　200
　　　　强势思维与弱势思维　　／　202

第 12 章　不浪费任何一场危机　／　204
　　　　重新认识危机　　／　204
　　　　　　从不确定性中获益　　／　205
　　　　　　危机＝危难＋机遇　　／　207
　　　　　　所有的事到最后都是好事　　／　208
　　　　破局思维　　／　209
　　　　建设性思考，解决问题的开始　　／　210
　　　　　　创造性地改变现状　　／　212
　　　　天空没有痕迹，但鸟儿已经飞过　　／　213
　　　　一鲸落，万物生　　／　214

参考文献　　／　216

第 1 篇
价值支点——人生定位

> 第 1 章　长寿时代
> 第 2 章　找准人生定位
> 第 3 章　财富与人生意义的平衡
> 第 4 章　攀登人生高峰：认知建设和目标管理

第1章
长寿时代

宏观世界与微观世界的连接和互动可以简化为"天、地、人"框架。天,指天时,时势、大势、时机、四季、周期等,即我们所处的时代。"天",即用历史的眼光看未来,也是历史的未来观。"地",指的是我们所处的方位,我们的定位与资源,也是立身处世的支点。

作为影响未来财富和经济的要素,"人",是指"质"层面的人才,也是指"量"层面的人口。做投资等决策以及判断未来趋势时,从时间的视角来说,短期看金融,中期看产业,长期看人口。本质上,核心是研究人口、人口与社会发展、人口与经济的相互作用。

随着生活水平的提高、科技的进步、社会文明的开化、城市化程度的加深,人们的寿命越来越长,并伴随着生育率的逐步下降,我们正步入一个长寿、少子化时代。人口的变化值得关注,不仅仅因为人口会对经济产生重要影响,还因为其对国家、社会的稳健发展和个人家庭的福祉都有至关重要的作用,人口趋势还与国家发展潜力和产业潜力的关系越来越紧密。

长寿时代的少子老龄化大势

人口学家鲁茨(Wolfgang Lutz)曾提出,如果将20世纪看作人口增长的世纪,世界人口从16亿增加到61亿,那么21世纪就是世界人口停止增长和走向老龄化的世纪。

对于老龄化的定义，国际通行的标准是，当一个国家或地区60岁以上老年人口占人口总数的10%，或65岁以上老年人口占人口总数的7%时，即意味着这个国家或地区的人口处于老龄化社会。深度老龄化社会，指65岁以上人口占总人口的比例为14%。如果超过20%，则进入超老龄化社会。联合国人口基金在老龄化报告里对世界人口进行的数据分析显示，2010—2015年人口寿命达到60岁的占比分布与2045—2050年的占比分布有明显的差异，未来60岁人口的数量在全球范围内将大幅增加。

各个国家和地区60岁及以上老年人口将进一步增多；亚洲地区、欧美国家和南美国家老龄化势头强劲。65岁及以上人口占比达到老龄化标准的国家在2010年只有23个，集中分布在欧洲，还有日本。联合国人口基金预测，到2040年，老龄化经济体将达到89个国家和地区；到2070年，全球将会有155个国家和地区成为老龄化经济体。这与出生率低、人口寿命延长有着密不可分的关系。随着一国的经济水平的提升和科技、医疗、社会福利的完善，未来这一趋势更倾向于被加强。

日本是全球最早步入老龄化社会的国家。回顾日本退休年龄的调整历史，每隔十年到二十年，日本政府就会把退休年龄延长五年。1960年，日本男性平均寿命为65岁，55岁退休很正常。随着人均寿命的延长和身体健康水平的提高，这是符合社会发展需求的弹性变革。

在20世纪70年代以前，日本普遍施行的是55岁退休制。1970年，日本老龄化率达到7%，正式步入了老龄化社会。随后，日本出台了《中老年人就业促进法》，在1973年明确了以60岁为目标，有序推进延迟退休。1978年，日本出台了《新雇佣对策大纲》，核心是实施"中老年人雇佣开发补助金"制度，给予雇佣中老年人的企业一定的补助，鼓励企业雇佣中老年人。1986年，日本修订了《中老年人就业促进法》，更名为《中老年人就业安定法》，正式将退休年龄从55岁延长到60岁。1997年，90%的日本企业已经采取了60岁退休制度，但是依旧难以解决老龄化带来的各种问题。日本在2004年再度修订了《中老年人就业安定法》（2006年实施），阶段性推迟退休年龄至65岁，每隔三年，退休年龄延迟一年。到2013年4月1日，退休年龄延迟到65岁。

2021年，日本政府正式实施《改正高年龄者雇佣安定法》，这意味着日本社会正式进入70岁退休的时代。由于日本老龄化、少子化问题越来越严重，社会劳动性危机深化，日本放送协会（NHK）报道称日本国民养老储备金将在2050年枯竭。此法的实施有助于缓解养老储备金压力，减轻政府财政负担，同时缓解劳动力不足的问题。

日本已经在老龄化的道路上越走越远。日本65岁以上老年人达3617万人，占总人口的28.7%，为全球最高。据估算，到2040年，日本65岁以上老年人将增至近4000万，占总人口的35.3%。老年人口数量及比重的上升将给日本经济发展带来隐忧。作为全球最先进入老龄化社会的日本，在人口结构变化的趋势中只是其中的先行者。中国、韩国、欧洲国家和美国都纷纷步入老龄化社会。

少子老龄化社会对经济会有什么影响呢？经济学家认为，日本的经济状况与其少子老龄化的人口结构之间存在密切联系，人口结构的变化会导致供给侧和需求侧的改变，影响经济的动态平衡。在老龄化程度加深的情况下，市场需求下降，风险厌恶情绪占据上风，老年人消费趋于保守，这会直接减少家庭消费，影响企业投资扩张，缩减企业经营规模，造成经济低迷、通货紧缩。

金融机构，例如银行，通过降低融资成本，刺激经济。同时，银行在保证存贷差的利润模式下，下调储户存款利率。老龄人口占据主导的市场，市场总需求不足。企业在获得银行贷款或债券融资后，通常用于新增设备、加大投入、扩大生产线，但市场需求和消费乏力的情况不能给企业带来利润和增长。实体经济投资回报率低，同时承担的风险并没有减小，衰退的经济闭环进一步加深。个人财富也会更趋向无风险收益和刚性兑付的金融资管产品（见图1-1）。

| 老龄化程度加深，老年人口占比高 | 消费和需求保守，经济活动减弱 | 企业经营疲软，减少投资 | 银行降低融资成本，刺激经济 | 银行在保证利差收益的前提下，下调储户存款利率 |

图1-1：老龄化程度加深影响经济活跃度传导链

"低增长和低通胀"的时间越长，家庭和企业就越倾向于推迟消费和投资决策，这反过来进一步延长了"低增长和低通胀"期。"低利率"的超宽松货币政策难有成效，经济将陷入流动性陷阱。这也是老龄化社会造成的经济活动减弱、财富缩水的一个方面。

反之，当年轻人口占比处在高水平时，需求和消费增长，经济活动的增加促进企业扩大规模、加大投资。基于供需平衡，银行可以在经济好的时候适当提高企业融资成本，避免经济过热。银行在保证收益的前提下，能够给储户更多的利好，例如上调储户存款利率（见图1-2）。

| 出生率水平高，年轻人口占比高 | 消费和需求高涨，经济活动增加 | 企业扩张经营，增加投资 | 银行提高融资成本，避免经济过热 | 银行在保证利差收益的前提下，上调储户存款利率 |

图1-2：年轻人口占比高影响经济活跃度传导链

2021年的联合国《世界人口状况》报告显示，各国人均寿命都处在高水平。女性的世界平均水平为75岁，男性为71岁。多个国家超过了世界平均水平，女性尤为突出，达到86岁。这些国家大多为日本、法国、澳大利亚、瑞士、加拿大、新加坡等发达国家。与之呼应的总和生育率数据显示，总和生育率世界排名后十的，也是以这些发达国家为主的，这意味着越是发达的国家，人口寿命越长，其出生率水平越是趋向低迷，未来人口增长潜力和人口结构失衡发展成为隐忧。而发展中国家和欠发达国家的总和生育率世界排名前十，这说明欠发达国家的人口寿命不及世界排名前十的国家的人口寿命长，但新生子女数量占据优势，人口结构更趋于年轻化。

中国人口金字塔的昨天、今天、明天

人口结构的发展需要动态分析。回顾从20世纪60年代开始至今的人口年龄结构，中国曾是一个年轻人占据主要人口的国家，但是随着社会经济的发展，中国人口位于金字塔基座（年轻）的规模逐渐缩减，中国人口呈现成熟化、老龄化发展趋势。

中国老龄化人口占比的过往数据，以及国家统计局对未来2035年和2050年的预测显示，自2000年起，中国进入老龄化社会，老年人口占比逐步攀升。2020年，我国老龄化程度达到13%，近1.4亿人口为65岁及以上的老年人，未来这一趋势仍在加剧。到2035年左右，我国将会处于超级老龄化社会水平，近3.8亿人口为65岁及以上的老年人，占总人口的比重为27.9%，将近总人口的三分之一。

老龄化程度的加深伴随着城镇化水平的发展，聚居趋势显著增加。同时，独居老人现象也成为关注的重点。

根据联合国《世界人口展望》，各国进入老龄化社会的时间节点和为老龄化做准备的防御时间数据显示，中国老龄化的速度是非常快的，比美国快了41年，比发达国家平均水平快了25年。这就意味着，中国为应对老龄化社会的准备时间十分紧张，人口结构、经济和社会准备程度、养老金融、人生下半场开局的心态等方面都处于紧张局面（见表1-1）。

表1-1：进入超级老龄化社会节奏进程[1]

	美国	德国	日本	中国	世界	发达国家	欠发达国家
进入老龄化社会（65岁以上人口占比7%）	1950年	1950年	1971年	2002年	2002年	1950年	2019年
发展所需时间	64年	22年	24年	23年	38年	48年	30年
进入深度老龄化社会（65岁以上人口占比14%）	2014年	1972年	1995年	2025年	2040年	1998年	2049年
发展所需时间	16年	36年	11年	10年	39年	24年	38年
进入超级老龄化社会（65岁以上人口占比20%）	2030年	2008年	2006年	2035年	2079年	2022年	2087年

对比不同国家人口结构的发展历程，中国与日本、韩国和几个欧美国家未来几十年的人口发展情况呈现很大的趋同性。这是因为中国的经济发展、人口寿命、低出生率等水平越来越趋近其他发达国家。随着经济的发展、女性地位的提升、长寿时代的到来，一国的人口年龄结构就会不断地由金字塔形向橄榄形，再向柱形、倒金字塔形演变。越往后演变，就越呈现出人口结构的危机，给经济、社会的可持续健康发展带来冲击。

低欲望社会陷阱

与发达国家的老龄化不同的是，中国的老龄化是未富先老。中国的人均GDP处于中等偏上收入国家的水平，在经济、产业布局、福利制度与养老文化等方面尚未做好充分准备。未富先老给社会和家庭带来很大的挑战（见表1-2）。

表1-2：世界银行根据人均GDP与人口转变阶段所做的分类

根据人均GDP分类	人均GDP水平	根据人口转变阶段分类
低收入国家	人均GDP在1 000美元以下，如柬埔寨	第一阶段：前人口红利阶段，生育率很高，生育负担重；缺少劳动力，还没有人口红利
中等偏下收入国家	人均GDP为1 000~4 000美元，如越南	第二阶段：早期人口红利阶段，很多劳动力成长起来，能带来一定的人口红利

---

[1] 数据直接来自《时间的宝藏》一书，其根据《世界人口展望》整理。

续表

根据人均GDP分类	人均GDP水平	根据人口转变阶段分类
中等偏上收入国家	人均GDP为4 000～12 000美元，如中国	第三阶段：晚期人口红利阶段，人口有些老龄化，但是还有很多劳动年龄人口可以带来人口红利
高收入国家	人均GDP在12 000美元以上，如美国和欧洲发达国家	第四阶段：后人口红利阶段，国家步入老龄化社会，劳动力人口不足

2021年，我国人均GDP突破1.25万美元，60岁以上人口就达到了17%以上，而且未来一二十年内老年人口还要大幅度增长。中国还没有成为发达国家，还是发展中国家，但老龄化程度已高于发展中国家。

工作创造财富，老年人退休后消耗财富，而财富主要是正在工作的年轻群体创造的。处于人口转变不同阶段的国家表现出不同的经济增长速度，在人口红利衰退的情况下，就会造成经济增长乏力，国家财政负担增加，个人和家庭养老、看护负担加重。

处在超级老龄化的日本当下的社会现状，被日本管理大师大前研一称为"低欲望社会"。低欲望社会的核心是：日本年轻人没有欲望、没有梦想、没有干劲。

日本的低欲望生活方式体现在很多方面，例如，年轻人不愿意背负风险，渴望安逸，不像从前那个时代愿意独立购屋，背负百万的房贷；少子化，不愿意结婚，甚至谈恋爱都提不起精神，导致人口持续减少、人力不足。同时伴随日本人口超高龄化的问题，老年人消费保守，更善于储蓄，当老年人占据人口大比重时就会酝酿出丧失物欲、成功欲的时代，"出人头地的欲望"也比先前降低了。货币宽松政策或公共投资，无法提升消费者的信心，无法改善经济。

中国避免落入低欲望社会陷阱，在教育、住房、创新等很多方面都需要做更多的努力。每个人在个人力所能及的方面，需要不断提升自身能力、调整心态，做到未雨绸缪。

长寿时代的少子化趋势

在经济发展水平、教育水平、城市化进程加快和社会文明迭代发展等多种因素的综合作用下，人口出生规模递减，同比增长率由正向转为负向。从进入21世纪开始,人口数量增长显著放缓,呈现负增速(见图1-3)。

1980—2020年当年度出生人口数量与出生人口变化率

图1-3:1980—2020年当年度出生人口数量与出生人口变化率(资料来源:国家统计局)

全国人口普查结果显示,在历次全国人口普查的人口年龄结构中,0~14岁人口占比自首次普查至今,在经历短期的上浮后,开始了下沉走势。15~64岁的青年、中年人口稳占总人口的60%以上,成为人口红利的主要构成。65岁及以上人口,代表老龄化水平的群体占比在不断增长,随着长寿时代的到来和人口结构趋于老龄化,这一群体占比未来增长依然攀升(见图1-4)。

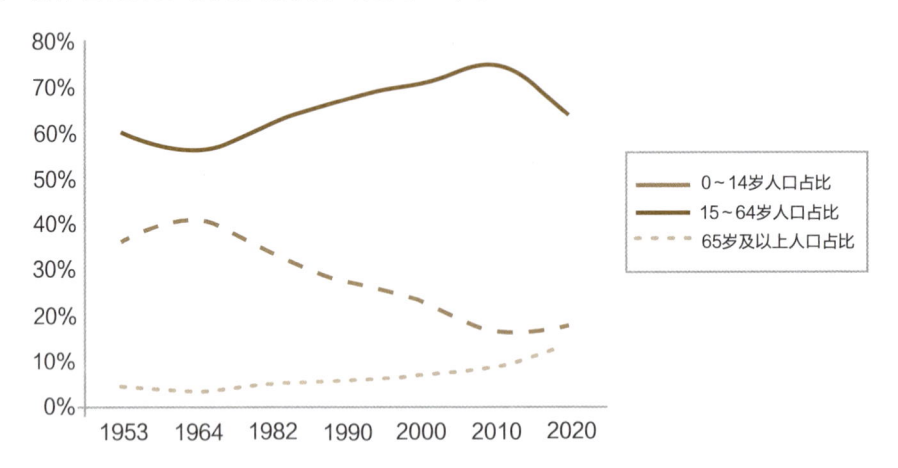

图1-4:历次全国人口普查的人口年龄结构占比(%)(资料来源:Wind,中国银行研究院)

少子化使得未来长周期发展面临中青年人口补充乏力的问题,总人口规模尽管在2010年至2020年依旧增长,达到近14亿人口,但增幅明显下滑。紧随人口增长平稳期的即是今后可见的人口规模缩减,人口红利面临衰退风险(见图1-5)。

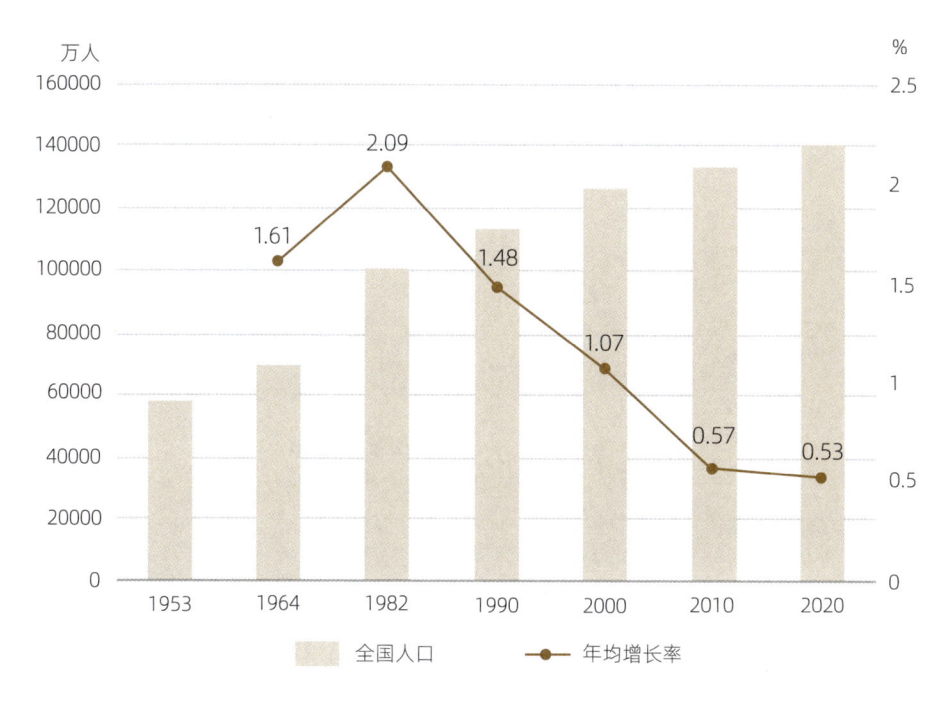

图 1-5：历次人口普查的全国人口及年均增长率

越是贫穷的地区生育率越高，越是发达的地区生育率越低。为什么经济越发达的地区人口增长率越低？从全球范围来看，有一个规律：随着一个国家的工业化、现代化水平的发展和成熟，人均收入逐步提高，生育率普遍走低。也就是说，人均GDP与生育率水平呈现负相关关系。

美国人口学家沃伦·汤普森在1929年提出了人口转型理论——一个国家或地区从工业化前的经济体制向工业化经济体制过渡，往往伴随着从高出生率和高死亡率过渡到低出生率和低死亡率的现象。这个转型可以被归纳为四个阶段（见图1-6）：

① 第一阶段主要指农业社会，高死亡率、高出生率，且二者大致处于平衡状态。

② 第二阶段指农业社会向工业社会过渡的阶段，高出生率，死亡率快速下降，人口快速增长。

③ 第三阶段主要针对工业发展相对成熟的阶段，主要特征是出生率下降，低死亡率，人口增速放缓。

④ 第四阶段主要指工业社会后期，并进入信息化社会，主要特征是低出生率和低死亡率并存，导致总人口保持稳定。

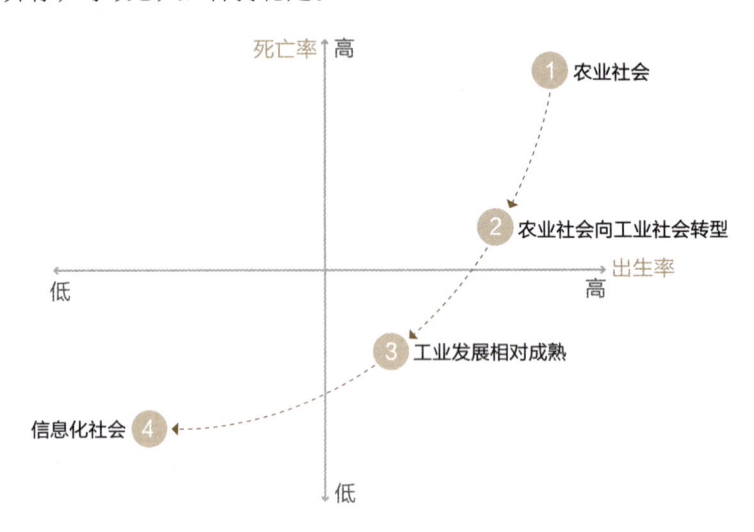

图 1-6：人口转型四个阶段（笔者根据"人口转型理论"整理）

农业社会时期，人口增长起初受到粮食供应的限制，这被称为"马尔萨斯陷阱"（Malthusian Trap）[1]。其指由于人口增长快于农业增长，必然存在一个粮食供应不足以养活人口的阶段。这一理论的前提假设是：粮食供应的扩张是线性的，而人口的增长呈指数型。

进入由农业社会向工业社会转型的阶段，农业技术进步使得粮食供应不再是问题。公共卫生与医疗水平的提高能够减少死亡率居高不下的情况。到了工业发展相对成熟时期，农业技术水平继续提升，工业技术、城市化、教育投资、妇女地位等的发展，带来了人口稳步增长。到了工业社会后期，进入信息化时代，随着女性地位的提升、经济结构的变化、科技医疗技术的完善，使得是否要孩子以及养育几个孩子成为新的讨论对象。

人口学家鲁茨认为，生育率下降的情况，首先在1900年前后的欧洲发生，背后最重要的推手是教育的普及。鲁茨分析道："一言以蔽之，大脑是最重要的生育器官。一旦女性进入社会，接受教育，有了事业，她就会想要拥有一个规模比较小的家庭或者不生孩子。这件事开了头就没有回头路。一旦只生一两个孩子的做法成

---

[1] 马尔萨斯在1798年的《人口原理》中提出。

为常态，就不会再轻易变化。夫妻也不再认为生孩子是自己必须承担的义务。"生育率的下降导致人口减少几乎是不可逆转的。一旦一个国家和地区进入这种状态，它几乎就不可能停下来，因为每一年育龄女性的人数都会比前一年更少。而更难以逆转的是伴随着低生育率而来的心态变化，人口学家将这种心态称为"低生育陷阱"。根据人口学理论，一对夫妻是两个人，两个人必须生育两个孩子才能把自己替代掉。这就意味着，长期来看，人口不增不减。如果一对夫妻生育孩子的数量少于两个，最后人口将会负增长。如果多于两个孩子，人口就可以继续增长。

第七次全国人口普查数据显示，2020年中国新出生人口为1200万，比2019年下降了18%。中国目前的生育率为1.3。总和生育率需要达到2.1，才能达到生育更替水平，即维持下一代人口与上一代人口在数量上持平，人口才能保持不衰减。一般认为，当发达国家的一对夫妻平均生育2.17个孩子，也就是总和生育率等于2.17时，称达到生育更替水平。在发展中国家，要达到生育更替水平，总和生育率需要在2.3左右。总和生育率在生育更替水平与1.8之间，称为低生育水平；总和生育率在1.8与1.5之间，称为极低生育水平；总和生育率在1.5以下，称为超低生育水平（见图1-7）。

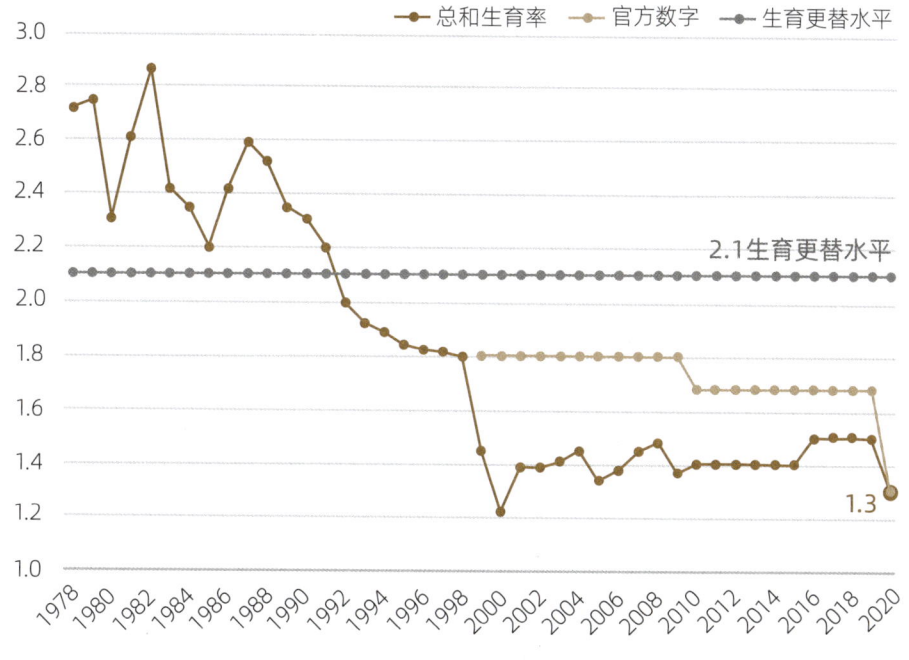

图1-7：中国总和生育率历史走势[1]

---

1 资料来源：《蔡昉：中国第二个人口转折点或在2025年到来，要应对"未富先老"》。

少子老龄化的宏观经济走势

经济增长的动力是什么呢？一国的经济增长由"三驾马车"驱动：出口、投资和消费。本质上，"三驾马车"最后努力的方向依然是消费，消费是生产经营活动的末端，消费之后产生新的需求，从而促进经济活动，产生增长的良性闭环（见图1-8）。

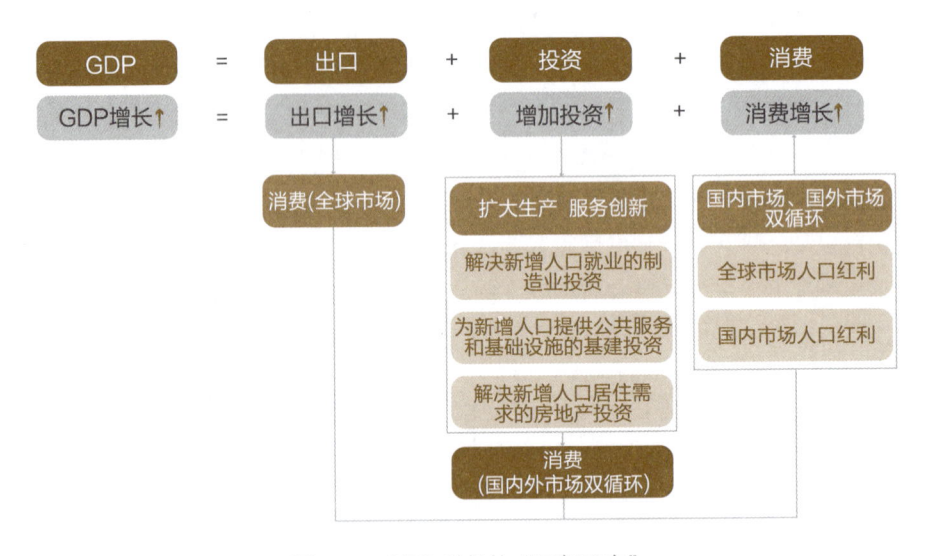

GDP	=	出口	+	投资	+	消费
GDP增长↑	=	出口增长↑	+	增加投资↑	+	消费增长↑

出口侧：消费（全球市场）

投资侧：
- 扩大生产 服务创新
- 解决新增人口就业的制造业投资
- 为新增人口提供公共服务和基础设施的基建投资
- 解决新增人口居住需求的房地产投资
- 消费（国内外市场双循环）

消费侧：
- 国内市场、国外市场双循环
- 全球市场人口红利
- 国内市场人口红利

图1-8：GDP增长的"三驾马车"

① 第一驾马车：出口。出口促进经济增长。出口的消费市场来自全球，享受当地市场或全球市场的人口红利。

② 第二驾马车：投资。投资的市场既可以是国内市场，也可以是国外市场。全球可以被理解为一个巨大的供应链网络，构成国内外市场双循环。

投资的目的是扩大资本的回报，产生更高的溢价。投资中资本的流动受到人口因素的影响，因为扩大投资，增加了生产和服务供给，经济活动是供需作用后的相互匹配。人口因素关系到制造业的产生、消费，进而作用于投资决策。

人口数量增长产生的需求对基础设施和公共领域服务提出更多的要求，促进在基础设施等领域投资。另外，人的衣食住行都会影响到投资，例如住房需求，人口数量、人口质量、人口年龄结构的改变对住房需求的影响是差异化的，因而对投资产生不同的反馈。老龄化、少子化社会影响投资的决策、规模、方向等众多方面。

③ 第三驾马车：消费。消费市场不单指国内市场，还包括国外市场。出口贸易涉及国外市场消费，这里把国内外市场双循环放在一起。消费市场的双循环作用，拉动刺激经济增长。

中国在全球市场中的经济循环还体现在价值链的枢纽作用，其表现为连接创新和消费的桥梁。举例来说，在创新和高附加值领域，美国在国际市场中占据上游优势[1]，美国大公司未来更高效的增长和行业竞争力的提升，不断升级创新来稳固竞争优势地位。因此，美国大公司的价值链后端会外包给其他公司，美国制造业的外包企业很多是中国的制造业企业。创新型的上游企业通过外包，利用比自己制造同样产品成本低得多的下游合作企业，这样就形成了一种生态，创新型的企业周围成长了一批制造业供应商，而下游的供应链很多转移到了中国，中国借此逐步成长起众多制造业企业。对处在价值链中游的中国制造业企业来说，要进口或外包更初始和低端的服务与原材料，这一需求便给了像非洲、南美一些国家下游的供应订单，以此构成了另一个循环（见图1-9）。

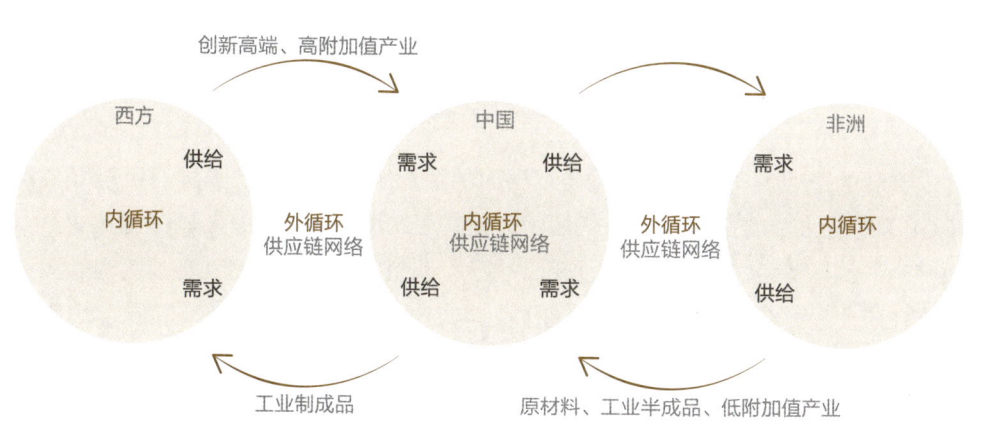

图 1-9：经济双循环系统 [笔者结合《溢出》（施展 著）整理]

---

1 《拜杜法案》给美国创新和商业化带来巨大的积极推动作用。1980年，由参议员博区·拜（Birch Bayh）和罗伯特·杜尔（Robert Dole）联合提交的提案被美国国会通过。此提案被称为《拜杜法案》。此前的美国，一些学校获得了多个政府资助的项目，但由于"谁出资、谁拥有"的政策，研发成果不仅收益权归政府，而且一切的后续性研发也不可以由发明人独享，这导致大量科研成果闲置浪费。《拜杜法案》让美国的大学、研究机构能够享有政府资助科研成果的专利权，这极大地带动了技术发明人将成果转化的热情。

1978年，美国的科技成果转化率是5%，《拜杜法案》出台后，这个数字短期内翻了10倍。美国在10年之内重塑了世界科技的领导地位，《拜杜法案》功不可没，被《经济学家》杂志评为美国过去50年最具激励性的一个立法，是美国从"制造经济"转向"知识经济"的标志。

双循环的流通依赖全球市场和国内市场的联动，全球市场的人口以此影响消费能力、创新能力，对经济活跃度、经济增长起到重要作用。

20世纪80年代，美国大规模向亚洲进行产业战略转移，就是依据价值链理论与微笑曲线逻辑落地的，这也导致美国产业的空心化（见图1-10）。

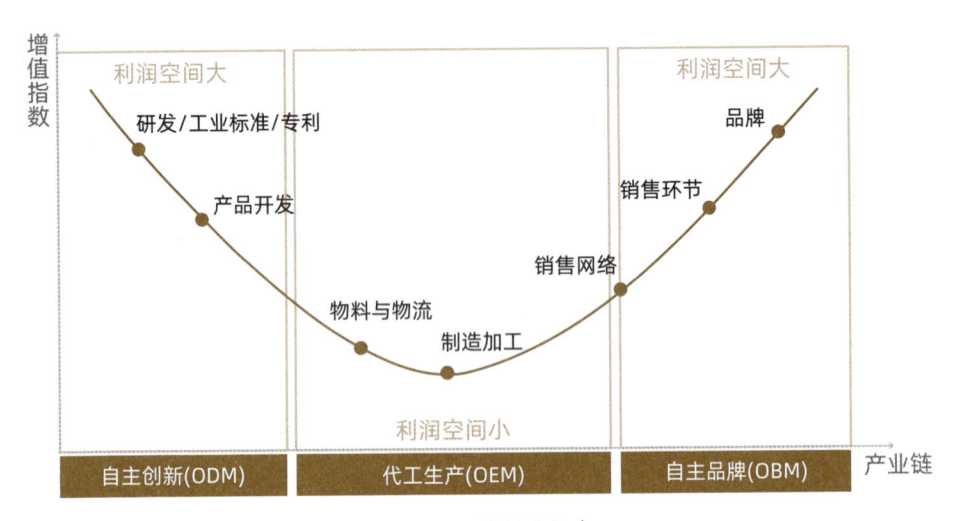

图1-10：微笑曲线[1]

宏观的产业链布局可以通过微观层面的企业案例来理解。美国通用电气公司（GE）的前CEO杰克·韦尔奇在任期间，尤其在20世纪70年代，美国的制造业企业面临一种转型趋势，即制造业向服务业转型，与资本挂钩的金融业务成为引领潮流的支柱产业。面对未来，韦尔奇看到了美国实业企业向金融化过渡的势头。追求更好、更新的东西，并为己所用，加上股东利益最大化导向，让韦尔奇选择了将服务导向的产品作为中长期的战略目标。

最初以制造业起家的通用电气公司，由爱迪生创造的制造基因在这个阶段被重新定义。在商业角度上，这个决策的底层逻辑是服务导向，以问题解决方案为原则，相比产品导向，其更能为用户提供相关价值。

我们看到，20世纪80年代占总收入一半以上的制造业，在90年代末就已经逆转，服务业占据三分之二的营收。实体业金融化带来的商业价值自然是可观的。在美国这个国家范围的转型趋势下，借助当时美元的强势地位，以及美国各方面的实

---

[1] 1992年，重要科技业者宏碁集团创办人施振荣先生提出有名的"微笑曲线"（Smiling Curve）理论，作为宏碁的策略方向。

力，这种转型成功助力企业实现商业价值变现。这种小变量也成为美国商业发展史的一个转折点。

实体经济在这种趋势下被弱化，企业对管理精英和蓝领技术型人才的追捧程度也慢慢产生分化，金融主导的优劣势都是显著的。当下的贸易赤字平衡问题，透过韦尔奇时代的通用电气公司，也从侧面反映了美国经济转型的利与弊，尤其是制造业疲弱和制造业外移海外市场。我们看历史，评判一个人和企业的成就，不能摆脱历史的框架，只在截取的历史胶片的片段内审视某个决策的深远影响。

中国作为"世界工厂"，低成本一直是最重要的竞争优势。然而，这也存在未来增长潜力衰退的风险。为什么这么说呢？在研究产业链布局过程中，我们看到王志纲老师对其进行了深入剖析：

> 当一个国家嵌入全球产业链低端的时候，过十多年之后，其就会因为成本的上升被迫要往高端走，日本和韩国都是如此。但中国由于特殊的国情，不断有劳动力从内地往沿海迁徙，一拨人走了，又来了一拨人，竟然将这一"优势"保持了整整一代人的时间。今天，这个低成本的神话终将破灭：人口的迅速老龄化，使得大量的青壮年劳动力不再唾手可得；新一代农民工子弟也不愿从事父辈的工作；环境的成本、土地的成本也正在上升。

在经济学领域，这一现象被称为"刘易斯拐点"，即劳动力过剩向短缺的转折点，指在工业化进程中，随着农村富余劳动力向非农产业的逐步转移，农村富余劳动力逐渐减少，最终达到瓶颈状态，这是大多数农业化国家向工业化国家转型过程中不可避免的问题。因为在工业化进程中，工厂不断吸收农村剩余劳动力，但随着工人工资水平的提升和劳动力人口数量的变化，以及随之涌现的收入不平等问题，扩大生产不是无限制的。人口红利消失后，中国在全球产业链中的转型升级成为重要议题，这也是我们强调创新，倡导将人口红利转变为人才红利的原因。

人口结构与经济

世界银行统计的200个国家65岁以上人口比重与经济增速的散点图显示，人口老龄化程度越高的国家，GDP增速一般越低，二者存在明显的负相关关系（见图1-11）。

较低的人口增长对人口结构、劳动力要素等造成影响，从而影响经济的总产出，这也意味着经济增长率较低。人口老龄化程度越高的国家，经济增速往往越慢。

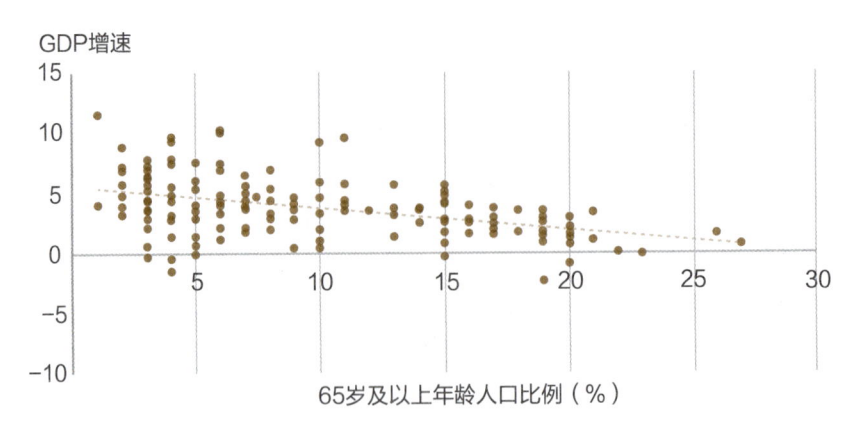

图 1-11：GDP 增速与老龄化程度的关系

（资料来源：Wind，世界银行，苏宁金融研究院）

日本的人口结构和劳动力要素的变化与经济发展的轨迹呈现很大的相关性。15～64岁人口占日本总人口的比重是这个国家主要劳动力人口的体现（见图1-12）。

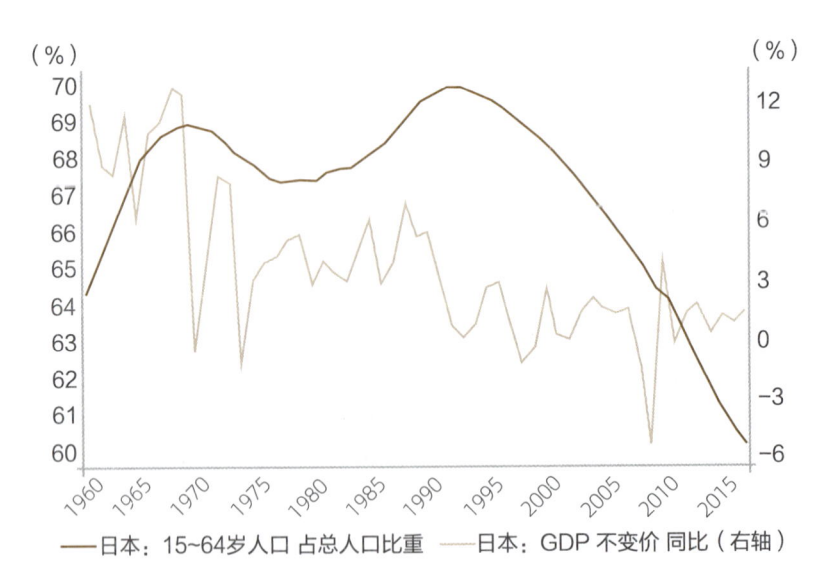

图 1-12：日本 15～64 岁人口比重与 GDP 增长的关系

（资料来源：Wind，苏宁金融研究院）

从1960年到2015年，日本的劳动力人口占总人口的比重在经过近三十年的增长后，于1990年达到顶峰，随后进入快速老龄化阶段，劳动力人口开始急剧下滑，这是低出生率、老龄化共同作用的结果。1996年劳动年龄人口（15～64岁）开始负增长，随着生育率的继续下降，2009年总人口出现负增长。

同时，日本GDP增减幅度虽然比较大，但其整体处于下行趋势。在人口老龄化和人口负增长的三十多年时间里，日本实际GDP几乎零增长。劳动力人口是一国发展的人口红利，消费主力和创造财富主力的人群规模衰减，传导并影响到经济发展的引擎。

人口的年龄结构对经济活动会产生作用，这种作用将影响经济因素，如通货膨胀和通货紧缩。假设按人口的年龄结构分为三组：青年、中年和老年。在不同阶段，消费能力和消费欲望是不同的。青年群体消费欲望强烈，收入水平处在基础阶段，消费占据上风。大学教育开支、刚刚进入社会的投入，如房子、车等，这个阶段侧重于投资，即用时间换取未来的能力增长或价值回报，如薪资收入、能力和职业素养、孝养父母的能力等。可以这样理解，青年群体带来的经济活动提升了经济活跃度，也促进了通货膨胀。

中老年人的消费会更加理性，尤其是老年人，大类资产已经匹配成熟，在稳定和成熟的人生阶段，其更多地担心未来风险。工作收入因退休而减少或终止，支出减少，储蓄需求增加，老年人占主要比重的市场更易引发通货紧缩。

人生消费的经济周期

研究人口学的意义是什么？研究人口学是能够赋予我们对未来趋势预判能力的终极指标。美国人口学学者哈瑞·丹特提出了"2014年至2019年人口红利终结，经济萧条来临"的观点，浓缩为"人口峭壁"。未来几年、几十年的经济走势皆与人口发展相关。哈瑞形象地对"人口学是看清未来关键的钥匙"进行了"人生图景"描绘。

当年轻一代进入劳动年龄段时，通货膨胀随之产生；当这一群体在不惑之年进入最具生产力的阶段时，通货膨胀亦开始回落；当退休人口数量大于劳动力人口数量时（如日本的情况），就会发生通货紧缩。年轻人推动了创新循环，老年人在此方面无能为力（现在，日本的成人纸尿裤销量居然高于婴儿尿不湿的销量！）。

简而言之，人口与经济学关系紧密。对于很多行业而言，年轻人都处在需求高峰阶段，年轻的劳动力是重要的消费群体，消费活跃，创造财富还不是主流。在总需求与产能不足的情况下，容易引发通货膨胀。上了年纪的人由于支出减少，主要耐用品的消耗减少，借贷减少，储蓄增加，更容易产生通货紧缩效应。经济发展如同四季更替，哈瑞生动地进行了类比：

> 新技术和世代性荣衰周期催生了持续不断的繁荣发展：开始于春季；在夏季开始减速，此时出现高通货膨胀（类似于夏季的高温）和走低的世代性支出；之后，伴随着世代性支出的增加、生产力的增强、通货膨胀和利率的降低，迈入秋季泡沫性繁荣期；最终的繁荣吹出了金融资产、新技术与商业模式泡沫——就仿佛冬季的农闲期，后续数十年都要用来清偿债务，但首先要通过减少债务泡沫和金融资产提高效率。
>
> 这是一个繁荣与衰退、通货膨胀与通货紧缩、创新与创造性消亡的自然周期。

也就是说，人口结构变化对经济的通货膨胀和通货紧缩有很大的影响。结合人口学与经济学来看，抚养比形象地描述了非劳动力人口与劳动力人口的占比对经济的影响。在经济领域，将人口分为三类：未成年人口、劳动力人口、老龄人口。抚养比即指非劳动力人口数量与劳动力人口数量的比率，衡量劳动力人均负担赡养非劳动力人口的数量。

$$总抚养比（即赡养率）= \frac{老龄人口+未成年人口}{劳动力人口} = 老龄人口抚养比+未成年人口抚养比$$

抚养比越大，表明劳动力人均承担的抚养人数就越多，即意味着劳动力的抚养负担就越重。抚养比下降产生通货紧缩效应，因为劳动力人口的产出大于自身与非劳动力人口的消费。抚养比上升产生通货膨胀效应，因为作为分子的被抚养群体（老龄人口与未成年人口）数量大于劳动力人口数量，只消费不生产的效应增加，致使供需平衡向需求端倾斜，引发经济向供不应求方向发展，从而产生通货膨胀。

复苏与衰退，就好比四季更替，国家与人民都不希望过热的通货膨胀，也不希望过冷的通货紧缩。如何有效地调节经济发展趋势，是否能实现"四季如春"，这是一个很艰巨、很难回答的问题。

经济与消费密切相关，人在不同的年龄阶段具有不同的消费行为和支出能力。人口学研究表明，典型的家庭消费高潮一般出现在家庭中的抚养人46岁左右。新一代消费者一般在20岁左右时成为一个劳动力，开始创造财富，然后成家立业、养儿育女、购车置业，支出不断增加（见图1-13）。当然，部分群体也因人而异。

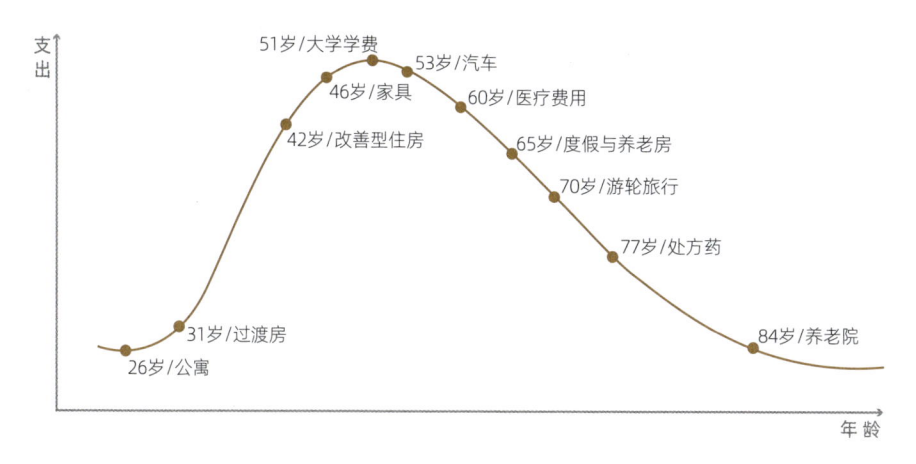

图 1-13：消费者生命周期

统计数据表明，当平均峰值消费的人口达到高峰的时候就会引发经济繁荣，之后经济开始放缓，当消费人口大量减少的时候，也就是到了人口峭壁的时候，经济就大幅度下降，经济也就大滑坡，甚至萧条。而后经济才会再次回暖，周而复始。消费者生命周期的钟形曲线也呈现出更多引人深思的问题：随着年龄的增长，支出一直持续，作为父母的责任在50多岁履行到高峰，子女教育和婚嫁的支出成为峰值后，年龄的增长也伴随着储蓄的增加，但同时面临退休节点，主要收入可能骤停，净资产达到峰值。在60多岁时开启人生下半场，在享受自己的世界时，身体健康和养老支出也提上日程。

人生上半场奔波劳碌，抚育子女，持续且大比重地投资教育。我们是否想过如何开启人生下半场？不得不说，财富规划的时间格局不能仅仅停留在当下几年，而是要以全生命周期的理念做到长期主义和未来主义。在保证当下生活品质的同时，为未来的品质生活储备好"过冬"的粮食。

低利率时代

全球经济下行与衰退时期，各国出台宽松的财政和货币政策，越来越多的经济体可能陷入低利率甚至负利率环境。欧洲自2009年瑞典央行首次推出负利率政策以来，瑞士、丹麦等国家纷纷下调为负利率。另外一些经济体，英国、加拿大、澳大利亚、韩国、日本等接近零利率水平。随着全球经济衰退加重，未来可能有更多的国家陷入零利率或负利率环境。

负利率针对的是名义利率，指央行与金融机构之间进行政策操作的利率，以及金融机构之间相互拆借资金的利率，如隔夜回购利率、隔夜拆借利率等。经济增长的逐步下行会带动长期利率的下行。中国人民银行行长易纲在《中国的利率体系与利率市场化改革》[1]中阐述了利率与宏观经济的关系，利率是资金的价格，对宏观经济均衡和资源配置有重要的导向意义与调节作用，主要通过影响消费和投资需求来实现。

利率影响消费和投资需求

从消费上看，利率上升会鼓励储蓄，抑制消费。从投资上看，利率提高将减少可盈利的投资总量，抑制投资需求，即筛选掉回报率低的项目。利率对进出口和国际收支也会产生影响，国内利率下降，刺激投资和消费，提升社会总需求，会增加进口，导致净出口减少，同时本外币利差缩窄，可能导致跨境资本流出，影响国际收支平衡。

利率"黄金法则"

实践中，一般采用"黄金法则（Golden Rule）"来衡量合理的利率水平，即经济处于人均消费量最大化的稳态增长轨道时，经通胀调整后的真实利率 r 应与实际经济增长率 g 相等。

若 r 持续高于 g，则会导致社会融资成本高企，企业经营困难，不利于经济发展。当 r 低于 g 时，往往名义利率也低于名义GDP增速，这有利于债务可持续，即债务杠杆率保持稳定或下降，从而给政府一些额外的政策空间，但也有研究表明，至少在新兴市场 r 低于 g 不足以避免债务危机。

总体上，r 略低于 g 是较为合理的。从经验数据来看，我国大部分时间真实利率都是低于实际经济增速的，这一实践可以称为留有余地的最优策略。但 r 也不能持续明显低于 g，若利率长期过低，则会扭曲金融资源配置，带来过度投资、产能过剩、通货膨胀、资产价格泡沫、资金空转等问题，超低利率政策难以长期持续。

可以这样理解，利率"黄金法则"指出：利率水平应当等于一国的名义GDP增速。从全球经验来看，在利率市场化的背景下，一国的长期国债收益率水平围绕其

---

[1] 《金融研究》2021年第9期刊发的文章。

名义GDP增速波动，两者长期走势的趋同性很强。在中国利率管制放开的情况下，长期国债利率与GDP增速之间的差距已经显著收窄。

20世纪90年代以来，日本经济泡沫破裂，经济及通胀长期低迷，日本央行也不断下调利率，于1999年将政策利率降至零。此后，日本虽然也试图上调利率，但都由于经济和通胀问题，维持在零利率附近水平。

欧债危机导致国内外需求下行，2012年至2014年，欧元区陆续下调利率，随后开启负利率时代。欧洲负利率产生的根本原因在于经济增速放缓、人口老龄化，以及高税收、高福利政策导致自然利率下行，人们倾向于更多地储蓄，消费和投资需求放缓，风险偏好下降。

实施低利率或负利率的目的是刺激经济，政府希望以此将银行沉淀的资金转移到实体经济，扩大消费和投资，稳定通胀水平，但看起来效果不容乐观。

利率水平应当等于一国的名义GDP增速，若经济增长放缓，人口老龄化加剧情况继续，越来越多的国家可能陷入低增长、低通胀、低利率（甚至零利率或负利率）的"三低"时代。

中国人民银行原行长周小川在出席2019年创新经济论坛时表示：中国可以尽量避免快速地进入负利率时代。随着全球越来越多的国家进入零利率甚至负利率时代，我国未来进入负利率时代也将成为不可避免的现实。尽管短期内，我国不会进入零利率或负利率时代，但利率水平下行将是长期趋势。

国家统计数据显示，衡量国内通胀指数的指标是居民消费价格指数（CPI），国内CPI同比增长一年为2%~3%。这说明影响居民日常生活的物价上涨速度是每年2%~3%。CPI可以被认为是"必须消费通货膨胀率"。保障财富不大幅缩水，要跑赢CPI。但更好的生活质量，要跑赢"可选消费通货膨胀率"。实际上，医疗、教育的价格增值速度高于CPI。整个社会都需要竞争这些资源，供需关系的动态变化就会推高这些资源的价格。

少子老龄化的微观影响

宏观上，我们正步入一个人口老龄化、低生育率的时代。微观上，长寿时代对人们以往的生活和工作、财富的管理和人生下半场的经营等各个方面有了新的影响，带来新的机遇和挑战。结合以往的发展道路，以及老龄化程度超过中国的日本、韩国等国家发展情况，本节具体阐述老龄化社会对我们个体生活的具体影响。

对于个人对投资与财富的管理来说，老龄化和少子化产生的影响需要从三个维度进行把握：市场供求关系调整、技术进步与创新，以及家庭资产配置。

市场供求关系调整

从供给端来看，人口结构变化带来劳动力供给调整。在老龄化程度加深的同时少子化加剧，使得劳动力人口数量在减少，新鲜的血液无法补充到劳动力大军中，劳动力数量供给不足。同时带来的是供给质量的变化，劳动力细分产生专业化，倘若细分市场的数量供给不足，很可能会造成供给质量的问题，人才和细分市场的契合偏差，将导致劳动力的生产效率降低。

人力资本是指体现在劳动者身上的资本，如知识、技能、健康状况、工作能力等综合素质。老龄化和少子化会减少劳动力数量，但会倒逼人力资本的发挥。从人口红利到人才红利的转型，是一个社会发展阶段的结果，需要一个过渡阶段。

从需求端来看，在老龄人口成为市场主要消费群体的趋势下，需求端自然会发生变革。一方面，消费、储蓄分配、需求水平会更趋向保守，因为退休或者收入减少，老年人更侧重储蓄；另一方面，老年人的消费会不同于年轻人，需要市场做出相应的调整，这对养老产业如医疗、保健品和器材、养老社区、老年人旅行等提出了要求。

嘉御资本董事长兼创始合伙人卫哲指出，在投资领域最需要关注的消费人群是25岁的年轻人，因为只要打透这个人群，品牌定位势能就会产生溢出效应。18岁、19岁的女孩子会抬头仰望25岁的小姐姐在消费什么，想要追随她们的脚步；30岁女性希望自己能够更年轻一些，会往下看25岁的小妹妹在消费什么。

现实是，"85后""90后""95后""00后""05后"的总人口数量已经依次下降了，25岁人口的数量不断减少（见图1-14）。

然而，随着城镇化率的提高，2010年到2020年在城市居住的25岁年轻人增加了两三千万。同样是25岁的年轻人，居住在农村和居住在城市，其消费能力会差很多倍。尽管25岁左右的年轻群体总人口数量下降了，但分布在城市里的人口增加了两三千万，这意味着新的人群结构在未来几年仍然是向好的。但从长期来看，这种消费主力的规模效应随着下滑的低生育率趋势，还是不容乐观的。

消费主力的"年轻人口"规模(亿)

85后	90后	95后	00后	05后
1.2	1.1	0.99	0.83	0.8

■ 总人口(亿)

图 1-14：消费主力的"年轻人口"规模（资料来源：国家统计局）

技术进步与创新

技术进步与创新得益于很多因素，人口因素对其作用体现在人口规模效应和人才聚集方面，人口规模有助于增加被培养人才的数量。同时，人与人之间的交流碰撞，以及跨学科、跨专业、跨文化地域背景的交融，有利于创新的产生。很多时候创新是基于现状的完善、改良和对当下解决方案的颠覆，例如，通常有组合式创新与颠覆式创新。人才聚集和细分需求涌现，有利于驱动创新力和提升效率。

人口老龄化的市场趋势，将产生更多适老和深度养老方面的需求、金融方面的需求和相关产业类需求。在金融需求方面，养老金融是基本养老和品质养老的生活必需。在国家养老保障第一支柱的基础上，从企业和个人层面需要对养老保障第二支柱、第三支柱增加投入。通过筹划个人的商业保险养老金来实现品质生活，这一目标在我国个人和家庭端还有很大的缺口（见图1-15）。

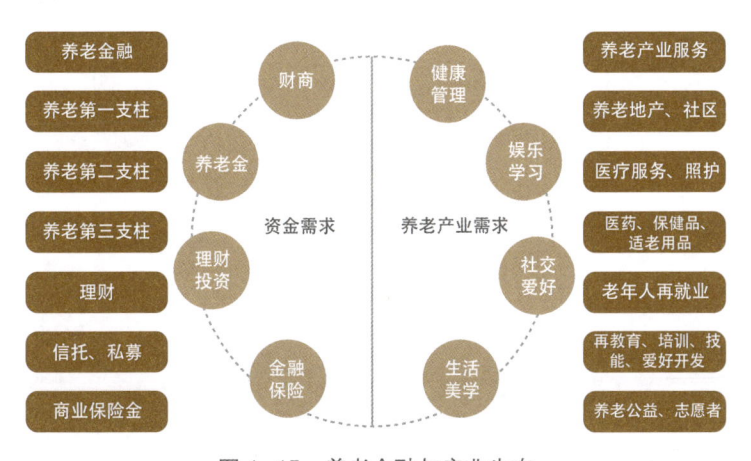

图 1-15：养老金融与产业生态

在少子老龄化的养老解决方案方面，日本的商业机会版图可以作为参考和借鉴。俄罗斯著名投资机构DST Global的合伙人Alexander Tamas曾说："世界上从来没有过，包括未来也不可能达到所谓的'扁平状态'。所谓的成功商人，比的就是谁能够率先利用信息落差而谋得利益。"这一理念在投资与创业中被称为"地缘套利"。其本质是利用不同地区和市场发展的程度与信息差进行"降维打击"，实现差异化，进而创造新的价值点来套利。

福耀集团创始人曹德旺曾去美国底特律出差，本来计划美国之行能够开拓美国市场，却意外从底特律的福特博物馆得到启示。底特律承载着美国汽车制造业的最繁荣的历史，而福特博物馆展出的其实就是一部美国的工业史。福特博物馆是美国的工业史馆。美国是当今世界上经济最发达的国家，可以把美国当成一个标杆，丈量一下我们跟美国之间的差距。如果我们在现代化进程方面距离美国100年，那么只要看100年前的美国在做什么，100年前的美国什么行业最发达、最兴盛，而现在仍然发展不错的，那就是现在中国的企业可以做的。

这个思考来自在落差中求变，在差异中找到商机。逆向思考也适用，例如，中国发展超前的产业，迁移到市场相对尚未成熟的国家，就可能找到机会。

日本在经济发展中提早经历了大的周期与人口结构的变化，在某些方面，中国GDP发展阶段能够从日本20世纪80年代现代化进程中汲取思考，其过往与当下的不同阶段演化出的产业和市场需求，值得参考和借鉴（见图1-16和图1-17）。

图1-16：日本经济发展经历兴衰交替的四个阶段

（资料来源：世界银行，国泰君安证券研究）

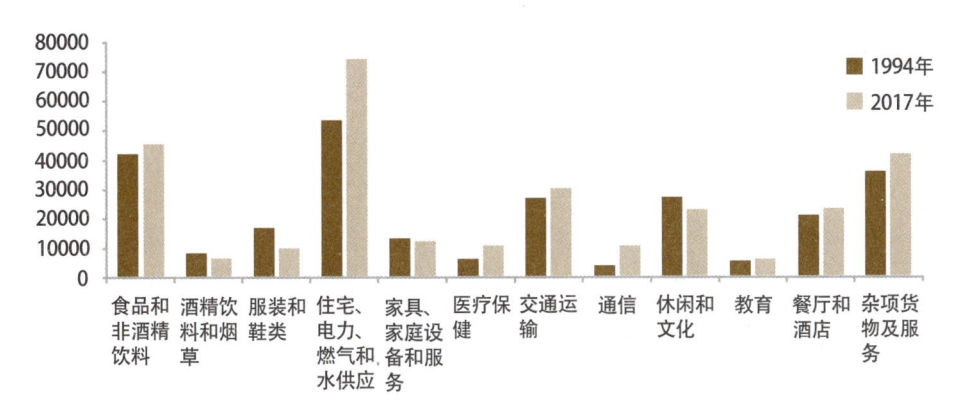

图 1-17：日本 1994 年和 2017 年分品类消费（10 亿日元）

（资料来源：Wind，海通证券研究所）

自20世纪90年代以来，日本在老龄化和少子化的发展现状下布局了适老产业，以应对和满足不同程度老龄化人群的需求。在少子化市场端，提供婚礼服务、家政月嫂、教育等相关产业支持。在养老产业方面，提供老龄人口的日常生活管理，如健康管理、医疗服务、照护、社区、再就业、再教育、养老志愿服务、公益事业，以及老年人群体的旅行、时尚美学、爱好培养平台的建立等。这些有利于健康生活方式和开启幸福人生下半场的生态，都是老龄人口带来的需求，将对金融、财富管理和相关养老产业产生影响，加速变革和创新服务。

日本与老龄化相关的配套养老产业，如医疗、文化、养老金融和制度等，都可以成为我们研究和学习的对象。中国人口红利随着老龄化与低生育率水平的作用正呈现下坡趋势。中国目前是加速步入老龄化社会，老龄化速度在"追赶"高度老龄化的日本、韩国。对日本国家产业发展研究的过程也是对现代化历史的理解，研究历史不仅仅是研究过去，更是对未来的研究。马克·吐温说，历史不会重复，但总会惊人的相似。

家庭资产配置

资产配置是个人和家庭储蓄的基础理念，随着长寿时代的到来，个人和家庭需要在财富管理上更加注重长期主义，这意味着优质的长寿人生的实现，需要我们提前筹划与布局。人生是一个长期的维度，而不能仅关注当下的消费和储蓄。长期主义是指当下为未来几十年建好财富蓄水池。

针对短期和中期，我们投资、理财，组合高风险、高收益的金融工具；而针对长期，我们要"定投"一个长寿账户，为未来从容开启人生下半场做好充分的准备。从跨越人生长周期的目的来看，我们最重要的任务并非抱着一夜暴富的心态追逐高收益，而是实现财富长期稳定增长。快速的财富收益，往往意味着高风险。

人生是一场马拉松，短时间内跑得快并不意味着能够长远。不同的金融机构，需要定制化提供适合不同人生长度和投资目标的理财产品与财富管理服务。

少子老龄化对养老的影响

对以个人和家庭为单位的社会小单元而言，老龄化意味着家里有退休老人需要孝养照顾，少子化意味着未来自己老的时候需要自己筹划养老问题，无法像现在这一代即将进入或已经进入年老退休阶段的人享受下一代的照顾。

对于青年、中老年人来说，他们需要同时应对父母的养老、医疗问题和自身的退休规划。这一现实情况要求现在的人不仅要活在当下，还要看到未来。具体是要在养老金融、养老房产、养老医疗等方面为未来做好准备，实现老有所康、老有所乐、老有余钱、老有所养、老有所依、老有所安。

随着人的寿命的延长，人生的财富规划必须提前进行，提上日程。中国养老保障体系有三大支柱：第一支柱是基本养老保险；第二支柱是企业年金和职业年金；第三支柱是个人养老保险，包括个人储蓄性养老保险和商业养老保险等（见图1-18）。

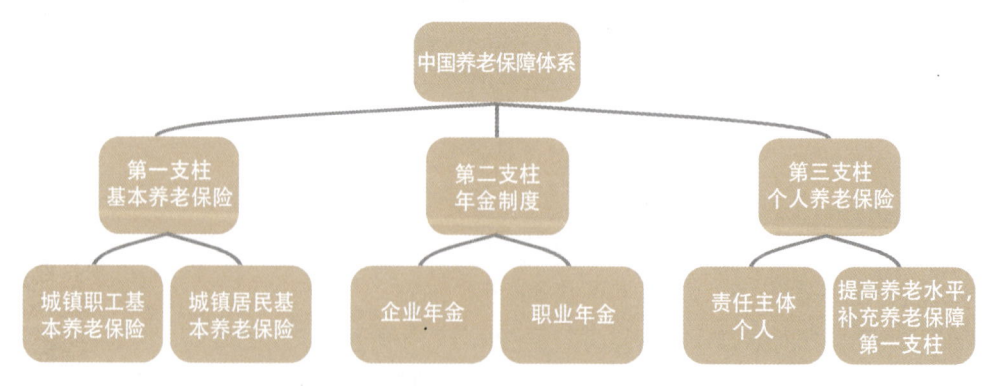

图 1-18：中国养老保障体系三大支柱

为什么要平衡好这三大支柱呢？目前，基本养老保障支柱中的第一支柱对工资的替代率不足50%，其容量是无法保证未来个人的品质生活的。为了能够满足基本养老所需，需要养老保障第二支柱、第三支柱进行配合。研究养老保障第一支柱，先要理解国家发放的养老金的来源。我国养老金施行"现收现付制"，也就是说，这一代在职职工为上一代退休的人支付养老金，而这一代人的养老金则由下一代人支付。

我们每个月交的社保养老金，个人缴纳的部分进入个人账户，公司缴纳的部分进入统筹账户，用来发放给现在退休的老人。在人口老龄化和少子化加剧的情况下，领钱的人越来越多，交钱的人越来越少，养老保障第一支柱就变得"越来越细"。这也是日本多次提出延迟退休的原因。在延迟养老金发放的同时，让这些本应退休的群体继续缴纳养老金，可以理解为政府财政的养老基金账户也需要开源节流。

这里需要提及两个相关概念：劳动年龄人口和抚养比。

少儿抚养人口年龄为0~14周岁；少儿抚养比=$\frac{少儿抚养人口}{劳动年龄人口} \times 100\%$。

老年抚养人口年龄为65周岁以上；老年抚养比=$\frac{老年抚养人口}{劳动年龄人口} \times 100\%$。

总抚养比=少儿抚养比+老年抚养比。劳动年龄人口为15~64周岁。这说明，劳动年龄人口创造的价值要负担社会其他年龄段人口的生活开支。

梁建章和黄文政在分析人口与经济时，对政府财政支出的养老金有一个形象的解读，可以作为理解"现收现付制"的补充：

> 金融的本质，是劳动产出跨时间的交易。孩子从父母和社会那里借来财富，当他们成年以后，就以税收的形式偿还。政府从就业人群那里收税，为老年人提供医疗方面的最低保障。在一个老龄化社会中，养老是昂贵的，政府可能会不得不降低养老金福利。因此，大多数人越来越多地需要依靠私人储蓄或者投资进行养老。

养老金替代率与退休生活质量是什么关系呢？养老金替代率是指人们退休后所能获得的养老金收入与退休前薪酬的比。

$$养老金替代率 = \frac{某年度新退休人员的平均养老金}{该年度在职职工的平均工资收入}$$

例如，现在你的月薪是2万元，退休后每月获得的退休金是8000元，那么养老金替代率就是40%。养老金替代率的作用是衡量劳动者退休前后的生活保障水平，比例越高越好（见表1-3）。

表1-3：养老金替代率与退休生活质量的关系

养老金替代率	退休生活质量
≥70%	维持退休前的生活水平
60%~70%	维持较好的生活水平
45%~50%	生活水平相比退休前大幅下降
<45%	不能保障基本养老生活

养老金替代率是一个国家或地区的养老保险制度体系的一部分，比例越高，说明养老保险制度体系越完善。目前我国社保养老金替代率为40%左右，处于比较低的阶段。我国养老保障第二支柱的占比还很有限，需要做好个人的养老规划，如养老保险、理财等个人配置的养老金，填补未来养老金的缺口。

从宏观视角来理解，在人口红利期，劳动力人口旺盛，所创造的社会财富多，缴纳的社保养老金大于当下为退休群体发放的金额，国家财政负担小，退休福利好。当人口红利减弱时，劳动力人口创造的财富减少，进入"资产=负债"阶段，财政收支平衡。当老龄化严峻，劳动力人口创造的财富无法填补退休群体养老金发放的缺口时，政府的财政压力骤增，部分国家不得不施行延迟退休，或者同时通过增加税收的方式来缓解财政压力（见图1-19）。

图1-19：人口"资产与负债"天平，财富创造与养老金发放

各国人口预期寿命和法定退休年龄数据显示，发达国家人口预期寿命较长，同时延迟退休现象也在加剧，法定退休年龄也被延长。日本、韩国、英国、美

国、法国、德国这些有代表性的国家，女性平均预期寿命为80多岁，法定退休年龄在60岁以后，以65岁上下为主，挪威和冰岛的女性法定退休年龄甚至达到67岁（见图1-20）。

各国人口预期寿命和法定退休年龄

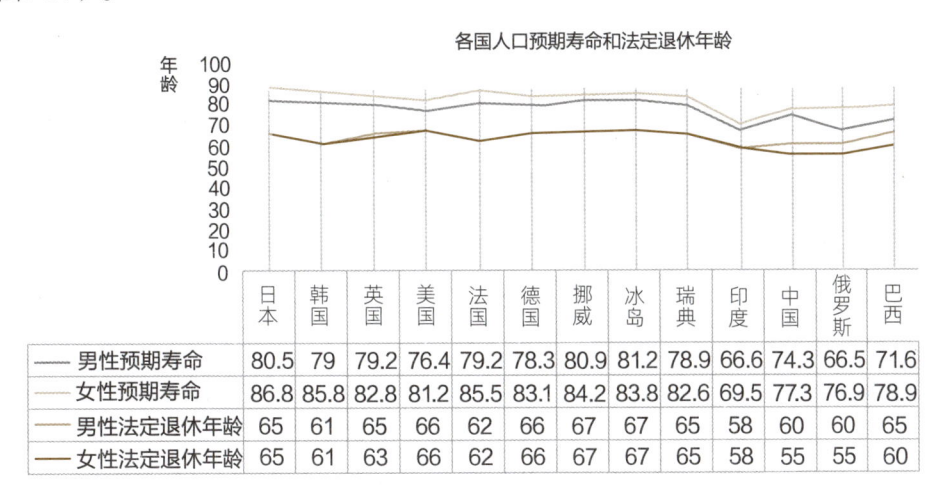

	日本	韩国	英国	美国	法国	德国	挪威	冰岛	瑞典	印度	中国	俄罗斯	巴西
男性预期寿命	80.5	79	79.2	76.4	79.2	78.3	80.9	81.2	78.9	66.6	74.3	66.5	71.6
女性预期寿命	86.8	85.8	82.8	81.2	85.5	83.1	84.2	83.8	82.6	69.5	77.3	76.9	78.9
男性法定退休年龄	65	61	65	66	62	66	67	67	65	58	60	60	65
女性法定退休年龄	65	61	63	66	62	66	67	67	65	58	55	55	60

图1-20：各国人口预期寿命和法定退休年龄（笔者根据公开数据整理）

实施渐进式延长法定退休年龄，是有效应对老龄化、充分利用人力资源、促进社会保险制度可持续发展的现实需求。

在老龄化、少子化的压力下，关于延迟退休和养老金的问题，发展水平超前的其他国家给出了参照。养老保障第三支柱需要个人和家庭发力，经营好未来。其实，养老金融针对的不仅仅是即将步入老年的群体，也针对年轻人。越早布局养老和人生下半场，越早建好未来的财富蓄水池，就越能让自己具备更多开启未来品质生活的底气。

少子老龄化对职业生涯的影响

生涯规划的出发点在于对全生命周期的深刻洞悉。在长寿时代的背景下，人们的生活和工作会变成什么样子？人们可能会面临更长的工作时间，延迟退休的情况不仅在日本存在，很多国家在面对老龄化、少子化问题时，以及在养老金压力下，这种举措不是没有推行的可能的。老有所为，自然是个人价值实现的目标。延迟退休的目的可以一分为二：一方面是为了生存，维持生活开支，不得不继续工作；另一方面是由于热爱所从事的事业，继续做喜欢的工作，创造价值。这两者的区别是非常大的。

长寿人生不可避免的问题是个人进入老龄阶段后体能的衰退，这时终身学习和精进技能的必要性就体现出来了。即使体能下降，丰富的人生阅历、复合的技能也依然能够使其胜任处理复杂的事情。但这并不意味着学习和再教育就没有价值了，人生的长度、深度和丰富度需要不断更新迭代自身的知识技能。若与围棋进行类比，人生就像一个棋盘，当你读书很少时，也就是这个棋盘上的棋子很少时，不成势，随时可能被人吃掉。而终身学习，开发成长的第二曲线有助于更好地构筑势能，建立人生的护城河。

人生是一场无限游戏

生涯规划是在有限游戏和无限游戏两种模式中寻求个体发展的定位。有限游戏，内卷严重，关注并竞争有限的稀缺资源。有限思维过于关注短期，被所在的公司、年龄等条件限制了自身成长的想象空间和更多创新的选择。我们追求的目标会被局限于升职、加薪以及世俗的成功等。无限游戏，旨在让游戏永远进行下去，我们以投资的心态工作，更多地关注成长曲线是否陡峭，以及是否具有长期性。

无限思维看重职业生涯的长期性，以自己的人生使命、愿景和追求为"终"，以终为始，而且将人生的奋斗当作一种长期、无止境的修行。"以终为始"意味着不以现在的能力、资源和背景为出发点来谋划未来，而是倒推时间，将最终想要实现的人生意义、理想和有价值感的事业目标作为思考的起点。因为在现实生活中，如果我们从当下的资源和现状出发来思考问题，就容易被认知和当时的局限性所束缚，限制创造力和重塑自我的魄力，也就容易困于当下。也就是说，思考的起点和终点的顺序，对未来职业生涯的长期性和结果起着很大的作用。

职业生涯规划的核心不是晋升（这是炒短线逻辑），而是管理自身的学习曲线，付出努力，让学习曲线陡峭远比在稀缺的岗位上恶性竞争更有远见，因为当自己强大后，也就无须刻意证明自己了。

再造老年价值

为什么我们强调人生是一场无限游戏？为什么要关注老年期的价值重塑？美国发展心理学家爱利克·埃里克森曾指出，如果缺乏在文化上可行的理想老年期，那么我们的文明就无法真正拥有完整的人生概念。社会如何看待长者，将会影响整个社会的生命观与安全感。生涯规划，既要看到年轻时，在具备体力的状态下工作的选择，也要为自己更长远的未来规划出事业和被动收入。

研究显示[1]，人的体力在20~30岁时达到顶峰，之后便随着年龄的增长而衰退；大脑的部分能力，如语言能力，可以保持到50~60岁；学习能力和反应速度，会在26岁以后出现衰退拐点。

脑力产出创造价值的时间周期更长，产出价值的溢价空间也更大，随着年龄的增长越发占据优势。但进入老年后，体力与脑力产出的活跃度都会下降。不过，需要注意的是，脑力劳动创造价值的瓶颈期暴露时间点要晚于体力劳动。因此，投资自己的知识、能力、经历、智慧，是延长创造价值周期的方法。体能固然是建立事业的基础，生活的阅历、性格的塑造与长期的思考等经过岁月的沉淀，以及蕴藏巨大价值的品质和能力，却是老年人的优势和资源。

当然，健康的体魄和支持脑力劳动的体力是必不可少的。健康的生活方式能够延长体力活跃度，让人更加年轻。80多岁走T台的王德顺老先生，他在70岁的时候，突然觉得自己状态很糟糕，于是开始上健身房锻炼，越锻炼肌肉形态越好。后来，他将自己练就一身肌肉的事情讲述出来，鼓舞了很多人。王德顺老先生的故事改变了人们对老年人的成见，挑战了对于老年人练就健康肌肉的认知，重新定义了年龄和生命的可能性。

如何更好地经营老年？西塞罗的名著《论老年》给出了明确的回答：

> 老年并不是人生的负担，老年可以和人生的其他阶段一样幸福。其实探讨老年的生活状态，更是对如何度过美好一生的探索，对生命意义的思考。正如他将人生与苹果进行类比所阐述的智慧：青绿的苹果很难从树上摘下，熟透的苹果会自动跌到地上。人生像苹果一样，少年时的死亡是受外力作用的结果，老年时的死亡是成熟后的自然现象。我认为，接近死亡的"成熟"阶段非常可爱。越接近死亡，我越觉得，我好像经历了一段很长的旅程，最后见到了陆地，我乘坐的船就要在我的故乡的港口靠岸了。

与老年人相比，年轻人的优势是记忆力强和体力好，基本上每个年轻人在这两点上都会优于自己年老的时候。正如西塞罗所说的，抱怨变老是很愚蠢的，年轻人

---

1 《中国人可以多生！——反思中国人口政策》，梁建章、李建新、黄文政 著。

最大的希望应该是不要未死先老，也不应焦虑时光。人们焦虑的不是进入中年、老年本身，而是随着年龄的增长没有积累更多的智慧和值得肯定的人生经验。那么，我们应该如何经营人生下半场呢？

西塞罗在阐述对人生历程的思考的同时不乏乐观的人生态度：

> 生命的历程是固定不变的，"自然"只安排一条道路，而且每个人只能走一趟。我们生命的每一阶段都各有特色；因此，童年的稚弱、青年的激情、中年的稳健、老年的睿智——都有某种自然优势，人们应当适合适宜地享用这种优势。
>
> 晚年的最佳保护铠甲是一段在它之前被悉心度过的生活，一段被用于追求有益的知识、光荣的功绩和高尚的举止的生活，过着这种生活的人从青年时代就致力于提升他自己，而且将会在晚年收获它们产生的最幸福的果实；这不仅因为有益的知识、光荣的功绩和高尚的举止将会伴他终生，直至他生命的最后一刻，也因为见证了正直的人生的良心和对过往美好功绩的回忆将会给灵魂带来无上的安慰。

以上对老年的思考影响了后来的本杰明·富兰克林。富兰克林在《西塞罗论美好人生》（*Cicero, On a Life Well Spent*）中对老年生活给予了肯定。富兰克林谈到衰老话题时曾坦言："我想除了又老又胖，我并不那么介意变老。我应该不会拒绝从头到尾把生活再过一遍；只是希望获得唯有作家才有的特权，在再版的生活中修正初版的错误。生活的悲哀之处在于，我们总是老得太快，而又聪明得太慢。等到你不再修正的时候，你也就不在了。"面对衰老呈现的状态，也依旧应该保持从容乐观、积极思考，想着如何修正和完善自己的人生这部作品。

长寿时代职业生涯的格局与远见

长寿时代将改变人生的所有预期，继而改写人生规划。经济学家米尔顿·弗里德曼（Milton Friedman）提出永久收入假说（Permanent Income Hypothesis），并以此获得诺贝尔经济学奖。永久收入假说的核心是，居民的消费支出不由现期收入决定，而是由他们的永久收入所决定。这就意味着，一个人的消费选择，虽然取决于现在，但更取决于未来。

我们先看职场发展存在的一种现象，被称为"彼得陷阱"，也就是"不胜任"现象。美国学者劳伦斯·彼得在对组织中人员晋升的相关现象进行研究时发现，在一个等级制度中，一个员工如果在原有职位上工作成绩表现好（足够胜任），就将被提拔到更高一级职位；其后，如果能继续胜任该职位，则将进一步被提拔，直至他所不能胜任的职位，人们将其总结为"不胜任陷阱"。因为一个人在职场上，只要达到或超出了上层领导的期望，就会被委以更大的责任，如此往复，直到到达能力的极限，届时其表现一定会让所有人失望，此时便陷入了"不胜任陷阱"。所以，在职场中要以终身学习和持续谦卑的态度来管理自己的能力边界。在团队协作中，我们在发挥长板的同时要保持谦卑的心态。

在职业生涯发展过程中，会呈现两种估值，可用来理解终身学习与不断提升自己的意义。我们在职场中的定价与自身能力所创造的价值被分别定义为"价格"和"价值"。

① 价格>价值，高估，我们的价值被高估了。我们给企业带来的价值与企业付给我们的薪水并不相符，对于企业来说，这是成本超支。短期来看，我们似乎在占企业的便宜，是有利的。但长期来看，这是不利于双方的模式，个人会因为长期的无作为而失去竞争力；企业付出高额的成本，最终会因为意识到这个问题而淘汰这样的个体。

② 价格<价值，低估，我们的价值被低估了。我们确实给企业带来了价值，对于企业来说，是有利的。对于个人而言，我们不会长期接受这样的时间投资回报，时间久了，我们会选择其他更适合的平台；消极的情况可能是，个人发挥不出其价值，消极怠工。

可见，对于个人的长期职场升值，让自己的价值不断被低估，短期来看，似乎是损失，但长期来看，这是成就我们走向更优质的平台和获得更高投资回报的关键。长寿时代下的职业生涯不应仅被拉长时间跨度，而是应将重心放在持续投资自己、终身学习、丰富经历和提升自我价值上。

经营有价值的"退休后时代"

寿命的延长、身体活力的保持，让人的身体机能可以充分发挥人的才智，创造更多价值。重新规划退休生活，在适当的岗位继续找到工作的乐趣和喜欢做的事情，成为长寿时代新的议题。日本作家楠木新在其著作《退休后：50岁之后该如何生活和老去》中提出要重新规划人生下半场。实际上，60岁之后，人生自由时间长达8万个小时，比从20岁开始工作到60岁的实际劳动时间总和还要多。

人们对年龄和进入老年的门槛会重新定义，五六十岁的人具备的社会经验、心态、视野和格局正接近人生的巅峰。过往对进入中老年或老年的这个阶段的群体的认知或许会被改变，因为这一阶段正是人生阅历和智慧最蓬勃发展的时期。

审视人生的尺度将如何定义什么是"老了"？人口学将人生对"老"这个叙事结构分为四类：

① 时序年龄（Chronological age）：指一个人自出生之日起计算的年龄。

② 生物学年龄（Biological age）：与人体生长发育中某些事件的出现时间有关，是根据正常人体生理学和解剖学的发育状态所推断出来的年龄。它指现有年龄在一个人的生命周期中所处的位置，或在一个人的潜在寿命中所达到的阶段。

③ 社会学年龄（Sociological age）：指一个作为社会化的人为社会发展而做贡献的期限，是社会规定的规范年龄。它是一个人在社会习惯方面表示的年龄，其表明一个人在社会上从事某一职业、某一部门工作或社会事业等的长度。

④ 主观年龄（Subjective age）：指主观、心里认为的年龄，是个人对年龄阶段的感知。

⑤ 死亡学年龄（Age at death）[1]：指一个人未来还能活多少岁。

老龄化社会是以时序年龄为指标定性的，但对于每个独立的个体来说，应该将生物学年龄、社会学年龄和主观年龄综合起来，重新规划与设计未来的工作和生活。寿命越长，我们未来的时间轴就越长，无论是安于当下还是设计未来，在做人生决策和选择时，都应赋予未来更大的权重。

人生的不同阶段和每个转型过渡期都有其意义与价值，都在成长和探寻意义的路上。无论是中年还是老年，都是开发自身潜力的时机。很多人五六十岁退休，那未来三四十年如何度过和经营？在长寿时代下，人生更是一场无限游戏，只要在路上，就在探寻价值和意义。中年和老年不是衰退期，而是转型和市场分工的转变期，将体能上的优势转换为阅历和大脑上的优势。不给年龄设限，以乐观精神和长期主义审视人生的尺度。

---

[1] 《长寿人生》，[英]安德鲁·斯科特、[英]琳达·格拉顿 著。

第 2 章
找准人生定位

> 一个人生命中最大的幸运，莫过于在他还年富力强的时候就发现了自己的使命。
>
> ——斯蒂芬·茨威格

何为人生定位

从宏观到微观，无论是国家定位、产业定位、企业定位还是个人定位，都有其意义和价值。在宏观层面，哈佛教授迈克尔·波特提出定位竞争优势，国家在发展经济中定位国家生产力，以此打造国家与产业竞争优势。北京大学国家发展研究院、新结构经济学研究院院长林毅夫教授在探讨中国经济发展的底层逻辑时，提出基于资源禀赋和比较优势，在产业链中进行价值定位，促进经济发展，并赢得国际竞争优势。

在微观层面，从企业布局品牌战略视角来看，"定位之父"杰克·特劳特和艾·里斯在20世纪70年代提出品牌定位理论，指出品牌定位、聚焦和开创新品类的理念。落脚在个人层面，在中国传统文化中提到一个人的天命，即"道"所在，这是对人生的定位。这与美国斯坦福大学教授吉姆·柯林斯创建的"三环理论"有相似之处。吉姆·柯林斯通过调查研究那些成功从优秀跨越到卓越的企业，发现这些企业遵循三个核心逻辑：能力、热爱和价值，从而定位企业的使命和业务（见表2-1和表2-2）。

表2-1：从宏观到微观的定位理念与应用

定位理念	宏观：国家	中观：产业	微观：企业	微微观：个人
理念提出者	迈克尔·波特	林毅夫	杰克·特劳特 艾·里斯	盖洛普 吉姆·柯林斯
核心	打造竞争优势，国家生产力	利用资源禀赋，比较优势	品牌定位，聚焦、开创品类	道；天赋、使命；盖洛普优势识别；吉姆·柯林斯"三环理论"。聚焦优势长板

表2-2：企业定位与人生定位

三环理论	企业定位	人生定位
① 能力	你能够在什么方面成为世界上最优秀的	我所从事的事业是否能发挥我的能力优势
② 热爱	你对什么充满热情	我是否热爱这项事业
③ 价值	是什么驱动你的经济收入	是什么驱动并创个人的收入，可以以此谋生

定位的本质是在内部本体与外部客体中找到交集，协作产生价值。因此，只有对本体而言能够产生价值的优势和能力长板，才有助于更好地与外部进行交流和互动，降低双方彼此的交易成本。

对于个人而言，站在时代的十字路口，我们对生活、工作的设计越来越需要长期主义的思考，其中包括时间格局的长度与远度、规划生涯的高度与深度，以及在人生商业模式设计中一种攀登者的气度。人生定位，是规划与撬动未来增长和潜力的支点。

我曾和一位喜爱桥牌与高尔夫的前辈聊到其对做自己热爱的事情的底层逻辑，从中悟出了两个"哲学化"的道理：一是"桥牌哲学"，桥牌是一个不同于其他休闲娱乐的游戏，桥牌透露着一种人生哲学。对于通常的游戏而言，一开始参与者抽到的牌有好坏之分，抽到好牌的人就像含着金汤匙出生的人一样，大概率降低了做事、成事的难度。

而桥牌最终决定胜负的关键，并不是一开始参与者抽到什么样的牌，而是后期如何发力。同时，我们对标的锚点更侧重自己，而不是单一维度的"对手"。有一句格言说得好："生活给你的也许不是一副好牌，但你要努力把这副牌打到最好。"如何打好自己人生的这副牌，重要的在于：第一，你要珍惜自己的机会和相信概率，认真参与其中；第二，在不确定性的世界里，用自己的确定性认知和努力，对冲外部的不确定性；第三，无论输赢，在过程中反复复盘、反思。在人生的路上所有的积累，尤其是知识、经历和思维的积累都会在未来产生复利效应。

二是"高尔夫哲学"。相比其他球类运动，如网球、羽毛球、乒乓球等，参与者需要与对手进行策略博弈和对抗性较量，而高尔夫的游戏规则更侧重向内求，真正的对手不是他人，而是自己。在每一次挥杆的短暂停留中，都需要对目标和路径的管理，即选取合适的阶段性目标、相应的达成工具，以及进行合理的战略布局，并权衡取舍，分析利弊。这是与自己的目标和方法之间的对抗和复盘，做到知行合一。

华泰保险公司创始人王梓木先生从生活中悟到企业经营哲学。他曾分享他在滑雪这项运动中悟到的创新意识与企业家精神——企业家要具有适度冒险的精神，鼓励创新并为创新负责。

首先，"控制力等于速度"。学滑雪的第一个动作是如何刹车，第二个动作是如何转弯。做企业就像滑雪，在既没有刹车能力，也没有转弯能力的时候，最好不要急速发展。控制能力最强的人往往是滑雪最好的，因为有把握，不失控，敢加速。做企业也是这样，你的控制力将最终决定你的发展速度。失去控制力的速度是危险时速，滑得越快，摔得越狠。一个企业的发展也不可能不加控制地往前冲。单纯追求速度，其后果不是人仰马翻，就是车毁人亡。

记得2009年，在刚刚经历经济危机后，中国经济复苏形势良好，很多人认为冬天已经过去，但是在我看来并非如此，我们仍要做好过冬的准备。我还提出，企业为应对"过冬"，要做到"冬天少行走、冬天备足粮、冬天好打猎、冬天去滑雪"。冬天不是企业扩张的良好时机，甚至需要合理地调整或收缩，除非企业有特殊的产品或品牌。

其次，"弯道加速理论"。滑雪比赛要绕旗门，一般人在此会减速，而高手却能利用弯道加速实现超越。延伸到企业经营当中，遇到金融危机、经济和行业转型期就好比面对弯道，别人慢下来了，但有核心竞争力的企业可以利用转型技术，加速发展，超越竞争对手。对于弱者来说，危大于机；而对于强者来说，则是机大于危。

最后，"第一不是最重要的"。我曾是亚布力企业家滑雪比赛连续五届的冠军。然而，在2011年比赛的赛前训练时不慎跟腱断裂，虽坚持参赛，却最终因漏过一个旗门成绩无效。我当时不甘心，又回到起点重新滑完全程。坦白地讲，这样做不是为了卫冕，而是为了完成比赛，是一种拼搏到底的信念与执着在支撑着我向前。

当晚，我上台发表了未获奖感言，我的题目是，"第一真的那么重要吗？"在我看来，坚持到底更重要。第一会有很大风险，第一需要付出代价。在没有能力、不具备条件的时候盲目争第一，就会损害长远利益，做企业也是如此。要做出最符合当前环境的决策，找到适合自己的位置才是最好的。按照达尔文进化论的观点，物种保留下来的，既不是最大者，也不是最强者，而是最适者。物竞天择，适者生存。

滑雪给我留下了累累伤痕，可我依旧兴致不减。雪友们都说，我受伤的概率比别人高，应该认真总结，我也在认真反省滑雪受伤的原因和代价。"适度冒险"是许多企业家的性格特质，对应的受伤代价则属于风险管控，也应该是其具备的一种能力。

在滑行中具备控制力、在弯道也能加速的能力，以及坚持到底而不是刻意争第一的心态，这三点不但是对滑雪的悟道和对企业经营管理的思考，更是人生管理与突破现有格局的基石。人生定位也是从生活各个方面汲取营养的，并摸索出适合自己成长速度的策略。

从哲学的维度来说，人生定位是将自己的一手牌，即现有资源与潜质充分发挥。要认识我们当下拥有的资源禀赋，这是撬动更大目标与理想的支点。理查德·鲁梅尔特教授的《好战略，坏战略》中提及的商业战略定位的重要原则，同样适用于人生定位，就是在设计战略时学会扬长避短，从而放大自身的优势，同时让自身的劣势变得不那么重要。

定位混乱会影响我们的选择以及后期的发展。另外，我们需要认识到选择中的供需平衡理念，即在价值链中的定位。在"供给端"、"需求端"和"连接端"的定位中，每个价值环节都是双向的，其既是需求端，也是供给端（见图2-1）。我们从图中看到不同环节的作用以及所掌握的资源。例如，如果我们有丰富的人际关系，则价值侧重连接端，个人价值通过帮助需求端与供给端的匹配实现。但存在的风险是，由于提供的价值主要附着在供给端的产品或服务上，连接端是价值传递链条的一环，自身替代性高。换句话说，当自身价值低的时候，你认识谁不重要，你掌握的人际资源的丰富度并不能成为你赖以生存的资本，重要的是你有什么价值，你能够为对方提供什么价值。

需求端	连接端	供给端
提出对产品或服务的需求	中间环节，连接端中介平台，提高需求与供给的流动性和交易效率	提供产品或服务、解决方案
价值：具备资金、资源价值，通过交易满足自身需求，并借此创造更大的价值（物质价值或精神价值）	平台价值 风险：由于提供的价值主要附着在供给端的产品或服务上，连接端是价值传递链条的一环，自身替代性高	价值：解决问题的能力，具备资本、资源 商业逻辑：通过满足需求端的需求获利

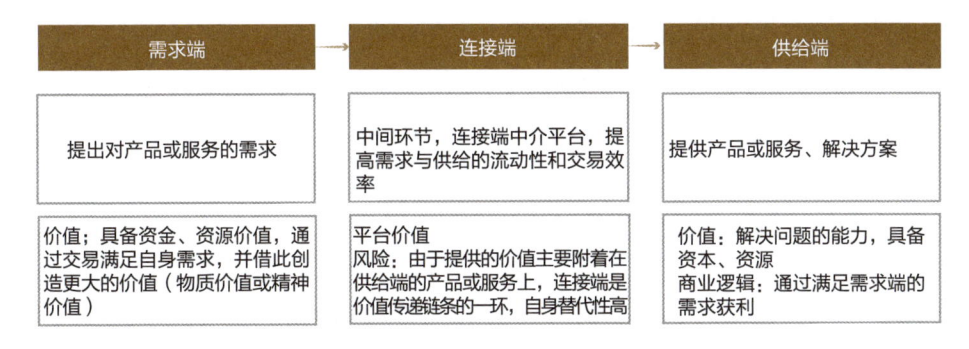

图 2-1：供需模型的价值定位

人生的定位与资源的整合也是供应端、需求端、连接端的搭配组合，不能以为你认识谁就真正属于谁那个圈子里的人，因为你的价值是通过价值交换实现的，这也是我们通常所讲的利他精神与成人达己。在看清现实后，人生定位的大方向也就清楚了，在提升自己的同时以利他心为他人创造价值。

正如前面所探讨的：如何让人生发挥价值、活出意义？佛教给予的答案是要找到天命所在；道家讲求探寻个人的"道"；职业生涯规划测评指出要定位自身优势的职业象限与领域；盖洛普（Gallup）优势理论提出要最大化个人优势，发挥木桶的长板效应。其实，不同理念抵达的终点是同一的，即如何在社会生活与职业发展中获得价值感，如何找到个人定位。

定位理念一：聚焦优势战略

管理大师德鲁克认为，每个人都要成为自己的CEO，而在成事过程中要思考自己的优势是什么，因为劣势和短板是无法助力我们自身成事的。德鲁克说："我们不可能在自己不擅长的事情上取得成就，更不用说那些自己根本无能为力的事情了。"

以前，评估一个木桶能装多少水，看的是最短的那块板。但在当下，旧的"木桶理论"已经不能胜任现实的分析需求。新的"木桶理论"反其道而行，将注意力放在最长的那块板上，而不是最短的那块板上。这里面隐含的假设是什么？在旧的"木桶理论"中，我们测量木桶合力能装多少水，也就是能够产生多少价值，是基于木桶立着摆放的前提的。而在新的"木桶理论"中，长板之所以能发挥最大效能，是因为我们借助了外力——将木桶倾斜放置，因此将命题做了修改。我认为，在现实社会中，科学技术和互联网就是我们凭借的外力，其也给予企业与个人借势而为的机会和力量。

经济学的基础模型是供需平衡模型。人的价值实现在市场的商业逻辑下同样遵循供需平衡原理。他人的问题即是需求，可以具体理解为他人的欲望、其所产生的问题、其所遇到的困难。在对应的供给端，具体是价值、产品和解决方案。人生优势战略的底层逻辑与商业的底层逻辑是相通的。对人生优势战略最本质的思考包含多个感性要素，例如幸福感、价值感和热爱，在商业战略思考方面，就是使命、愿景和价值观。

他人既可以是B端企业，也可以是C端客户。需求端与供给端之间产生的鸿沟和缺口，即是我们发挥个人价值的空间。个人价值定位点即是我们自身所能提供的价值、能力，以及在结合市场需求的前提下，与自身爱好的交集。供需价值桥梁和个人价值定位点共同决定了一个人的优势战略定位（见图2-2）。

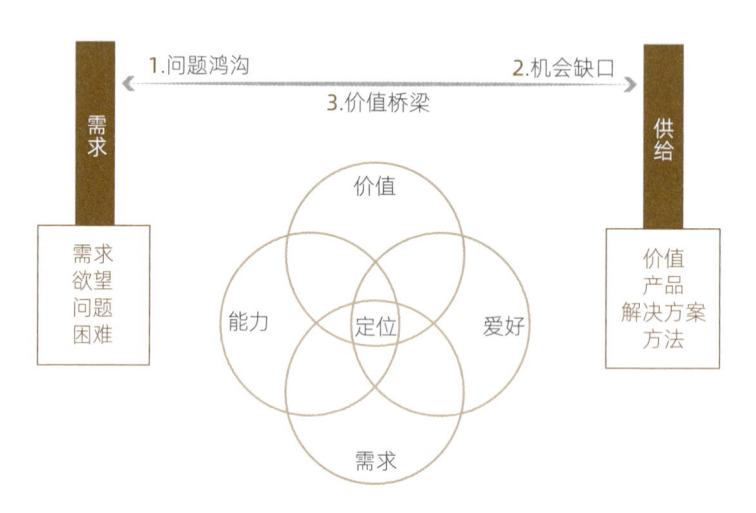

图 2-2：个人商业模式，搭建供需缺口的价值桥梁

在供给端，把他人眼中的困难和问题变成创造价值和改变现状的机会，每个人的价值都能够以多种形式在市场上交易、变现。变现模式可以分为三种：个人单位时间交易、可复制的个人单位时间交易和整合他人的时间，协作并交易。

① 个人单位时间交易：指出售单位时间变现，如在公司上班，按时打卡。

② 可复制的个人单位时间交易：指产品化价值，再批量出售，如版权、网课。

③ 整合他人的时间，协作并交易：指购买他人的时间，整合他人的价值，协作创造价值再出售变现，如经营公司、外包、雇佣员工。

值得注意的是，个人商业模式的供需价值桥梁揭示了一个道理——他人的问题即是我们的生存空间、生产之道。每个问题的背后都蕴含商机，困难越大，我们存在的意义也就越大。解决问题的方式可以是单打独斗，也可以是与人协作，整合资源和他人的能力长板。

另外，将自己和他人的价值产品化。给自己一个截止时间，打磨出自己的作品，把自己当作一个项目、产品和用户体验的交付对象来经营。打造出一个可复制的产品，这是应对时间资源稀缺的有效方式。

在投资自己成长的过程中，把自己当作一个产品、一家企业和一件艺术品，每一个阶段都基于前一个基础阶段进行迭代、升维（见图2-3）。

艺术品
穿越时间周期
意义、长期价值

企业
商业模式
商业逻辑

产品
侧重能力、功能

图 2-3：把自己打造成产品、企业、艺术品的演进路径

① 把自己打造成一个产品，强调自身知识、能力、品质等功能性的价值。将能力与商业交换价值产品化，例如形成作品集、案例集、图书，其优势是将时间和影响力变成可复制的。不同领域的人都能够找到适合自身的价值输出形式和产品化的附着物。

② 把自己打造成一家企业，需要战略性地思考商业模式和商业价值，思考定位策略和优势战略，以及价值打包和产品化、个人品牌营销和影响力打造等。此外，还需要找到个人商业模式，与外部协作和整合资源，并实现价值共赢。

③ 更高的维度是把自己打造成一件艺术品，因为艺术能够穿越时空，打破历史的边界，超越有限游戏的框架和周期。每个人的一生都是有限的，精神化与艺术化的价值在于，当我们的价值进入无限游戏后，穿越时空的价值依然能够赋能他者，实现更长久的价值释放。利他的愿景与价值观是构成穿越时空的价值必不可少的要素。

定位理念二：考察自身所处的生态位

个人商业模式的打造基于对自身能量的信念，也来自践行长期主义的思考，其底层逻辑是相信自己的价值可增长和可进化，相信本自具足。

"生态位"（ecological niche）的概念来源于生态学，指每个个体或种群在种群或群落中的时空位置及功能关系。"生态位"这一概念被迁移到认知商业领域，有助于认知的提升。德国生物学家恩斯特·迈尔（Ernest Mayr）在其著作《生物学思想发展的历史》中指出，某一物种能够存在，不一定因为它是最厉害的，而在于它巧妙地与其他物种进行了错位竞争，因为与众不同减少了存活的风险。大自然中的生态位，既是进化的智慧，也是处事的学问。不同比厉害更能帮助我们赢得竞争力。

正如《史记》中记载的在春秋战国时期发生在齐国的"田忌赛马"的故事，揭示了如何用自己的长处去战胜对手的短处，取得相对优势，同时战略性地放弃某一层面的劣势，迂回而上。"田忌赛马"体现的正是拆分整体战略，调整局部应对方案，从而起到反转不利劣势的作用，充分发挥优势的力量。从"田忌赛马"中可以借鉴的商业思路是：降维打击和整合逻辑，也就是基于外部环境进行分析，整合现有资源和优劣势，重新制定出一套打法。

在任何领域中，不同的人会处于不同的生态位。这是因为每个人的时间、精力、资源、天赋、阅历等方面存在差异，一个人不可能在所有方面都处于塔尖，占据绝对优势。不同的人所处的生态位不一样，有高有低，才构成人生的旋律和节奏，这也促进了社会化、协作和互赖的社会关系（见图2-4）。

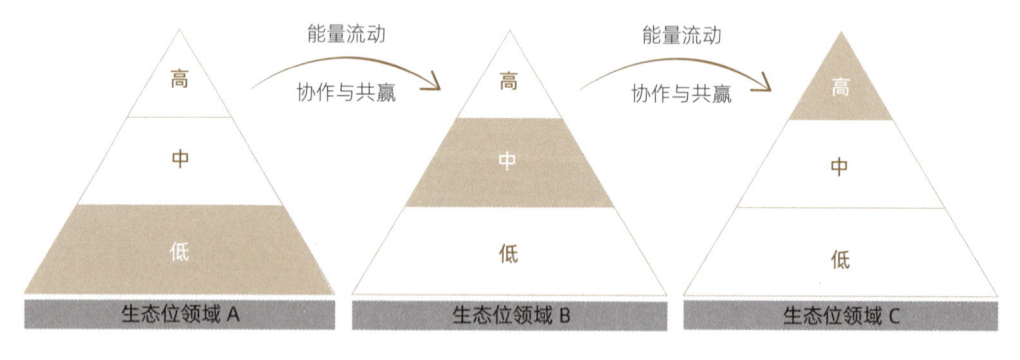

图2-4：价值与能力生态位

当我们个人在某些领域中处于中、高生态位时，在认知、能力、见识、人际资源等方面更具备优势的情况下，因为存在势能差，赋能其他生态位的群体就更容易。因此，当处于高势能生态位时，我们做事的发心和价值观就显得尤为重要。就像在创业、教授知识、打造影响力方面，都是高势能的人群更容易影响低势能的人群。定位正向价值输出，从而创造更多的多赢局面；反之，收割低生态位的认知、价值和财富会导致一损俱损，短期的收益也难以长久。做大蛋糕与合理分配同样重要。

我们认知在生态链中位置的过程，常常会影响到我们在食物链中的位置，这可能就是我们读书、努力的意义。在大自然中，一个生物体在食物链中的位置，不由自己决定，在弱肉强食的自然选择中，只能以被动的避险心态解决生存问题。对于我们个人而言，一开始同样不能决定自身在社会生态链中的位置，但一个人在认知、学识、职业发展等不同生态链中的位置往往能够通过后天的努力而改变，从而不断地升级和进化。通过读书投资自己的大脑，保持健康，提升个人能力，编织与经营人际关系等，这些都是升级生态位的路径，也是成长型思维的体现。能力、技能、认知与阅历等都是动态变化的，投资自己和努力精进有助于实现跃迁。

定位理念三：人生"蓝海战略"

当我们认识到优势战略的重要性与自身所处的生态位后，如何更有效地进行人生定位呢？刘慈欣的科幻小说《三体》最早提出了"降维攻击"，意思是三维世界的人类，在二维世界无法正常生存。所以在攻击目标的时候，降低空间维度，使目标无法在低维度空间生存而解体、毁灭。在商业上，降维打击是指从原本的竞争模式上开辟新的维度，可以是技术外的人才吸纳战略、管理优化、成本管控、地缘策略，甚至是设计、营销层面的创新。当然，这个理念和"蓝海战略"[1]有异曲同工之处，是企业摆脱竞争，创造和发现新需求维度，进行差异化竞争的策略。

商业战略与人生的定位战略是相通的。"蓝海战略"指通过价值创新，侧重实现价值差异化来开辟新的阵地。从本质上说，"红海竞争"主要指同质化抢占优势地位，试图重新分配现有阵地的资源，而不是创造新的竞争资源与价值。企业与个人在"蓝海战略"布局下，需要进行价值创新。"蓝海战略"阐述了如何管理价值曲线，其提供的路径为剔除、减少、增加、创造四个象限（见表2-3）。左侧象限体现的是做减法，右侧象限体现的是如何为创新增加势能，其实这正是聚焦战略资源的思维模型。通过跳出现有的圈子，逆向思维，在不断寻找"蓝海"的同时，保持动态调整，减弱"蓝海"被"红海化"的趋势，在这个过程中重新定位和聚焦，实现企业和个人的战略成长。

---

[1] "蓝海战略"由W·钱·金（W. Chan Kim）和勒妮·莫博涅（Renee Mauborgne）提出。

表2-3："蓝海战略"管理价值曲线

① 剔除 企业：哪些被产业认定为理所当然的元素需要剔除？ 个人：哪些当下认为重要的事情可以暂时放缓，先聚焦，从分散注意力的清单中删去？	③ 增加 企业：哪些元素的含量应该被增加到产业标准以上？ 个人：哪些要素（能力、资源）应该被强调，差异化个人核心竞争力与独特标签？
② 减少 企业：哪些元素的含量应该被减少到产业标准以下？ 个人：哪些影响目标推进的情绪、事情，以及分散注意力的时间等资源投资应该减少？	④ 创造 企业：哪些产业从未有过的元素需要创造？ 个人：哪些方面还能够有创新与跨界整合？

内卷严重了就是机会，细分市场的机会。"蓝海战略"之所以体现了创新性，主要是跳出了现有格局和困境，去重新思考如何跳出同质化竞争的"红海"，开拓新的"领地"并占领优势。"蓝海思维"在定位中不拘泥于问题，试图重新定义问题本身，随后重新定义需求、细分机会，问题的边界得到重新拓展。

定位理念四：跳出能力舒适区

过度利用优势也会产生副作用。每个人都在各自的认知区间活动，人往往喜欢待在舒适区。长期待在舒适区的人，一旦接触边界外的区域，就会自动进入恐慌区，其自身的自我保护机制就会自动开启，焦虑、恐惧这类负面情绪自然会涌现出来（见图2-5）。

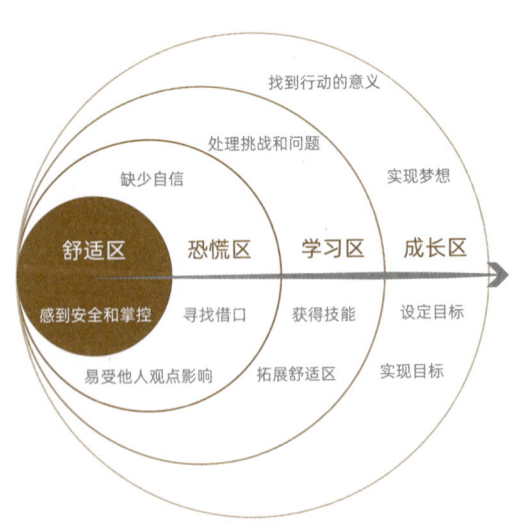

图 2-5：走出舒适区，扩大能力边界

自古以来，人类天然的恐慌情绪为自己形成保护机制。对焦虑的记录，早在公元前300万年到公元前1万年的旧石器时代就存在了。1879年，一位西班牙考古学家在一个洞窟里发现了原始人的遗迹，后被称为"阿尔塔米拉洞窟岩画"。其中一幅有意思的壁画是：一只蜷缩的野牛，像是受了伤而痛苦不堪。人们将它命名为《受伤的野牛》（见图2-6）。

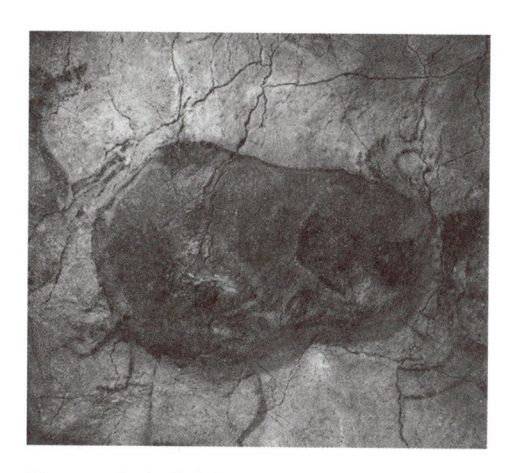

图 2-6：阿尔塔米拉洞窟岩画《受伤的野牛》

为什么远古人会在洞窟岩壁上画这样的图画呢？根本原因还是人们底层的焦虑。当时存在一种原始思维，被称为"交感巫术"[1]。交感巫术是指人们在原始时代，需要应对来自野生动物的威胁，他们认为通过在岩壁上画一只受伤的野牛，由此来获得对猎物的某种掌控力，减弱对方的力量和对自己的威胁，也就是通过诅咒野牛来寻求自己的安全感，降低焦虑情绪。在没有文字记录思想的时代，《受伤的野牛》以绘画的形式揭示了人们管理焦虑情绪的历史。当然，对生存和进化的危机感与焦虑也植入了人类的基因里。

尽管如此，只有走出舒适区，超越恐慌，才能最终实现学习和成长。如果我们过于依赖优势或反复利用同一种能力，就会束缚其他能力的开发。我们往往乐于去做那些我们擅长的事，并且不断重复和强化，这样我们越擅长，就越有动力去坚持，从而进入一个"良性循环"。但这些看似好的事情，其实也会埋下隐患。组织行为学专家埃米尼亚·伊贝拉（Herminia Ibarra）通过大量研究发现：如果陷在自己擅长的工作中，就会占用我们在其他维度成长的时间，限制了我们在其他方面进步的可能性。

1　《全球通史》，[美]斯塔夫里阿诺斯（L. S. Stavrianos）著；《大话西方艺术史》，意公子 著。

坚持在同一领域深耕，体现了我们推崇的专注精神，但这往往也容易产生能力陷阱。跨界和多元化成长非但不是浪费时间，反而能够建立多元思维，能够更加优化我们的思维和视野，使我们在多领域突破的可能性更大。简单地说，我们的能力最终会成为我们发展的陷阱，我们会一直擅长那些有限的事。

那么，解决方法是什么呢？有意识地警惕这种能力陷阱，规划我们的时间和精力。热爱读书是好的，但也要培养人际关系和情商，不能成为"书呆子"。在工作上，专业技能厉害的人，也要注意在沟通、领导力、影响力、合作等方面培养自己，打造个人能力的多维矩阵与护城河，这样才能在各领域获得更好、更全面的发展。

如何整合个人定位，打造人生商业模式

根据以上对人生定位的分析和其主要理念的探讨，这里提出人生商业模式的概念。企业的商业模式是企业生存与经营的方式。同理，人生商业模式是人谋生与经营生活的方式。我们需要思考——① 优势战略：我能够整合哪些能力？② 目标定位：我能成为什么样的人？③ 价值定位：我能影响哪些人？④ 方法路径：如何触达并扩大目标人群？

优势战略：像狐狸一样组合能力

古希腊诗人阿尔基罗库斯说："狐狸知道很多事，但刺猬只知道一件重要的事。"刺猬和狐狸后来借指两种类型的人：刺猬指专家型人才，而狐狸指通才型的人[1]。如果以一辈子为时间轴，我们在最初的学习阶段要多向狐狸学习。

耶鲁大学校长、社会心理学家彼得·沙洛维（Peter Salovey）在新生入学时说，大学阶段应该多多效仿狐狸。因为多从不同人的思想和观点中汲取见识，才能在慢慢沉淀中找到适合自己的道路。狭隘的以职业为导向的学习会禁锢我们认识世界的渠道。真正的独立思考，是基于批判性地吸收不同学科和不同观点后的悟道。

---

[1] 英国哲学家塞亚·柏林写过一篇寓言叫作《刺猬与狐狸》。狐狸聪明，善于捕捉机会；刺猬身上布满刺，永远在寻找食物，看上去傻乎乎的。塞亚·柏林总结说道：狐狸看上去是动物界最聪明的，但是刺猬看上去好像能够屡战屡胜。

每个人的能力都不可避免边际效应递减，所以要引入其他维度的能力。

和君咨询集团的王明夫老师在企业市值管理方面分析过，如何让上市企业增长与市值增长可持续，以及增长迭代。他指出，一个企业的产业发展曲线遵循着这样的规律：从零起步，进入增长、成熟阶段，直至最后走向衰落。持续成功的企业，在前一轮增长走向衰退之前开始布局新一轮的增长要素，如产品、产业、相关资源与能力等，等到前一轮增长乏力时，新一轮增长继续保持势头，无缝衔接，如此形成增长周期的接力。市值增长曲线一开始平缓，随着企业业绩的不断增加，市值增长曲线进入陡峭阶段，而且越来越陡，直至估值过度（见图2-7）。

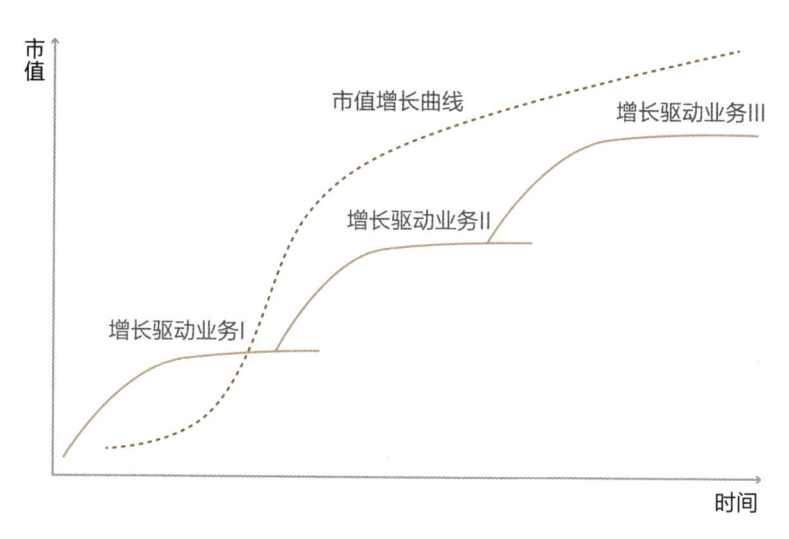

图 2-7：企业市值管理的增长策略（和君咨询集团，王明夫）

商业领域的市值管理策略和增长布局模型不仅仅适用于商业的长期主义，同样适用于个人成长和职业生涯的布局。在专注和发挥现有能力优势的同时，保持对外在环境的警觉，不断兼收并蓄同行业和跨界领域的知识，培养更多元的技能和认知，在能力增长第一曲线到达瓶颈期前，开始布局第二曲线。能力增长曲线最后会代表我们实实在在的价值积累。

估值曲线表现出我们的事业的市场估值，体现为我们的薪资、收入和溢价。当我们的能力增长在横向维度和纵向维度都越来越深入时，估值曲线也会随之增长。在投资自己成长的过程中，跨越第二曲线，才能在存量中开辟增量，降低潜在的贬值、折旧风险。让估值增长最持久和可靠的方式就是让自己更加优秀，配得上自己的期待和野心（见图2-8）。

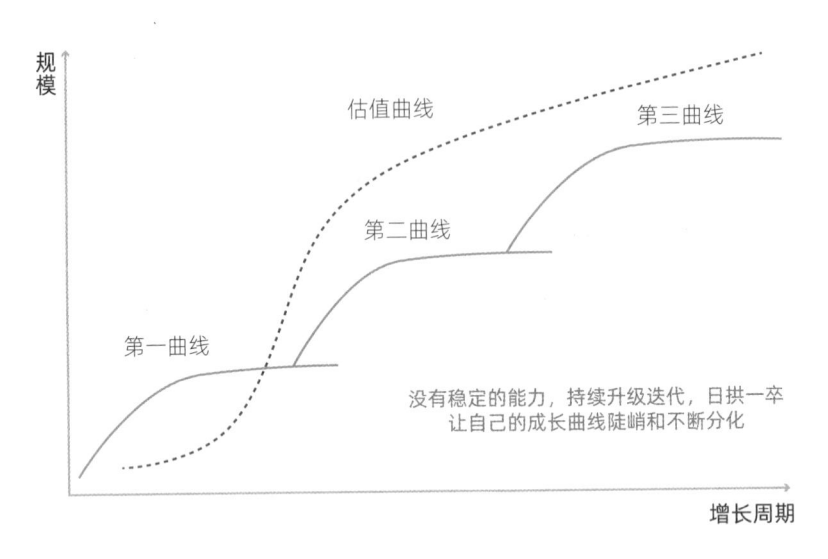

图 2-8：人生能力增长估值曲线

在组合能力、追求跨越成长曲线的过程中，并非理性中的一帆风顺，总会遇到各种挑战。不过，我们要知道，一个人的顶级能力是反脆弱能力。生活总会在你意想不到的时候出现状况，看似风平浪静，实则是风起云涌的前奏。对冲不确定性时代风险的最佳策略是不断提升自身能力。人一辈子，越追求稳定，就会变得越脆弱，应对改变的能力越低。人生无常，接受无常，提高反脆弱能力，才是人生最大的稳定。

那么，如何更好地像狐狸一样组合能力呢？在一场古典音乐欣赏的活动中，演奏家是法籍人士朱力安。朱力安出身音乐世家，五岁开始学习大提琴和钢琴。主持人问了朱力安一个问题：如何能够在学习大提琴、钢琴时快速进步和突破？

朱力安给出了一个有意思的回答：不要过度反复练习一首曲子。一首曲子涉及的指法和难点是有限的，即使反复练习，无论怎么刻苦，也只是在有限的维度增长技术。而对于音乐本身需要关注两个方面：听和实践。听，指大量听经典曲目，培养乐感。实践，指通过不同的练习曲目实现综合技艺的提升。

形象地说，一年里练习多个曲目的成长，会远大于同一时间只针对一首曲子练习的成长。往往在练习多个曲目后，再回过头来看最初的练习曲目，原本的问题也就不再成为问题。因为很多问题是相通的，能力是可以迁移的。过于专注，反而限制了从其他途径获得成长的可能性。对音乐学习的悟道，同样适用于职场。职场人士通常会有这样的困惑：如何在现有的岗位脱颖而出？如何能够快速成长？

目标定位：事业象限的布局

营销大师贝克·哈吉斯曾讲过水桶和管道的故事。故事里，住在意大利中部山谷里的两个年轻人，柏波罗和布鲁诺，受雇把附近河里的水运到村广场的蓄水池里。一天结束了，他们把蓄水池装满了水，村长按每桶水1分钱支付了报酬。布鲁诺很满意这份工作，而柏波罗背酸，手也起泡了，于是他开始想新的办法。

布鲁诺每日依旧提水，他想的是，每日提100桶水，就能赚到1块钱，这是走向富人的路。柏波罗却另有计划——建一条管道。虽然他知道建一条管道会占用提水的时间，他的收入会因此而受损。但他相信，一两年后，管道建好后能够取得可观的收益。果然，短期的痛苦换来了长期的价值。而提桶赚钱的方式，在我们的生活中并不少见，其实就是以时间换金钱的陷阱。因为一旦你的体力跟不上你的工作节奏，或者因为其他原因无法正常工作，你的收入就停止了。这样没有保障和未来的工作，其实是个人长期成长的一个陷阱。如果布鲁诺在工作中受伤，无法提水，那么他可以赚多少钱？零。"以时间换金钱的陷阱"就是只看当下的收益，而不知道给自己铺一条持续升值的管道，管道才是真正的"生命线"。

"个人商业模式"即我们对自己的工作和生活的安排与布局，如何组合和最优化配置，构建幸福的人生版图，而不仅仅是财务自由。因为存在这一现象，尽管金钱富足的人，其人生的幸福感却并不一定是理想的。那么，你了解自己的价值模式吗？

罗伯特·清崎提出了一套方法论，被称为"现金流四象限"。"现金流四象限"将每个人的收入划分为四个象限，每个象限代表不同的收入途径，每个收入途径背后代表人不同的思维模式、认知力、专业技能和资源（见图2-9）。

第一象限：工薪一族，具备雇员思维。雇员思维指工作是为了赚取金钱回报，用自己的时间创造价值，以此换取相同价格的等价物。帮助别人打造梦想是其职责所在，本质上是用时间换取财务回报。选择这一象限的人既可以是公司高管、总裁，也可以是保安、基础服务人员。这个象限的优点是相对安稳，不用承担创业风险、债务风险，按时领取薪资；缺点是难以实现财务自由，因为时间是有限的稀缺资源。处于这一象限的人需要不断学习、精进，提升个人单位时间的溢价，使得整体收入增长。

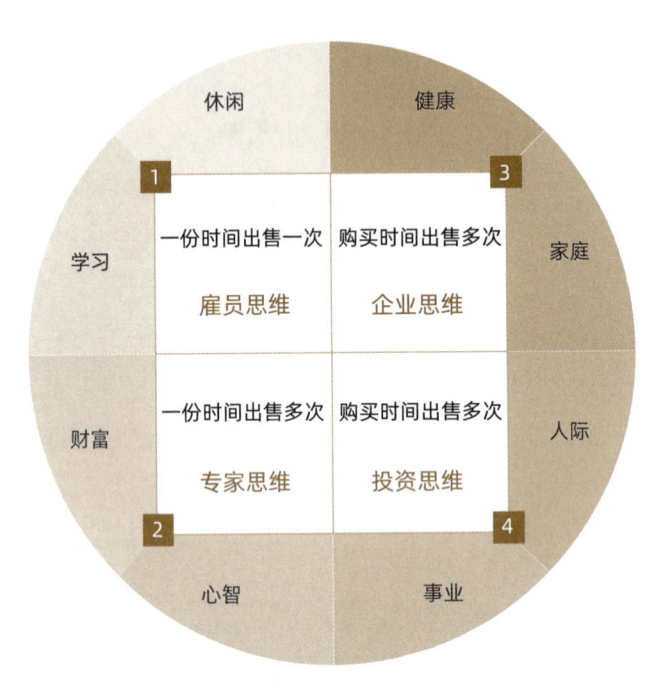

[图示内容]

外圈顺时针：休闲、健康、家庭、人际、事业、心智、财富、学习

第一象限：一份时间出售一次 —— 雇员思维
第二象限：一份时间出售多次 —— 专家思维
第三象限：购买时间出售多次 —— 企业思维
第四象限：购买时间出售多次 —— 投资思维

图 2-9：个人商业模式罗盘

第二象限：专业人士，具备专家思维。专业人士是一个独立自主做事的群体，喜欢亲力亲为和有掌控感。这个群体同样是为自己的人生负责，遵循用时间换金钱的模式。处于这一象限的群体作为专业人士，付出时间来赚取相应的收入，收入的瓶颈与第一象限类似。

第三象限：企业家，具备企业思维。他们可以建立自己的系统，其梦想就是整合人才和精英的梦想，以此朝着自己的大梦想前行。这类人善于建立一条稳定产生利润的管道，其能够使用他人的时间来创造财富。企业思维的特点是善于协作和整合资源。与前两个象限的工作模式相反，这一象限的工作模式是，让优秀的人才"为我所用"，创造更大的价值。

第四象限：投资人，具备投资思维。这类人的财富杠杆不仅仅是人才资源，还包括优质和充足的资本、时间等资源。那么，为何不让资源创造价值？对比左象限和右象限，左象限的主要特点是通过时间、专业换取财富，其风险是一旦因生病、受伤、外出旅行等导致工作停滞就没有收入；右象限的主要特点是更加具备掌控力，收入损失风险更低。因为已经搭建了协作和雇佣系统，"管道"便可以在一定时间段自行运转。但这并不意味着处于右象限的人就不是"打工"的状态，只是其

"打工"服务的对象变成了客户、供应商、员工和社会。"打工"并不是一个负面的概念，它可以包含创造价值、对他人和自己的人生负责等内涵。

当然，这四个象限每一个都有其优缺点，没有哪一个象限更优越于另一个。同时，一个人不单可以选择一个象限，还可以布局多个象限。我称其为"人生的跨期组合"，也就是在不同的阶段或同一阶段组合不同的象限来创造价值。

个人商业模式罗盘将"现金流四象限"进行了优化迭代。个人商业模式的四个象限可以有多种组合，无论主导象限是哪一个，都逃不开第一象限，也就是我们要不懈地工作。我们始终是在为他人、自己、社会或者更大的"人类命运共同体"而奋斗，这一核心理念诠释了我们存在于社会经济活动中的价值和使命。作为一家企业的员工，我们在为企业创造价值；作为专业人士，我们同样在为客户服务；作为企业家，我们在为社会带来商品或服务，同时也要对企业的员工负责；作为投资人，我们在为更大范围的社会创造价值，同时也要对企业和员工负责。没有哪一个群体自然优越于另一个群体，每个人都各司其职，在自己的目标、使命和责任中身体力行。

简单来看，在这个世界上可以将人简单归结为三种：第一种是"做事"的人，第二种是"做势"的人，第三种是"做局"的人。"做事"的人，主要将注意力集中在第一象限，靠技术和专业技能换取价值，处于"术"的层面。"做势"的人，通过模式和商业逻辑整合资源，对人和事物的认知与洞察更为多元和深刻。他们需要看清事实、趋势和机会，创造模式和价值，同时承担更大的风险与不确定性。"做局"的人，认知维度高于前两者，将一个问题和解决方案系统化与体系化，能够看清底层逻辑并谋划多个维度的价值，进一步寻找机遇。

不同的年龄阶段对事业象限的布局有所取舍，每个人的基础和条件各有千秋，需要制定一套自己的成长组合拳。每个人的人生都是原创，不存在完全复制他人成功的可能。

价值定位：打造个人品牌护城河

徐小平老师曾经分享一个名校毕业的女生到外企应聘的故事。这个女生五次面试均被拒绝，屡战屡败。明明是知名学府出身，为什么在求职上面对这么大的窘境？

细细琢磨这个求职失败案例，徐小平老师认为问题出在，这个"高知"在大学期间从来没有培养自己的职业意识和市场意识。校园的活动、学生会的工作，她从来没有主动参与过，也不喜欢和周围的同学打交道，认为学习是唯一的事情。甚至，她会对其他注重时尚、活跃的女生产生厌恶和鄙视的情绪。

职业意识和市场意识，其实是在除获取知识以外的其他事情上一点一滴培养和开发出来的。就像这句话所说的，生活就是艺术，艺术就是生活。凡事只看表象，不去开拓认知和生活的边界，自然会被功利的活法所束缚。职业意识和市场意识，用一句话描述就是：每个打工者都是了不起的创业者，因为我们都在打磨一款优质和不断升级的产品。这款产品，就是我们自己。那么，如何提前布局，真正做到职业规划的前瞻性？这里可以给出多个能力维度：专业知识技能、团队管理能力、营销能力、个人品牌。这里最想强调的是个人品牌（personal brand），也被称为个人IP（intellectual property）。

如果将一个人的职业生涯发展看作经营一家企业，应该如何规划和打造？麦肯锡前咨询顾问Victor Cheng的案例可以作为借鉴。Victor Cheng毕业于斯坦福大学，在离开麦肯锡后，他开启了管理咨询教练的身份，帮助想进入咨询行业的职场人。Victor认为，真正决定一个人在职场能否长期撬动资源杠杆的，并不是名声，而是个人品牌。二者的区别在于：名声，你认识的人认为你足够胜任；个人品牌，认识你的人认为你足够胜任。

二者其实都是关于信任的，而信任是当下的硬通货。但名声带来的信任不够有影响力，因为你能认识的人总归是有限的。但个人品牌不同，认识你的人可能远远多于你认识的人，就像意见领袖、明星、网红这些具备个人流量的个体。个人品牌积攒了信任的流量池，里面的人都是信任其品牌的个体，自然能够通过少分散自身的注意力，撬动更多的信任流量。影响力和信任货币能够带来相似的正面反馈。每个人的内心都有一个开关，拧动人们内心开关的力量就是影响力。

Victor回顾自己职业生涯这几年的变化，他发现，十年前，他在工作上用力很猛，付出的努力是现在的5倍。为了获得客户，他在美国全国各地演讲，但哪怕获得一个客户，也是极具挑战性的。这些年来，他一直在不断地通过课程、文章等方式输出和营销自己的价值观，投资自己的个人品牌。时至今日，在其职业领域已经沉淀出个人品牌。现在，通常都是别人主动联系他、聘请他。个人品牌给他带来的最大溢价是，提升了做事的效率，降低了巨大的时间成本。

方法路径：搭建职场管道与塑造影响力

如何搭建职场管道，为自己持续升值铺路呢？我们可以思考，如果停止工作，会怎么样？明天还会有收入吗？贷款还能如期支付吗？如果意外和重大疾病发生，该如何是好？退休后有基本保障吗？如果我们对这些问题的回答不清晰、不确定，正说明我们应该试图搭建一条管道，以应对不确定性，让自己升值。

以已经成为创业孵化器的新东方为例，徐小平、罗永浩、古典、马薇薇等，这些曾经在新东方舞台施展拳脚的管理者、教师，现在都开拓了另外的职业维度。为什么新东方老师出来后，很多都成了创业者？例如马薇薇，离开教育岗位，靠辩论跻身KOL（意见领袖），而打辩论赛最重要的能力是什么呢？是销售思想和逻辑思维能力。这也是为什么在真正的职业生涯中，无论在哪一个阶段，最终的硬核都离不开"销售能力"，或者说"市场能力"。

为什么职业生涯的最后是在做销售？麦肯锡、贝恩、波士顿咨询，这三家战略管理咨询公司被全球各大商学院的毕业生当作金字招牌，削尖了脑袋只为了进入这类精英圈子。这个行业内部发展的职业路径大概是：分析师、顾问、经理、总监/初级合伙人、合伙人。在不同阶段承担的职责也会有所区别，概括地分为三类。

★ 初级：分析师、顾问、项目经理。关注点是数据收集、模型搭建、分析、项目管理和团队顾问。

★ 中级：总监/初级合伙人。关注点是业务发展、客户关系等。

★ 高级：合伙人。关注点是客户关系、公司发展等。

有意思的是，越往高级，越需要一种人际关系的能力，靠的是沟通、情商，还有销售。很多人下意识地认为，销售很低端。但真正的销售是低端的吗？不是。反而职级越高，越处在职业生涯的顶端，越需要销售能力。不仅是管理咨询行业，其他行业也同理。例如：

★ 律师事务所：高级合伙人，销售专业化的法律咨询和解决方案。

★ 保险代理或经纪人：销售保障和理财规划服务。

★ 投资：融资就是销售项目的潜力和项目未来的回报率。

★ 企业家：商业生态的各领域资源整合与协作，创造价值。

从更大的层面来说，具备长期战略眼光的企业，它们在做什么事呢？销售。销售主要活动的目的是什么呢？获得销售收益。那么，一家优秀的企业在销售过程中会如何做呢？

★ 初级的企业，卖产品。这样的企业在与客户沟通时会说：我们是什么，我们生产什么样的产品。

★ 中级的企业，卖服务。这样的企业在与客户沟通时会说：我们是什么，我们提供什么样的服务。

★ 高级的企业，卖价值观。这样的企业在与客户沟通时会说：我们相信什么。

归根结底，差别就在于企业是否具备销售的能力。而品牌和价值观，是一个长期、持久性的价值溢出点，能够撬动更具可持续性价值的投资。惠普前全球副总裁、中国区总裁孙振耀先生在退休感言中提到，在世界500强企业的CEO当中，最多的是销售出身的人，第二多的是财务出身的人，这两者加起来超过95%。一种类似的说法是，*Fortune* 500强企业的CEO，60%曾经是做销售的，销售是最考验人的一个岗位。

罗伯特·清崎在《富爸爸 商学院》中分享了自己当年职业转型的故事。1974年，罗伯特从美国海军陆战队退役后，他想成为老板，于是他请教富爸爸，如何才能实现这个目标？富爸爸的回答是：去做推销工作。罗伯特很不解，为什么学习推销的技巧这么重要呢？富爸爸说："在商业领域，推销技巧是第一位的……最优秀的推销员也是最优秀的领导者。"

在富爸爸看来，演讲、写作、授课，或者只是简单的一对一谈话，都是一种推销。处于各个行业和岗位的职场人士，每天的工作同样是在输出个人的价值，这也是在变相销售自己的才能。商业活动本身其实就是一系列说服和被说服的迭代，唤起用户的需求和消费欲望。销售本身其实是在打造和施行自己的影响力的过程。影响力之所以重要，是由于具备影响力，就具备了一种隐形的指导他人行动力的能力，通过这种无形的东西建立信任，在商业中为交易与合作找到共赢的局面。影响他人的能力在过往的教育中并不被过多渲染和强调，但这却是极其重要的能力。

影响力的降维打击

老子在《道德经》中提出经世致用的智慧，总结为"道法术器"。"道"指规则、底层逻辑；"法"是方法论、体系；"术"是行为、方式、方法；"器"为具体的工具和承载物。价值的不同维度也遵循"道法术器"的逻辑层级（见图2-10）。

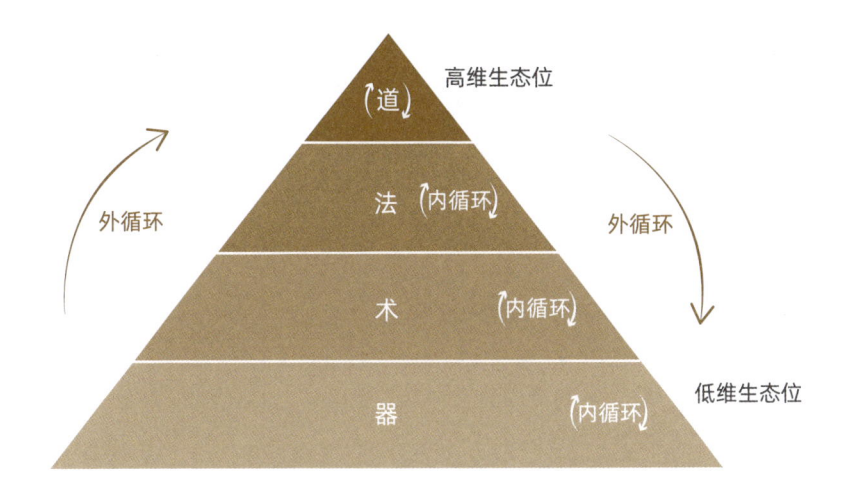

图 2-10：打造影响力输出内容的"道法术器"双循环

价值输出和影响力运用即是降维打击，在更高维的"道"这一层级的生态位输出价值，并涵盖"术"和"器"的维度内容，从而达到高维打低维、高势能打低势能的效果。不同维度的认知与思考需要流动和灵活运转，持续在一个维度的思考和做事难以整合不同维度的优势，同一个维度的内循环兼顾不同维度间的外循环，双循环作用才能更好地输出价值和影响力。

这一理念在营销学上体现为营销1.0到3.0时代的演进（见图2-11）。随着时代的发展和人类从物质文明到精神文明的演进，现代营销学之父菲利普·科特勒（Philip Kotler）教授提出营销3.0时代[1]，在这个日新月异的社会，人们已经超越了对生存需求的基本满足，自我价值实现成为人生的第一目标。从关注产品、利润和消费者转向关注构建更加美好的世界，关注更加全面的人和精神、价值观维度的生态，以价值观驱动营销，将企业愿景、使命和价值观融于解决方案和产品中。

---

1 《营销革命3.0：从价值到价值观的营销》，[美]菲利普·科特勒、[印度尼西亚]何麻温·卡塔加雅、[印度尼西亚]伊万·塞蒂亚万 著。

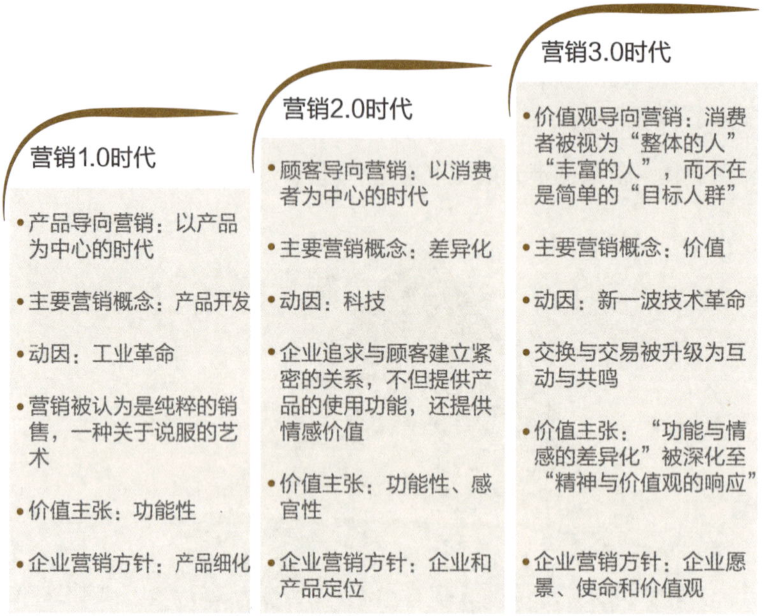

营销1.0时代

- 产品导向营销：以产品为中心的时代
- 主要营销概念：产品开发
- 动因：工业革命
- 营销被认为是纯粹的销售，一种关于说服的艺术
- 价值主张：功能性
- 企业营销方针：产品细化

营销2.0时代

- 顾客导向营销：以消费者为中心的时代
- 主要营销概念：差异化
- 动因：科技
- 企业追求与顾客建立紧密的关系，不但提供产品的使用功能，还提供情感价值
- 价值主张：功能性、感官性
- 企业营销方针：企业和产品定位

营销3.0时代

- 价值观导向营销：消费者被视为"整体的人""丰富的人"，而不在是简单的"目标人群"
- 主要营销概念：价值
- 动因：新一波技术革命
- 交换与交易被升级为互动与共鸣
- 价值主张："功能与情感的差异化"被深化至"精神与价值观的响应"
- 企业营销方针：企业愿景、使命和价值观

图2-11：营销1.0到3.0时代的演进

亚拉伯罕·马斯洛（Abraham Maslow）提出人类需求层次金字塔理论，将人类需求由低到高分为五个层次：生理需求、安全需求、社交需求、尊重需求和自我实现需求。马斯洛认为人们在满足低层次需求后才会升级为更高一层的需求。事实上，《精神资本》（*Spiritual Capital*）这本书中提到，马斯洛在临死前表示遗憾，认为这个金字塔应该颠倒过来，自我实现需求作为人类的基本需求。这也体现了追寻精神、意义的重要性。

卓越影响力"黄金圈"

价值输出和影响力打造需要遵循人性、精神与价值观维度。2300多年前的古希腊哲学家亚里士多德（Aristotle）在《修辞学》中论述过，成功的说服以及形成有效影响力的三要素：信誉证明（ethos）、情感证明（pathos）和逻辑证明（logos），只有考虑了受众大脑三方面的诉求才会起到有效触达的效果。

基于修辞学知识和与脑部结构相关的神经学知识，西蒙·斯涅克（Simon Sinek）在TED演讲《伟大的领袖如何激励行动》中提出领导力的"黄金圈"模型。在打造影响力、沟通与营销方面，以传达"为什么"作为出发点，而不是"我有什么"，实现更好的沟通效果，有助于直击事情的本质，触达人心的底层。研究显示，我们

的大脑皮层负责日常的语言与逻辑，对应的是"是什么"（what），中间的部分"如何"（how）是两个边脑，负责情感，即亚里士多德的"情感证明"，影响人们的信任、忠诚等情绪的产生，进而指导人们的行为、决策。但是，大脑的这个部分在面对语言信息时是无法启动分析功能的，也就是理性信息、数据对其影响极为有限。因此，我们常说的做事、说话要"走心"，就是指要从心底召唤，用"为什么"（why）的价值、使命与高维的价值认同来沟通、激励、召唤和影响受众（见图2-12）。

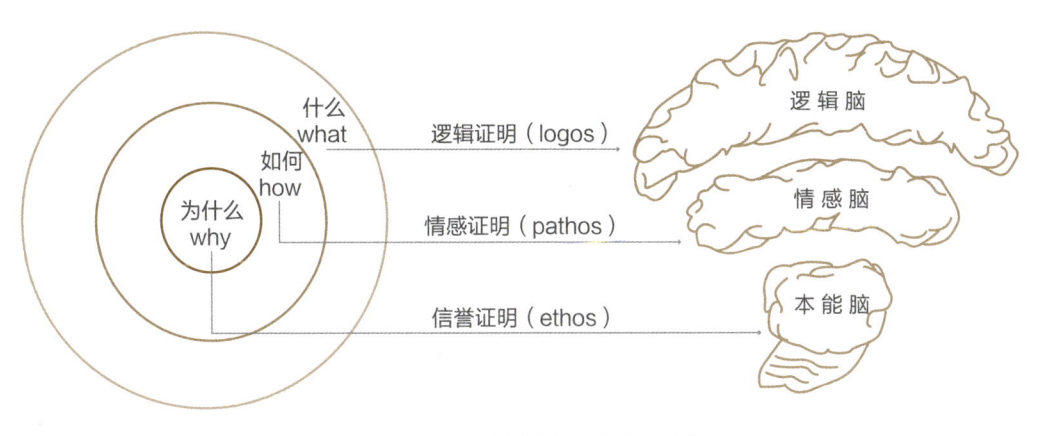

图2-12：卓越影响力"黄金圈"[1]

卓越影响力的沟通模式的提出是基于对人性与人的认知模式的深度研究。西蒙研究的是领导力的宏大主题，事实上，打造真正的领导力也是每个人的议题。正如他在演讲中所阐述的理念，如果连自己都不知道为什么从事这样的工作，怎么能期待他人会对自己的行动做出反应并赞同和支持。你需要构建这样的目标：不仅仅要将你有的东西卖给需要它们的人，还要将东西卖给与你有共同信念的人。对于管理者、事业合伙人的选择和团队的打造而言，目标不仅仅是雇佣那些需要一份工作的人，还要雇佣那些与你有共同信念的人。因为：如果你雇佣某些人只是因为他们能做这份工作，他们就只是为你开的工资而工作；但是如果你雇佣与你有共同信念的人，他们就会为你付出热血、汗水和泪水。

真正的影响力，是直击本质的沟通与"从心"出发。

---

[1] 笔者根据西蒙·斯涅克（Simon Sinek）的TED演讲《伟大的领袖如何激励行动》（*How Great Leaders inspire Actions*）和西蒙·兰卡斯特（Simon Lancaster）的《影响力核能》（*Winning Minds: Secrets from the Language of Leadership*）整理。

底层逻辑：漏斗商业模式

销售能力不仅指销售商品的能力，而且也涵盖了推销自己的能力。这是在商业环境和职场中极为重要的生产发展力。销售能力升级后就变成个人影响力。个人影响力通过营销路径实现，销售能力是更具结果导向的营销、销售的落地。如果用公式表示销售结果的话，销售所付出的努力乘以市场营销所付出的努力，二者产生的结果会以销售量来衡量，这是一个人创造价值能力的指标。

公式一：销售 × 市场营销 = 销售量。

那么，如何最大化推销自己的效率呢？目标如何达成？公式二给出的答案是，更多地做市场营销（营销品牌和价值）的投入，而不是蛮力地强行销售。因为市场营销强调的是上游战略性的投入和对他人的付出，而销售行为侧重销售环节下游的成交，从他人那里得到正面反馈。市场营销是产生信任的环节，销售是消费信任，没有付出和投入的战略会降低后端的成交效率。你所做的市场营销越多，你推销时付出的努力就越少。

公式二：推销自己所付出的努力[1] = $\dfrac{销售}{市场营销}$。

溢价能力由我们自身能够提供的价值和所呈现的市场价格决定。我们自身能够提供的价值越大，自然溢价能力就越强，底气越足，也就越自信。以利他为出发点，为对方带来价值，比一味地关注从对方获取变现、获得回报，更值得作为我们长期坚守的价值策略。

公式三：溢价能力 = $\dfrac{价值}{价格}$。

影响力指我们的价值输出作用于对方的效果。当我们既具备价值又投入时间和精力去做营销时，二者就会彼此强化。只有当价值是基础时，营销才能真正发挥作用。价值是对他人有用、利他的输出，这是持续获得信任和价值交换的基础。如果动机是索取型的，虽然短期获利了，但是长期收割他人的模式是难以为继的。

公式四：影响力 = 价值输出 × 市场营销。

---

[1] 《富爸爸 冠军销售》，[美]布莱尔·辛格 著。

漏斗商业模式是一个应用场景广泛的思维模型，是战略性思考问题的通用工具。在企业管理端，漏斗模型可以辅助商业逻辑的拆解、企业品牌的建设、业务模式的搭建，也可以辅助个人品牌的打造、个人商业模式的布局。

所有商业的本质都是前端信任的建立，以及后端价值的交换。其体现在漏斗模型的前期引流、信任沉淀转化环节，后端的变现最终以三种形式实现，即产品（商品）、服务，以及产品和服务组合打包。因此，商业的本质非常简单，就是流量吸引、流量池信任沉淀、流量池交易。

在流量转化过程中，由最初的活动、服务或产品引流进入漏斗系统，并且要经过时间的沉淀和持续的投入。这遵循"人生四季"理念，无论是产品的设计、品牌价值的塑造还是信任的建立环节，都要经历春生、夏长、秋收、冬藏，这是一个长期主义的过程。自然，在过程中会经历流量的流失，这是正常的规律。接受现实是一方面，重要的是收获，从复盘中汲取经验和智慧（见图2-13）。

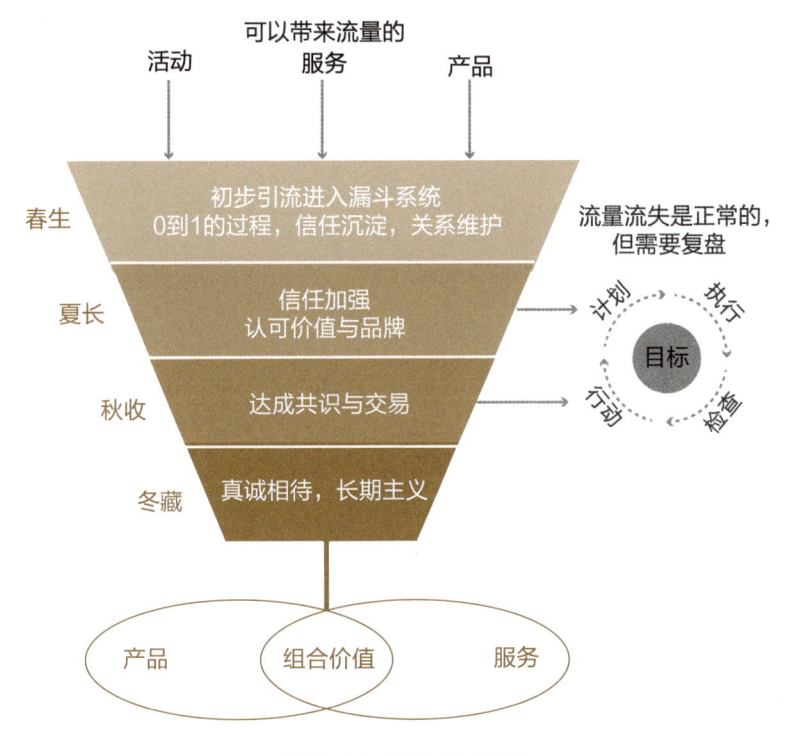

图 2-13：漏斗商业模式

第 3 章
财富与人生意义的平衡

近年来,财商游戏在市场上火起来的现象值得关注和思考。财商游戏通常分为两个阶段。第一个阶段是追求"财务自由",不同职业选择和不同人生的参与者,都可以根据自身的收入和支出构成努力实现这个目标。第二个阶段是追求幸福美好的人生,过上富足的生活。在这个阶段财务自由已经实现,对事业和生活的布局就不仅是为了以倍数增长的财富,更是为了更有意义的人生。对于富足人生的定义,也更加丰满,其包含了财富、幸福、责任、使命、自我价值实现等。

我发现一个有趣的现象,无论是正在追求财务自由的人,还是已经实现财务自由的人,当他们全情投入追求目标时,都会变得像转轮里的仓鼠,不知疲倦地赶节奏,为自以为重要的目标疲于奔命,似乎忘记了前进的最终目的和使命是什么。奔波在路上,他们无法欣赏路上的风景,无心感受与人交流的乐趣和金钱以外的价值。

当下很多"00后"和"90后"的年轻人认为有意义的财富人生目标,不再是"60后""70后"提及的储蓄和养老,而是财务自由。仔细想一下,其实财务自由在时间节点上体现的就是"60后""70后"的"退休"概念。但是在这个时代,社会焦虑与年轻群体的诉求有了更现实的内涵。退休是时间的自由和身体的自由,不用靠出卖劳动力来换取金钱。自由包括对生活更多元的掌控。看似不同年代的人的追求存在差异,其实其存在逻辑共识——人都在寻求一种安全感、自由度和掌控力。

不过,随着长寿时代的到来,在退休和财务自由后,人生又会面临新的议题、新的责任与使命。大多数人会进入一个新的圈子,开启另一个"奔波"的循环。所以,退休和财务自由这种未来的目标与理想的追求,其最好的作用就是提供了方向，而有了方向后，重要的是立足当下，思考当下能够踏实做好什么事。

无论是否财务自由，人生一路都是前半程拼命赚钱，后半程依然奔命，而不是规划一个值得拥有的人生，这似乎是大多数人的人生写照。人生如游戏，大致反映了前行路上的一种心态和智慧。人生所有的追求，是全情投入奔波于赚钱，还是规划一个值得的人生？我们的行动又是否符合终极目标、使命和价值观？如果每天只是忙于赚钱，而不想如何留住钱，那么是时候想一想人生的节奏和规划了。

在第二次世界大战中，维也纳精神病学专家维克多·弗兰克尔被关在波兰南部的奥斯维辛集中营，这里被关押的犹太人的平均寿命为三个月。而维克多·弗兰克尔在经历了无数屈辱的对待和死亡的威胁后，仍旧保持清醒、客观的思考，以一个专业人士的角度总结如何用意志去应对苦难："人所拥有的任何东西，都可以被剥夺，唯独人性最后的自由——也就是在任何境遇中选择一己态度和生活方式的自由——不能被剥夺。"

维克多·弗兰克尔指出：在刺激和反应之间有一个空间，在这个空间里我们有选择反应的自由和能力，我们的成长和幸福全在我们的反应里。所有的麻烦和负面情绪都是人在某一视角下产生的，如果角度不变，答案不会改变。从相同的角度来看，无论多少人看到的答案都是一样的。实现终极自由和有意义的人生，就在于在外部刺激和反应之间的空间内做出选择，这是每个人都被赋予的选择的权利，也是区别主动人生与被动人生选择的生存空间（见图3-1）。

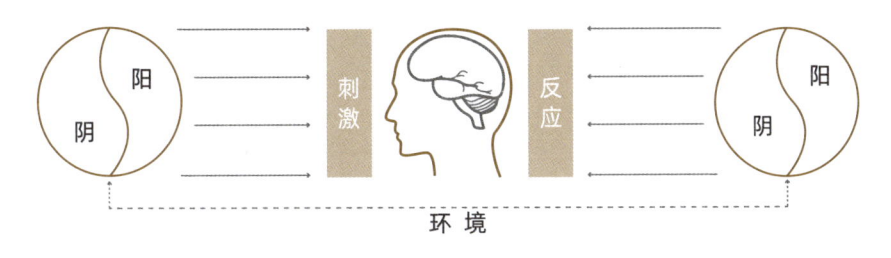

图 3-1：选择的自由

每一件事，无论表面上以"阴""阳"哪种方式呈现，万物负阴抱阳，都存在其意义。佛教里有一个概念叫"因果律"，在物理学中称为作用力与反作用力[1]。作用力与反作用力呈现的规律是，当我们击打桌子时，力气越大，手越疼，这是因为作用力越大，反作用力也越大。在三维空间里它们是同时发生的，而在四维空间

---

[1] 《开启你的高维智慧》，刘丰 著。

里，时间是变量，作用力和反作用力的大小相等、方向相反，不一定作用于同一时间，也就是因果逻辑的物理学表述方式。精神活动是头脑、内心中形成的内在世界，属于"因"的世界；内在世界再作用到外在环境上，产生的结果就是"果"。

对意义探寻的过程，也就是外在环境与内在世界相互作用的过程，需要从客观事件中挖掘出对价值的思考。人生没有白走的路，每一步都算数。下面从我自身的经历和思考出发，从人生不是零和游戏、人生的资产负债表、利他主义等几个方面来详细阐述财富与人生意义的平衡。

人生不是零和游戏

对于每个人来说，对财富的追求本身就是复合多元的，物质财产并不是财富唯一的要素。身为全球多个富豪家族的财富管理顾问李·布劳尔（Lee Brower）提出"什么是真正的财富"的问题[1]。

英语里"rich"和"wealthy"是两个近义词，都表示"富有"。前者（rich）指拥有丰富的金融资产，如金钱、房地产、投资等物质财富；后者（wealthy）侧重更多元的"富有"，包括：

★ 核心资产：家庭、健康、价值观和每个家庭成员的个人福祉。

---

[1] 李·布劳尔对"什么是真正的财富"阐述如下：

True Wealth

Would you rather be "rich" or "wealthy"? What's the difference? "Rich" is having abundant financial assets: money, real estate, investments, material possessions, etc. But do you have other assets that you value more than these financial assets? For most people, the answer is "yes". Most people say that they value their family, or their health, or their spirituality more than financial assets. Empowered Wealth® calls these "core" assets. The four Empowered Wealth® categories of assets are:

- Core Assets: your family, health, values and the individual well-being of each family member;
- Experience Assets: good and bad experiences, education, reputation, networks and the wisdom of each family member;
- Contribution Assets: contributions made to others;
- Financial Assets: money, real estate, investments, material possessions.

These asset categories are the elements of True Wealth. But True Wealth is more than the assets themselves; it involves the dynamic, ever-changing balance of these assets. For Empowered Wealth, Sustainable Prosperity™ means having True Wealth, optimal assets with optimal dynamic balance. It's the difference between being "rich" and being truly "wealthy".

★ 经历资产：每个家庭成员的好坏经验、教育、声誉、网络和智慧。
★ 贡献资产：对他人的贡献。
★ 金融资产：金钱、房地产、投资等物质财富。

当然，这也只是财富的要素，真正的财富不仅指资产本身，还涉及这些资产的动态平衡。财富大局观的落脚点在"人"和"平衡"上。"人"是资产的主体，一个人的内在资产，如价值观、道德品质等是其所持有的重要资产。因此，财富与人生意义的平衡是极其重要的，如个人与家庭、社会、国家、人类命运共同体的平衡等，这与中国传统文化《大学》里"修身、齐家、治国、平天下"的精神正向契合。

人生不是零和游戏，核心资产、经历资产、贡献资产和金融资产如同一辆汽车的四个轮子。当我们过于强调金融资产，如金钱、房地产、投资等物质财富，而忽视家庭、健康、社会价值等维度时，其实并不利于资产的保值和增值。

核心资产是关乎我们是谁的终极奥义，如健康、家庭、幸福、友谊、个人价值等。经历资产是我们的肉体、情感、头脑以及精神上的经历总和，如教育、经历、信誉等，失败的或痛苦的经历对我们的成长同样是有所助益的，从逆境中学到的东西往往比在顺境中学到的更多，这也是我们的宝贵的经历资产。贡献资产是我们对他人的作用，如税收、控制权、慈善捐献等。金融资产是我们的个人净资产，如金钱、房地产、退休计划、生意等。

这四个轮子中，任何一个轮子出现问题都会影响汽车的平稳行驶。所以，当我们过于执着某一个轮子的大小，不断给一个轮子充气而忽视对其他轮子的维护时，也会因此"翻车"。这让我再度想起维克多·弗兰克尔的话："人所拥有的任何东西，都可以被剥夺，唯独人性最后的自由——也就是在任何境遇中选择一己态度和生活方式的自由——不能被剥夺"。他所说的这种生存意志和对生命意义的执着是一种巨大的精神资产，让他熬过奥斯维辛集中营的痛苦折磨。

财富是什么？财富越多就越幸福吗？幸福与财富的关系如图3-2所示。在最初的财富积累时，财富所体现出的价值确实可以用来衡量我们的付出，这个价值肯定的过程也是对我们个人价值的确认，这会带给我们更多的自信、力量、使命和幸福的感受。

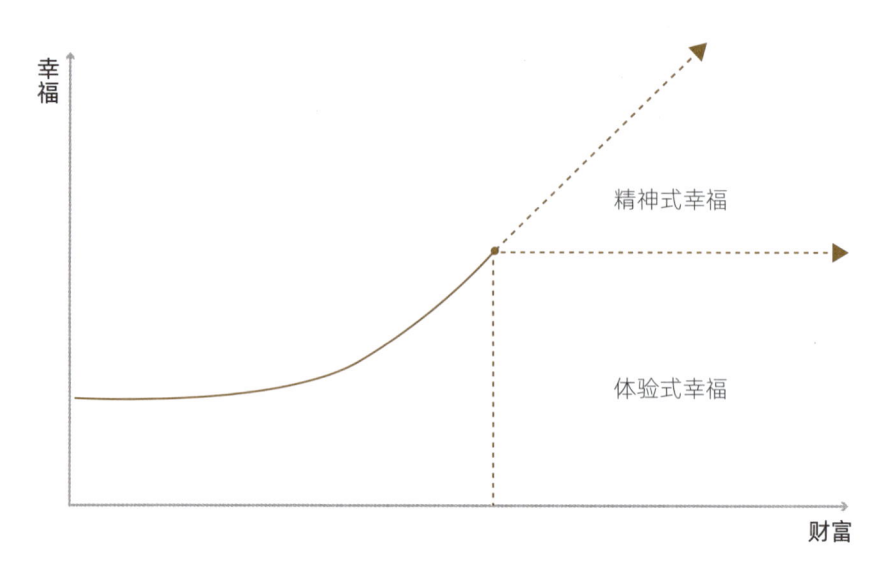

图 3-2：幸福与财富的关系

不过随着财富的积累，在创造财富的过程中需要花费更多的时间、精力，生活和工作往往失去平衡，一开始的初心也可能被淡忘，走得太远，以至于忘记了为什么要出发，这就是财富带来的幸福边际效应递减规律。这时财富的增长往往是以牺牲某些东西为代价的，比如牺牲的可能是陪伴家人、朋友的时光，也可能是健康等。这时候再多的物质财富也很难让人感受到真正的快乐和幸福，单纯通过财富换取的幸福是存在边际效应递减规律的。

精神式幸福是可以突破财富增长边界的。也就是说，我们能感受到通过自身努力创造的精神价值，人际关系、思考、精神体验等带来的抽象的幸福感的增长空间更大。博多·舍费尔说过，成功和幸福是有区别的，成功意味着得到你想要的东西，而幸福意味着热爱你所拥有的一切。这也是为什么说物质上的富足是有限的，而精神上的富足是无限的，前者是有限游戏，后者是无限游戏。

美国未来趋势专家简·麦戈尼格尔（Jane McGonigal）曾在研究人的幸福心理形成过程中指出，外在的事件、物质或环境都不是一定能够给人带来真正幸福的东西。反之，幸福是靠自己的努力和付出创造的奖励。

如果我们尝试在自身之外寻找幸福，就把焦点放在了积极心理学家称为"外在"奖励的东西上，即金钱、物质、地位或赞许。我们得到了自己想要的东西，就会感觉很好。可惜，这种幸福的愉悦感不会持续太久。我们会对自己喜欢的东西产生耐受性，开始想要更多，需要更多的回报才能触发同等水平的满足感和愉悦感。我们越是尝试"找到"幸福，就越难找到。积极心理学家称这个过程为"享乐适应"[1]，它是保持长期生活满意的最大障碍之一。我们消费得越多、获得的越多、地位提升得越高，就越难感受到幸福。

如果我们着手自己创造幸福，就把焦点放在了产生内在奖励的活动上，即通过强烈投入周围世界所产生的积极情绪、个人优势和社会联系。我们不是在寻找赞美或付出，我们做事情，能因充分投入而带来享受，就足够了。

我们越是尝试"找到"幸福，就越难找到。追求外在奖励，注定会妨碍我们达成自身的幸福。

人生的资产负债表[2]

财富管理的核心，不是管理好你的钱，而是管理好你的人生。人生的资产负债表，不是财务报表的数据化呈现，而是我们付出与所得的人生清单。人们总是习惯以拥有资产，特别是物质资产的多少来判断人生是否成功，殊不知资产和负债总是如影随形。

人生所追求的是资产不断增值的过程，而这也正是一个不断增加负债的过程。英文里"资产负债表"是"Balance Sheet"，直译为"平衡的清单"，人生大道业已蕴含其中。人生，也就是一张动态的资产负债表。

在财务上，明白净资产、负债和所有者权益，也就懂得了整个财务报表的逻辑。对于人生的资产负债表，首先要懂的也是这三个概念的内涵和相互的关联。

重新认识资产

提到资产，人们往往认为资产是物质财富，是使我们具备所有权和掌控力的东西。在人生维度上，资产的范畴更加广泛，包括健康、财富、知识、时间、亲情、友情等。这些资产才是人生资产负债表中最重要的净资产，采取有效的方式让净资

---

[1] 享乐适应（hedonic adaptation），是指当环境的改变给人带来快乐时，人们通常会很快习惯这种改变。因此，一些重大的生活转变，比如加薪、结婚、搬家等都会带来一时的幸福，但只能维持很短的一段时间。
[2] 本节内容致敬单喆慜教授的人生智慧，感恩《人生的资产负债表》蕴含的哲学智慧。

产增值才是最有意义的。

心理资本[1]是美国著名学者弗雷德·卢桑斯提出的概念，指个体在成长和发展过程中表现出来的一种积极的心理状态，是促进个人成长和绩效提升的心理资源。心理资本的升值空间是非常大的。心理资本主要包含以下几个方面的内容。

- ★ **希望**：一个没有希望、自暴自弃的人不可能创造什么价值。

- ★ **乐观**：乐观者把不好的事归结到暂时的原因，而把好事归结到持久的原因，比如自己的能力等。

- ★ **韧性**：从逆境、冲突、失败、责任和压力中迅速恢复的心理能力。

- ★ **主观幸福感**：自己心里觉得幸福，才是真正的幸福。

- ★ **情商**：感觉自己和他人的感受，进行自我激励，有效地管理自己情绪的能力。

- ★ **组织公民行为**：自觉、自发地帮助组织，关心组织利益，并且维护组织效益的行为，它并非直接由正式的赏罚体系引起。

正如人的物质资本存在盈利和亏损的问题，人的心理资本也会有盈亏的存在，即正面情绪是收入，负面情绪是支出。如果正面情绪多于负面情绪，便是盈利，反之则是亏损。人的所谓幸福，实际上就是其心理资本是否足够支撑其产生幸福的主观感受。

一个企业家作为父母对子女的引领，所要传承的不仅仅是所谓的"金融财富"，还有勇气与胆识、智慧与坚韧、勤奋与耐劳，以及对家人的关怀和期望。

单喆慜教授曾说，资产不是我们拥有了什么，而是我们付出了什么。因为只有投下去可以带来回报的东西才是资产。人是理性动物，做出的任何决定都是对自己有利的。我们之所以愿意付出，代表着这个交易对我们来说是合算的。

经历同样是人生的资产，包括正面反馈，即成功的经历，以及负面反馈，即失败的经历。资产的属性是能够带来未来现金流价值的事物，把错误看成是债务还是投资的资产，取决于我们自己的认知和对经历的复盘。

---

[1] 来自"MBA智库"。

重新认识负债

对于人生来说，得到是负债，因为所有的得到都是需要付出代价的——有可能是先得到后付出代价，也有可能是先付出代价后得到。不要对自己所得到的沾沾自喜，一切都是需要偿还的。学会感恩与珍惜，懂得一切得到并不是理所当然的，这才是真正理解了负债的含义。

同时，显性的成功是隐藏在背后的付出与各种丰富的内涵，是品质、性格、知行合一等综合素质的凝结。管理学大师彼得·德鲁克坦言："别人能看到的是我们的成果，看不到的是我们的付出。"得到的背后是付出与给予，显性资产能够被看见，如同冰山的一角，殊不知冰山的底座是潜在的负债（见图3-3）。这同样是阴阳，也同样遵循自然规律的循环往复。

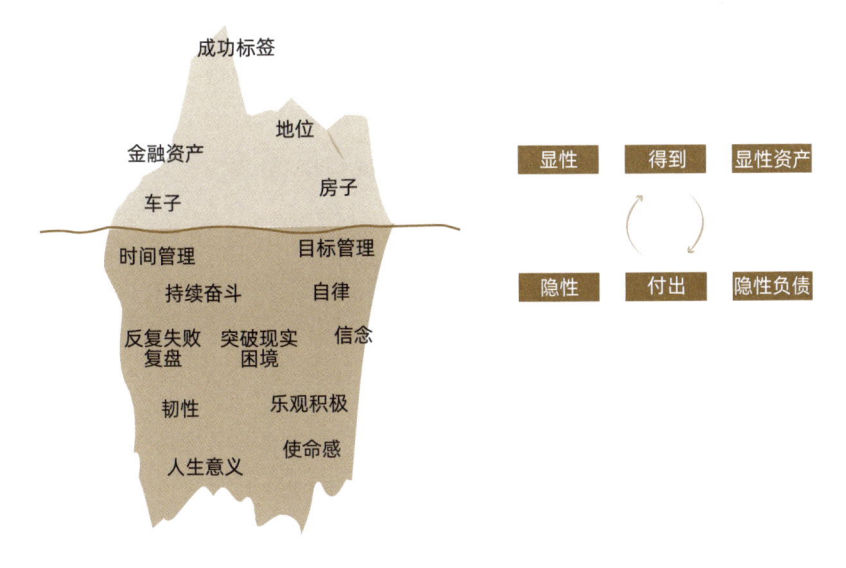

图3-3：资产与负债流转的冰山模型

重新认识所有者权益

所有者权益来自资产减去负债，人生所得还是所失，看的是资产多还是负债更多。付出的是资产，得到的是负债，财富是资产减去负债后所得的净值。付出的多，财富就是正数；索取、得到的多，财富就是负数。

懂得了财富是怎么来的，也就从本质上知道了我们在混混沌沌不断追求财富增长的过程中，误以为所得就是财富，殊不知我们执着的是不断增加自己的负债。只有不断创造价值，才能有收获（见表3-1）。

表3-1：人生的资产负债表

资产	负债
"资产"的定义：付出的是资产。 资产是能把钱放进口袋里的东西。人生的资产分为如下四类。 ① 核心资产：关乎我们是谁的终极奥义。例如，家庭、健康、幸福、个人价值等。 ② 经历资产：我们的肉体、情感、头脑和经历总和。例如，教育、美好的和糟糕的经历、信誉、心理素质等。 ③ 贡献资产：我们对他人的作用和责任等。例如，税收、公益与慈善事业。 ④ 金融资产：我们的个人净资产。例如，现金、房地产、退休规划、企业、艺术收藏品等。	"负债"的定义：得到的东西，有流动负债、长期负债。
	所有者权益（财富）
	"所有者权益"的定义：净资产。资产–负债=所有者权益（付出–得到=财富）。

《人生的资产负债表》的理念，从人生和哲理的视角深度剖析了经营人生的智慧。

一项资产的获得总是通过另一项资产的减少或者负债的增加来实现。换句话说，想要得到某些东西，一定也会付出另一些东西以达到平衡。人们总是习惯以拥有资产，特别是物质资产的多少来判断人生成功与否，殊不知资产与负债总是如影随形。

资产的种类有很多，但所有的资产负债表第一项都是相同的，那就是令人又爱又恨的——现金，你知道它的俗名叫"钱"。可惜很多人只看到这一项就对报表的主人下判断，称此人穷或者富，却看不到这项资产增多之下所背负的债务，比如辛劳、风险、担心甚至犯罪；或者另一些资产——与家人团聚和娱乐的时间——减少了。

父母是我们一出生就获得的原始资产。在获得这项资产的同时，我们的负债也相应地增加，这是一项长期负债，叫作赡养。有些人还可能拥有另一项资产——兄弟姐妹。与此对应的债务叫作照顾。还有朋友，它带来的负债是守望相助，有时也有背叛。还有子女，这更是重量级的资产，同时也是重量级的负债——可能是你后半生最大的操劳和牵挂。

有些人的资产负债表上还会有丰富的人生阅历，与之相伴的负债自然是大量的磨炼，或者还有远离故土的孤独。与之相反，毕业后就生活在故乡的人，报表中没有漂泊这项负债，但也缺少了许多宝贵的体验资产。还有健康，这是每个人都需要的基本资产，当然由坚持锻炼这项负债来维护其平衡。我们可以增加自己的无形资产来使人生充满盈余。这些宝贵的无形资产就是：平衡的心态、宽容、善良、乐观、努力……

其实，判断人生的不是资产，而是资产减掉负债的剩余，那才是我们的净资产。最基本的净资产当然是命运与机遇，所谓时也，运也，命也。这些与生俱来的神秘力量正像最初的注册资金，我们也许无法选择与改变，但是不论起点如何，每个人都被赋予足够的机会来经营自己的人生。而名人们则像是上市公司（public company）——public一词精确地说明了两种情况的相似。与名气、荣誉、利益等资产相伴的除了相应的负债，还有额外的要求，那就是名人们必须公开自己的人生报表，可能还会遭遇不断的追踪和审计。很难用好坏来衡量规模，存在的只是生活方式的不同。

正如企业有大小，人生的资产负债各不相同。有人平静地度过一生，资产和负债都较少；也有人波澜壮阔，拥有大量的资产和大量的负债。还可以列出很多相生相伴的资产与负债……

在自然界中，在森林中生长了百年的大树，总有一天也会经受不住风雨的摧残而倒下，但因此就失去了坚持的意义了吗？正如对于有些人来说，经历资产是一笔债务。过往的困难、挫折使其无法直面当下人生，希望"啃老"过去的光辉岁月或抱怨生活。将经历资产转变为有价值的财富，自然界是如何坚持和升华的呢？倒下的树木会逐渐腐朽，然后一点点地被大自然重新吸收到地表之下。在巨大的压力下，产生新的东西，它就是煤炭。看似结束的生命也因此被赋予新的价值。当煤炭承受的压力足够大时，就将变成钻石。每种承受外界压力的物质早晚都会经受不住重压，从而转化成新的物质。人们总是高估自己一年能做到的事，却往往低估自己十年可以做到的事。

人生不是任其发展的，我们可以选择和用心经营。如果你每天进步一点，以利他之心付出，越往后的人生就会越走越顺。一时拥有的金钱，不一定能够持久，而通过学习与生活磨炼逐步建立起来的系统财富观和善良闭环的人际网络，却是永远属于自己的人生财富。

跳出意义追寻的"爬坡—滑坡"陷阱

如果过于关注追寻人生的意义，将时间和精力过度用于思考，而在行动和具体事情上不去落地意义，对意义的思考就会仅仅停留在思考维度，对生活和事业发展没有实质性的帮助，也就产生了副作用。

心理学家斯蒂格（Michael F. Steger）[1]发现，知道自己生命意义的人，会更健康、更长寿。更进一步，越感知意义，我们的幸福感、自我价值感就越强；而越追寻意义，我们的幸福感、生活满意度和积极情绪就会越弱。就如图3-4所显示的，在最初的意义思考和感知阶段（第一阶段和第二阶段），将使命、价值和个人的能力优势结合，对意义的追寻有助于个人的成长。但在第三阶段，意义感知和幸福感达到最优水平，随后便开始走下坡路，进入第四阶段，过于关注意义将我们的有限时间用于思考，压缩了执行力的空间，也就弱化了结果落地和实践的反馈，非但不能产生有价值的结果和反馈，反而产生了副作用。

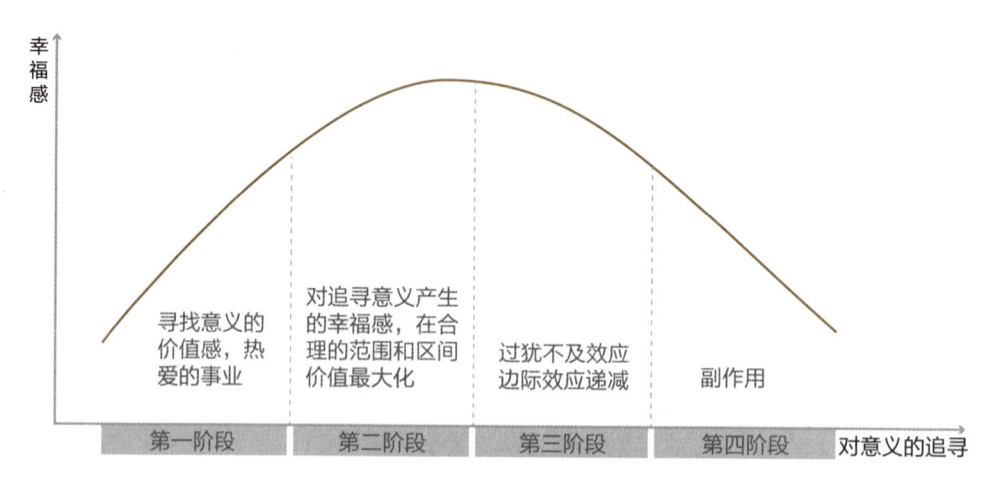

图 3-4：对意义的追寻与幸福感的爬坡理论

---

1 《拆掉思维里的墙》，古典 著。

利他主义

什么是长期主义的"义""利"思维？著名人类学家玛格丽特·米德（Margaret Mead）曾被问到一个问题——到底什么是人类文明最初的标志？人们猜想的答案是鱼钩、石器、火等。米德的回答超出所有人的猜想，她说："人类文明最初的标志是考古中发现的'一块折断之后又愈合的股骨'。"（见图3-5）。

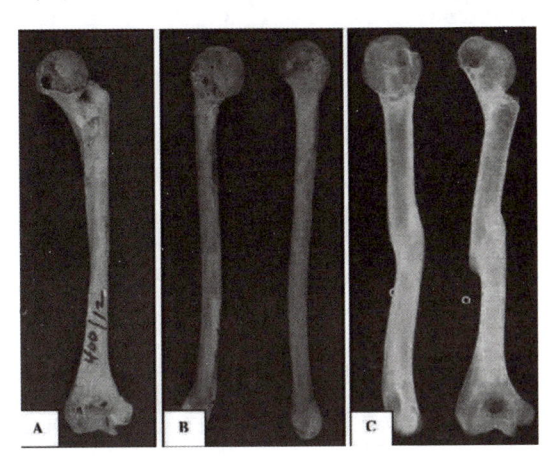

图 3-5：愈合的股骨

股骨就是大腿骨。在动物界大腿骨被折断是一件极其危险的事，动物摔断大腿基本上就意味着死亡，因为它无法逃避危险，不能去河边喝水或狩猎食物，它很快会被四处游荡的野兽吃掉。而人的股骨愈合则表明，有人花了很长时间来照顾这个受伤的人——处理伤口、提供食物、保护他不受攻击。人们开始帮助处于困境中的同类，这是人类告别野蛮走向文明的开始，怜悯弱势群体、助人利他是文明的起点与初心。

米德意味深长地总结道："在困难中帮助别人才是文明的起点。"

儒家讲求"穷则独善其身"，其追求的是自我价值实现。当今时代，独善其身的含义十分丰富，包含个人能力、性格、格局、信仰、自信等。而"达则兼善天下"，是要提升与外部协作的能力、改造社会和修炼领导力等。

在定位人生意义和布局人生商业模式时，我们的发心、使命和价值观的内核会指导方向，其原则可以被提炼为"义"和"利"。"义"指正能量、利他的事；"利"是利益和回报。这两个原则决定了一个人的事业发展是否是长期主义和可持续的。

如图3-6所示：

当"义>利"时，事物发展进入成长期，人生走上坡路，价值的创造和利他的发心释放的正面反馈帮助我们建立信任和良性的增长动力。

当"义=利"时，事物发展进入成熟期，增长进入平稳阶段，人生也随之进入平稳期或瓶颈期。

当"义<利"时，处在兴盛阶段的事物会逐渐走向衰退，进入衰退期。做事利他的初心或所得收益远远大于其所能带来的价值，"利"层面的回报自然不可持续。

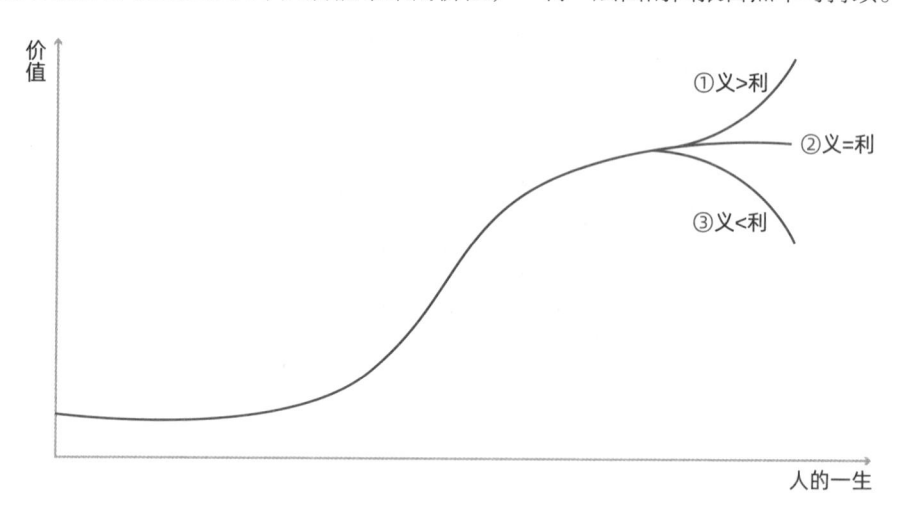

图3-6：事业发展的长期主义，价值平衡的智慧

人生的每一次变化，无论是上坡还是下坡，抑或是暂时的停顿，其实都有我们的发心与创造的价值紧密关联。每个人在生活中都会面临无数选择，每个选择都是一条曲线，至于曲线的发展情况，就与"义"和"利"的平衡有很大的关系了。

"义"和"利"的平衡存在一个价值锚，在价值稳定的情况下，溢价空间在一定范围内浮动，超出合理区间的过高溢价难以被长期接纳，进入衰退、失衡状态（见图3-7）。做一件事，如果带来的"利"远远高于自身创造的价值，那么这件事很可能不利于长期发展。创造的价值要大于获得的价值，做人和商业活动都遵循这个规律，也就是说，德不配位，不可持续。

詹姆斯·卡斯在哲学视角下这样阐述："世上至少有两种游戏，其中一种称为有限游戏，另一种称为无限游戏；有限游戏以取胜为目的，而无限游戏以延续游戏为目的。""义"和"利"的平衡就是在无限游戏里带动更多的人参与，在更多的参

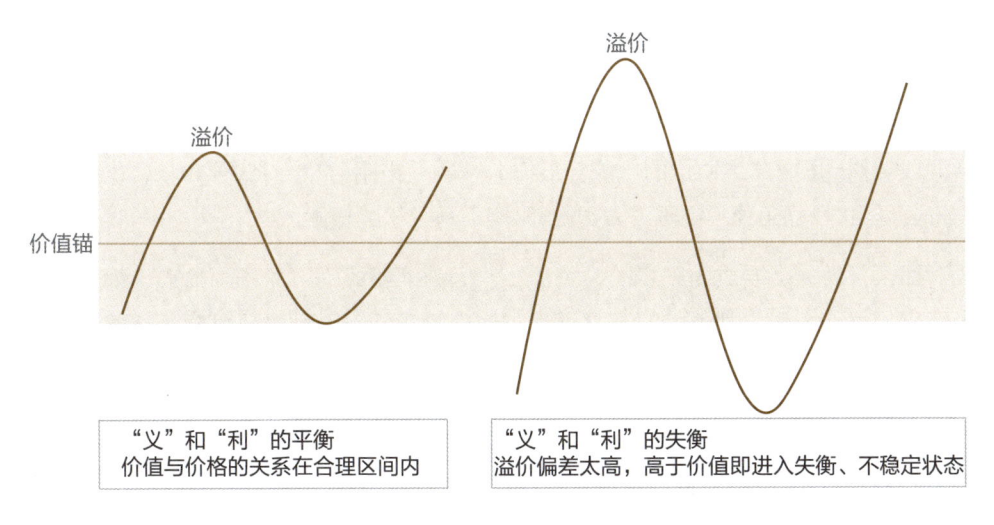

与者中创造共赢的局面，让游戏延续本身就是玩家的胜利。

图 3-7："义"和"利"平衡的价值锚

成为利他的跑步的"兔子"

什么是利他的跑步的"兔子"？跑马拉松的人都知道，"兔子"（rabbit）是马拉松中配速员（pacemaker、pace-setter）的俗称，其作用就是在马拉松这样的大型长跑赛事中配速、定速、领跑等。"兔子"会有明显的标记，其戴着标识或身上系着显示完成目标成绩的气球。

马拉松选手根据自己的预期水平，会选择跟着某一个"兔子"在预定的时间内完赛。"兔子"最早出现在1999年的巴黎马拉松赛事上，据说是用猎人追逐野兔来比喻马拉松选手追着配速员。马拉松赛事和猎人打猎都是具备目标的活动，在锚定目标后，参照目标驱动自己前进。对于"兔子"而言，自己既能跑下一场马拉松，又能成就他人，有一种利他的快乐。对于热爱长跑的人，这是一段不错的经历。当然，作为"兔子"，也会在某一个阶段存在速度偏差，所以专业的"兔子"都会在一定的距离区间内调整自己的速度，这也是为了不辜负跟随选手的信任。

2019年10月，在奥地利维也纳，基普乔格马拉松"跑进2小时"，把人类的极限推向另一个高峰。基普乔格能够取得这样水准的成绩，除了其自身的原因，也离不开陪跑的41个"兔子"。我特意看了专业的分析，基普乔格的"兔子团"和一般马拉松赛事的不同，它是由世界顶尖选手组成的。而且，这些"兔子"并不是全程陪跑，而是每10公里便换一拨，以接力的方式为基普乔格领跑护航。

"兔子"队形的排布科学、严谨。"兔子"团队在陪跑过程中呈倒箭头形，另外还有两个"兔子"并排地跑。基普乔格相当于在被包围的箭头里面完成这次马拉松赛事的。V字形排列的"兔子"迎风产生的气流再由后面的两个"兔子"反弹，这样便在V字形里面产生助推的气流。最终，基普乔格用时1小时59分40秒，也就是平均每公里用时2分50秒，突破了人类2小时跑下马拉松的极限。

那么，为什么要成为跑步的"兔子"？因为能够成为"兔子"的人，都具备一个特点，就是利他。利他的根本是承担对他人的责任，这种责任可能是被赋予的，也可能是自己内部驱动产生的。这样的人会在成就他人的时候，成就自己。

第 4 章
攀登人生高峰：认知建设和目标管理

攀登高峰的人在行进途中，最重要的心理建设是什么？我认为最重要的就是不断动态平衡当下的每一步与目标峰顶的关系，也就是不断依据已有的经验基础管理自己的目标。在攀登过程中，既不焦虑未来路途的不确定性与困难，也不为过往的疲惫与伤痛哀悼。因为所有过往皆是造就我们的"因"，将注意力注入当下的每一步才是最实在的，也是最有掌控感的。正是当下的力量驱动我们未来更好地前行，将每一步串联起来，就是一个人的经历资产。

有一则耐人寻味的小故事[1]：两条小鱼在水里游泳，突然碰到一条从对面游来的老鱼，向他们点头问好："早啊，小伙子们。水里怎样？"

小鱼继续往前游了一会儿，其中一条终于忍不住了，他望着另一条，问道："水是个什么玩意？"

越是显而易见，且至关重要的事实，通常越难以察觉。我们身处的这个世界、我们周围的生活、我们的头脑和思维本身，以及我们遇到的人和事，总是让我们难以察觉，这就让人难以清醒，更难以深思。就像那条小鱼，知道水为何物，是生命中最简单又最困难的事。我们每个人自身的习惯、认知和思考模式都日复一日地重

---

[1]《生命中最简单又最困难的事》（*THIS IS WATER：some thoughts, delivered on a significant occasion about living a compassionate life*），这是美国作家大卫·福斯特·华莱士2005年在肯扬学院毕业典礼上的演讲题目。

复着，带来了很大的生活惯性。我们每天都在和自己的惯性不断地作战，这个惯性就是不觉醒的状态。

因此，我们急需学习从生活中最显而易见的平常之事入手，思考如何摆脱生命的重复单调，获得内心的自由，保持意识的清醒、鲜活。华莱士提醒我们，人会依赖有惯性的生活，且不乐于改变和觉醒。日常生活就是我们本身，既简单又有禅意，我们需要在看似普通的日常生活中，日复一日地保持自觉与警醒，获得专注、自觉、自律，以及真诚关怀他人的能力。关注生命中最简单又最困难的事，这是人生攀登的意义所在。

探寻人生意义的英雄之旅

我常鼓励周围的人"走出去"。"走出去"既指身体在路上，多去不同的国家和城市转转；也指广泛涉猎不同的信息，接触不同的文化，了解不同人的生活状态。美国比较神话学家约瑟夫·坎贝尔曾阐述他在研究宗教、神话和人类历史后的发现：不同的人虽然成长在不同的时代、不同的地域，基于不同的文化，但成长的过程都是蜕变和成为英雄的过程。而英雄的冒险总是遵循同样的模式：

① 启程：离开现在的地方，进入新的领域或地域，开启历险和挑战模式。

② 启蒙：在过程中遇到某一冲击或受到启示，幡然醒悟。

③ 考验：故事的高潮，进入险境，寻求逃生，走出困境，直面问题。

④ 归来：故事的结尾，还是回到原来的起点，以"回家"画上句号。

离开故乡，走出去观察、感知、迎接挑战，然后回归。虽然最后回到了物理上的起点，但在过程中收获的隐形财富已经成为其坚实的骨肉。认知高度，决定了人生的高度。

有一幅漫画，画的是一个人站在平地，他所能看到的就是地上的景象。另一个人站在几本书上面，因为站得高，他的视野开阔了，但他也看到了社会和自然丑陋与黑暗的一面。第三个人站在一摞书上面，所以他看到了更远、更高的天空，看到了阳光照射的云层，看到了光和亮下面混沌的一面，也知道了这混沌只是暂时的、局部的，外面的高处有更精彩的风景（见图4-1）。

图 4-1：三个人站在不同高度的书上看世界

这幅漫画意在说明，一个人的知识越丰富，他就能站得越高，看得越远；反之，就只能局限于眼前的事物，目光也随之短浅。一个人写出的文字传递着这个人的认知和格局，如果把自己限定在狭小的世界中写东西，无论多么努力，也不可能达到很高的水平，因为他被自己的视野和认知所局限，其文字所表达的内容也很可能是片面的、狭隘的。

对此，我提出一个"认知之梯"的简易模型供读者参考（见图4-2）。我们每个人认识世界都依赖自己周遭的信息，而这些信息沉淀为基础数据和信息池。紧接着，我们基于有限的信息池，再选择部分信息作为决策的原料，并根据自己的思维模式和处理信息的能力对信息进行解码、再编译。最后，我们基于上述环节输出信息，得出结论和观点，并以此作为我们的行为决策依据指导日常的行动。

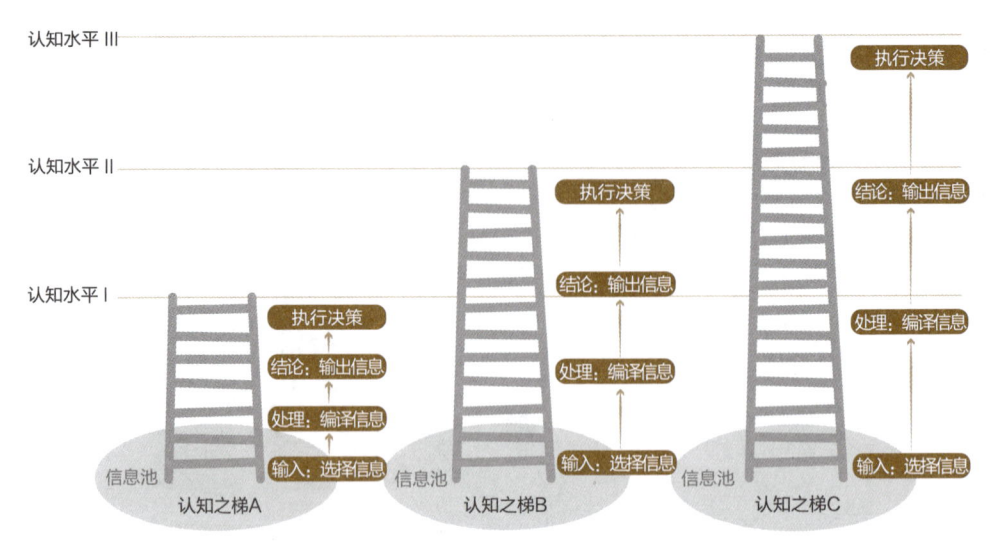

图 4-2：认知之梯[1]

"认知之梯"的模式简单直接地呈现了我们认知事物的复杂过程。但事实上，我们通常所依赖的认知模型存在明显的局限性——我们一开始提取信息的源头可能就存在缺陷，这个缺陷是信息池积累过程中存在的片面性和偏差性。我们不能完全获取整个世界的样子，这是难以解决的永久性问题。唯一降低偏差的方式是尽可能扩大自己捕获信息的渠道，同时不过于依赖单一渠道的信息与结论。

"目标—格局—愿力"山峰模型

大目标和小目标在遇到问题的情况下会有什么不一样的作用？德国畅销书作家博得·舍费尔给出了一个生动的解释。当我们按照自己设置的小目标执行时，一旦在执行过程中遇到问题，我们的视线就会被当下的问题所困扰，无法再看到最初的目标，进而产生放弃目标的想法。同时，通过给自己设立新的小目标来转移注意力。就这样，小目标和新的问题会不断出现，同样的行为模式再次让我们放弃目标而去做另外的选择。不断地变化和调整，使得我们难以专注在一个方向上努力，也因此没有任何结果。

而大目标通常是等待我们执行的一个方向性的、大格局的事项。问题依然会不期

---

[1] "认知之梯"的理念受到哈佛大学管理学家克里斯·阿吉里斯（Chris Argyris）的启发。克里斯·阿吉里斯设计了推理工具——"推理之梯"（the ladder of inference），即推理的过程可以被分解为一系列阶梯，涉及的环节有建立数据池、选择信息、理解信息、得出结论/决定行动。

而遇，但此时的问题不会轻易遮挡住目标。当目标足够大、格局足够大时，如果遇到问题，我们会想办法化解，而不是逃避，因为心中坚信这个目标的实现未来可期。

人生就像爬山，每个阶段都有小目标和要实现的任务，其构成我们的阶段性圆满（见图4-3）。但凡事获得就要付出代价，付出努力，克服困难。支持短期目标实现的动力是我们对人生的认知，是突破现状的欲望和动能。为了获得更高的人生意义和实现价值，我们需要更大的目标和支持行动的愿力（见图4-4）。小成靠智慧，大成靠发心。对长期主义的朴素理解就是，以长远的发心和愿力谋事，着眼长期，准备好攀爬一座座山的精神食粮和耐力。心中知道目标的实现不是轻而易举的，但相信付出与收获的意义；知道播种和丰收需要周期，自然不焦虑当下。

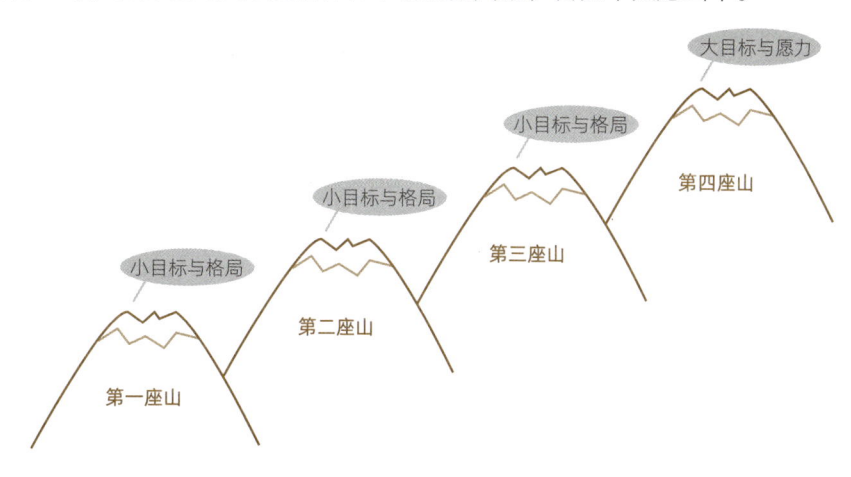

图 4-3：攀爬人生的山峰

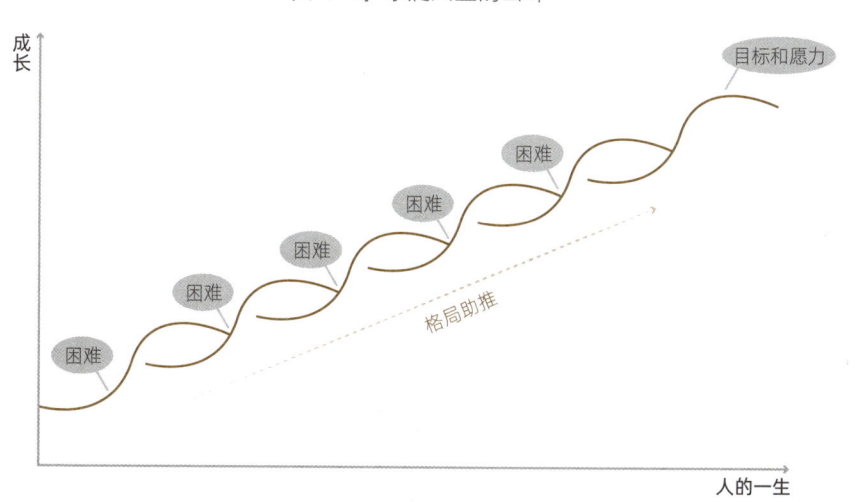

图 4-4：目标与愿力管理

目标、格局与愿力的层级关系如图4-5所示。

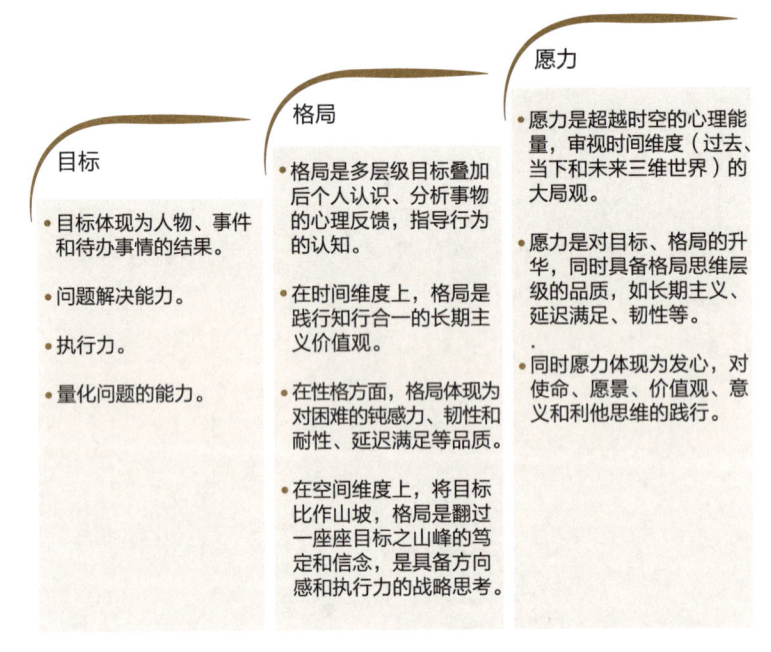

目标
- 目标体现为人物、事件和待办事情的结果。
- 问题解决能力。
- 执行力。
- 量化问题的能力。

格局
- 格局是多层级目标叠加后个人认识、分析事物的心理反馈，指导行为的认知。
- 在时间维度上，格局是践行知行合一的长期主义价值观。
- 在性格方面，格局体现为对困难的钝感力、韧性和耐性、延迟满足等品质。
- 在空间维度上，将目标比作山坡，格局是翻过一座座目标之山峰的笃定和信念，是具备方向感和执行力的战略思考。

愿力
- 愿力是超越时空的心理能量，审视时间维度（过去、当下和未来三维世界）的大局观。
- 愿力是对目标、格局的升华，同时具备格局思维层级的品质，如长期主义、延迟满足、韧性等。
- 同时愿力体现为发心，对使命、愿景、价值观、意义和利他思维的践行。

图4-5：目标、格局与愿力的层级关系

这里和大家分享一下愿力与过去、当下、未来的思维张力图（见图4-6）。愿景、使命、价值观、目标这些要素构成了我们工作和生活的愿力。在时间维度上，过去、当下和未来构成了我们的立体人生。

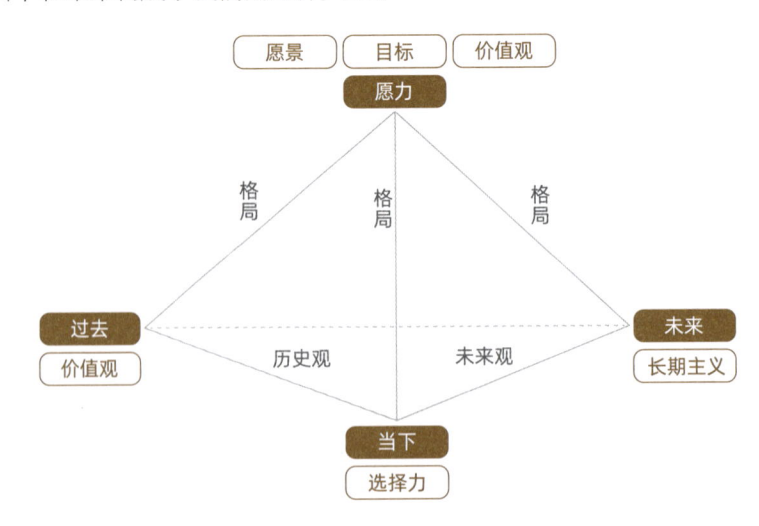

图4-6：愿力与过去、当下、未来的思维张力图

过去我们所持有的价值观和认知指导了过去的人生决策，给当下的我们一个"定局"。过去的选择成为既定事实，并影响当下我们的状态。对于过去的既定事实，我们无法改变，但可以进行复盘，提炼对当下和未来有益的智慧。

相比改变过去的束手无策，当下我们最大的优势便是具有选择决策权。当下所处的时点，让我们回顾过往，以历史观审视选择，又让我们能够放远目光看到未来，当下是我们最能做出改变的节点。过往的价值和未来的愿景，都是通过当下连接起来的。

对于未来而言，我们所拥有的是尚不确定的目标，用未来观和长期主义来赋能当下的选择和事业，是未来回溯到当下的价值所在。

实际做事情所花费的时间总是要比预期的时间长，当遇到心里迷茫、想逃避、做事不够持久这类问题时，都可以先调整目标和心态。当自己的目标足够大，并且有乐观的思维方式时，问题就更容易被化解了。完成一个任务实际花费的时间总会超过计划花费的时间，就算在制订计划时考虑周全，也不能避免这种情况的发生。这被称为"侯世达法则"[1]。

我很认同的一种心态，就是认清了现实，依然相信美好。生活的本质就是这样，你想要什么，它偏不给你什么，预期和现实总会有落差，落差是我们进步的空间。摆脱这个循环的方法——给我什么，我就用好什么，积累到一定程度再去换能换的东西，不因预期与现实的落差而被困在永恒的当下。

跨越"第二曲线"

无论是人生、经济发展还是企业的成长，都需要遵循一定的规律，通常我们将其总结为周期性轮替往复。例如，四季分为春、夏、秋、冬；商业周期分为四个阶段，即创新、成长、成熟、衰退；人生也有四个阶段，即少年、青年、中年、老年。

认知的周期性规律，可以追溯到20世纪60年代，心理学家伊丽莎白·库布勒-罗斯提出了一个模型用于解释人们在面对死亡时的心理变化，被称为"库布勒-罗斯改变曲线（Kubler-Ross Change Curve）"。其分为五个阶段：否认期、愤怒期、协议期、犹豫期和接收期。

---

1 《哥德尔 艾舍尔 巴赫—集异璧之大成》，[美]侯世达 著。

库布勒-罗斯改变曲线也是人们面对重大改变时心理活动变化的历程：震惊—拒绝—沮丧—绝望—尝试—决心—新生（见图4-7）。这个思维认知模型能够帮助我们在应对改变和恐惧时了解并管理自己的内心，因为可以清楚地知道接下来我们会处于什么阶段，也就能理性地管理自己的情绪和预期。通过逆向方法管理认知，消除或减弱对未来未知事物和不确定性的恐惧，有助于让我们知道未来会存在绝望、低谷、复苏和新生，也就能够知道如何应对当下了。

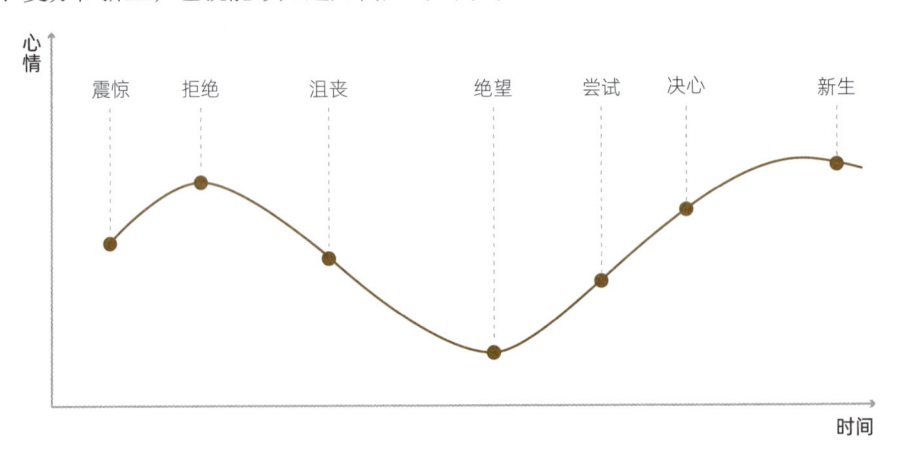

图 4-7：库布勒 – 罗斯改变曲线

周期性思维在商业上体现为"第二曲线"，强调以未来主义打破现状。对于个人的成长与发展来说，周期性思维也很有价值——一方面是"第二曲线"的打造，另一方面是成长中对事物进行周期性的认知。企业为了实现持续发展，必须在成熟期的巅峰之前进行"二次创新"，"二次创新"的轨迹线即为"第二曲线"（见图4-8）。

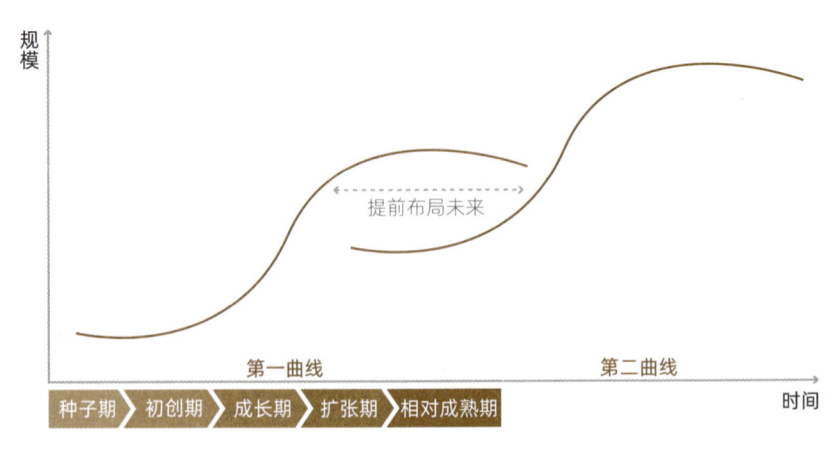

图 4-8：企业的"第二曲线"

"第二曲线"的打造是多元化自己的专业领域，学习新的技能和拓宽自己的爱好，成为终身学习者，因为任何知识与技能都存在折旧的风险。可以说，任何事物的动态发展与人的成长都遵循周期性规律，这就意味着存在诞生期、成长期、成熟期与衰退期。任何事物不同的阶段也遵循着同样的周期性规律。对于个人来说，当成长放缓进入平稳的瓶颈期后，需要不断学习和升级自己的认知，向复合型人才跃迁。

周期性思维，换一个简单的说法，可以是未来主义，以未来为时间刻度来逆向审视当下的思维方式。这几年，周期性思维和"第二曲线"在商业上被反复提及，我们先来了解为什么这些概念成为认知中被推崇的哲科思维。

商业创新的"第二曲线"理论说明，企业的发展存在周期性。对于所有的企业，无论是内在因素还是外在环境的演进，都会呈现从"起始期"、"成长期"、"成熟期"到"衰败期"的运动曲线。既然如此，每个企业想长期生存和保持增长，就要不断打造新的曲线来补偿旧的曲线周期性的发展规律。每条成长曲线其实都包括两个关键点：破局点和失速点。破局点位于发展初期，失速点是成熟期和衰退期的拐点。二者都隐含了这个道理：企业要在到达失速点前进入新一条周期性增长曲线的破局点，否则就很容易被外部竞争和市场需求所颠覆。

颠覆式创新

美国哈佛商学院著名教授克莱顿·克里斯坦森因其著作《创新者的窘境》而被商业界广泛知晓。克莱顿·克里斯坦森教授提出这样一个问题：为什么管理良好的企业会遭遇失败？他的结论是，这些管理良好的企业之所以会遭遇失败，是因为推动其发展成为行业龙头企业的管理方法同时也严重阻碍了它们发展破坏性技术，而这些破坏性技术最终吞噬了它们的市场。

为什么开启"第二曲线"这么困难呢？因为在成就你的同时往往也隐藏着毁掉你的危机。此外，"第二曲线"在初始阶段是下降的，需要投入时间、精力、资本、耐心和对未来不确定性的笃定。在"第二曲线"的开始需要决策的魄力和耐心。我在《成长流量：今天的努力是为了超越昨天的自己》这本书中分析了柯达、苹果和腾讯的案例，在发展中寻求新的创新增长曲线可以被提炼为这句话：今天的努力是为了超越昨天的自己。例如，数码影像冲击了胶卷产业巨头柯达，苹果iPhone颠覆了诺基亚的手机地位，iPad重创了芬兰造纸业。新的曲线都在颠覆性地改变传统曲线的优势。

在面对改变时，企业通常有两种选择：攻击自己和被对手攻击。相关经验也显示，由内而外打破的，是进化；由外而内打破的，是失败。

创新是开辟另一条 S 型曲线

奥地利经济学家约瑟夫·熊彼特在《经济发展理论》中对创新下的定义是："创新不是在同一条曲线里渐进性改良，而是从一条曲线变为另一条曲线的新组合。"

我的理解是，线性是补偿性的发展，通过连续性的策略和技术进行改良。但真正创新的发展是开启另一条曲线和增长点，非线性的、不连贯的，甚至是破坏性的曲线，都可能是新的机会点。

跨越 S 型曲线

英国管理大师查尔斯·汉迪从牛津大学以哲学系毕业生身份结束学业后，在壳牌公司担任高管，后来参与创建英国伦敦商学院。或许是因为具备哲学思维的思考方式，查尔斯·汉迪对商业的思考也会迁移到人的成长和发展上，被外界认为是"社会哲学家"。

查尔斯·汉迪[1]认为，任何一条增长的S型曲线都会滑过抛物线的顶点（极限点），持续增长的秘密是在第一条曲线消失之前，开启一条新的S型曲线。此时，时间、资源和动力都足以使新的曲线度过其起初的探索挣扎的过程。提出"第二曲线"的观点，也是基于对生命周期性的认知，事物的发展规律是由盛转衰，但又在发展变化中递延。所以，创造性地从一个周期逃出来，走出舒适区，建立新的周期性增长曲线是长远发展的关键。

人类的一切，包括生命、组织和企业、政府、帝国和联盟，各种各样的民主体系甚至民主本身，S型曲线都适用：一开始是一段下坡路，因为是投入期，包括金钱、教育方面的，或者进行各种尝试和实验；之后是长长的上坡路，经过长期不懈的努力和积累，换来微不足道的爬坡，直到某一拐点；接下来是增长陡峭的成长，抑或是向下低头的衰退。

当投入高于产出时，曲线向下；当产出比投入多时，随着产出的增长，曲线会向上；如果一切运转正常，曲线会持续向上，但到某个时刻，曲线将不可避免地到达巅峰并开始下降。衰退并不意味着要悲观、失望，因为这是事物发展的规律。这

---

[1] 查尔斯·汉迪在80岁高龄那年写下了《第二曲线：跨越"S型曲线"的二次增长》。

种下降通常可以被延迟,但不可逆转。

似乎一切事物都逃不开S型曲线,唯一的变数仅仅是曲线的长度。在人生赛道上,适当放慢脚步,重新审视自己的工作和生活,可以让我们认真思考过往的成长曲线,安静想一想是否到了需要布局"第二曲线"的时候。最好的思考节点,并非是走下坡路时,而是在"第一曲线"到达巅峰之前。

"第二曲线"的底层逻辑是,能使你到达现在的高度的东西,不会使你永远稳居顶峰,成功的策略不是防御和守候,而是打破传统,突破现状。进入"第二曲线"的成长阶段,并不意味着成功,也并不是不会再遇到新的瓶颈和问题,只不过当处在这个阶段时,我们能够处理更大的问题,内心也更加强大。容易走的路,往往是下坡路。

这与杨绛先生的思考不谋而合。如果要锻炼一个能做大事的人,必定要让他吃苦受累,百不称心,才能养成坚忍的性格。一个人只有经过不同程度的锻炼,才能获得不同程度的修养,以及不同程度的收益。这就好比香料捣得愈碎,磨得愈细,香味愈浓烈。开启人生"第二曲线"的阶段,是一个蛰伏的阶段,是人生阶段的"深潜",需要再次进入一个很低的起点,需要投入时间、精力,甚至付出金钱,牺牲一部分舒适感,这需要足够的勇气和耐心。耐心本身就是对时间的投资,一个人的耐心有多大,就看他能够在当下承受多少压力,活在多远的未来(见图4-9)。

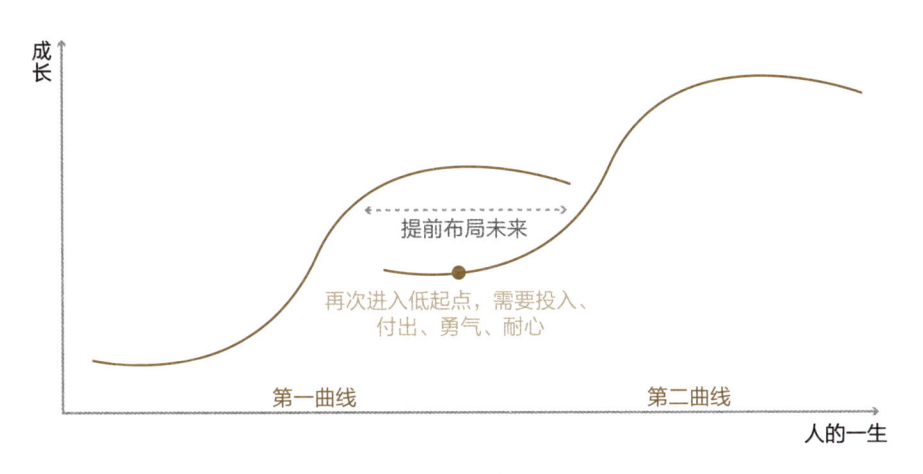

图4-9:开启人生的"第二曲线"

人生"第二曲线"的蛰伏阶段就像进入窄门。为什么窄门有价值?"因为引到灭亡,那门是宽的,路是大的,进去的人也多;引到永生,那门是窄的,路是小的，找着的人也少。"选择一开始难做的事，虽然开始时进入了窄门，但坚持住，往往路越走越开阔。内卷严重了就是机会，是细分市场的机会，如果个人能够在里面找到细分市场，那么就能够发挥自身价值。

人总是越年轻、越早期越有吃苦的基础体力，也越承受得住试错成本。前期的投入和付出即是对未来的投资，这是进入"第二曲线"增长拐点的"垫脚石"。

"阴阳"之道讲求二者平衡，投入和蛰伏是阴之道，成长和结果是阳之道，万物负阴抱阳，不能接受阴，也就没有阳。处于"阴"的阶段就做好"阴"的事情，"阳"的阶段自然如期而至。

新物种"丛林进化"的类比

人生和企业的"第二曲线"有着惊人的相似。在"第一曲线"中，个体会经历两个拐点，即拐点A和拐点B。在到达拐点A之前，需要的是持续的坚持和付出，但当下不一定能够立刻看到结果。尽管如此，并不意味着我们做的是无用功，因为在未来某一时间，我们会经历质的飞跃（见图4-10）。

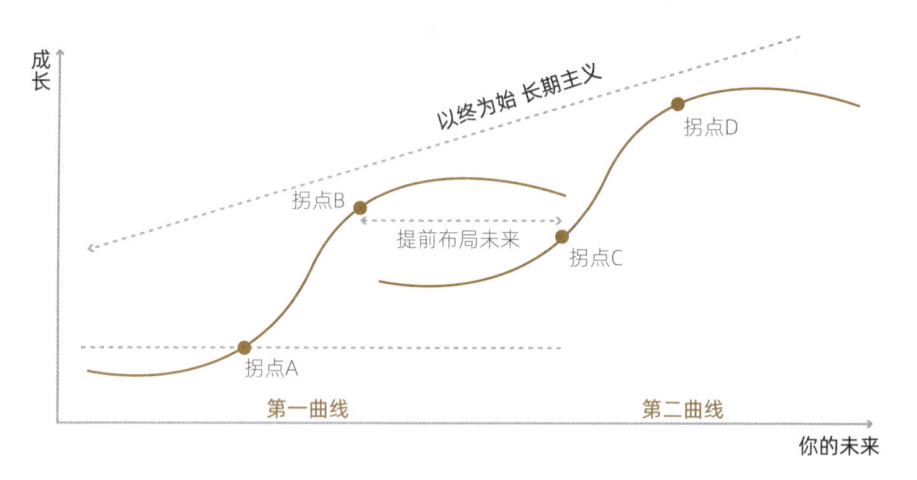

图 4-10：人生的"第二曲线"

在贯穿"第一曲线"和"第二曲线"的过程中，经历是我们的宝贵财富。在正常情况下，我们都会经历蛰伏期或困难期，用"阴阳"之道阐述这里蕴含的哲学智慧：阴阳是均衡和合的一体，失败、蛰伏属"阴"，成功、胜利属"阳"。阴阳在一定的时间点会相互转化，各自蕴藏着彼此的能量。这个阶段最需要的品质是耐心和乐观的相信，以及对自己和对未来的相信。

在跨过拐点A之后，迎来的是陡峭的成长和进步。但万事万物持续到某一节点后都会遇到瓶颈，这就是成长期到成熟期的一个转型，也就是增长乏力，成长进步空间狭窄化。乐观地看从初始阶段到经历拐点B的一路，我们的成长曲线就像一条复利曲线，耐心和知行合一是助我们一路过关斩将的必备品质。

在拐点B后面的阶段，衰退和面临时代淘汰的潜在危机已经逐渐浮现。改变和提前布局人生"第二曲线"成为我们个人进化的关键。顺利的话，我们可以继续在新的成长曲线再次经历快速增长的拐点C。就这样，再次进入一个新的闭环。

活在未来的人，才具备真正的耐心和持久力。你相信什么，就会成为什么。"第一曲线"到"第二曲线"的进化过程很像丛林里的动物进化。李笑来老师讲过一个"丛林类比"：

> 我们所生存的社会确实像一个"险恶"的丛林，丛林里有各式各样的动物，它们用各式各样适合自己的方式生存，互相捕食，拼命繁衍，每天杀戮不断，却也生生不息。这个类比在这个层面是相当准确的，但有一个细节被我忽略了——是什么呢？在这个丛林里，有些个体是能从一个物种"进化"成另一个物种的，也就是说，有些兔子可能"进化"成豹子（反过来也一样，有些豹子可能"退化"成兔子）。还有一个现实是，兔子肯定不是一下子就变成豹子的，它也许要先变成狼，再变成野猪，然后才变成豹子，以后还可能变成狮子或者大象。虽然这个丛林里的绝大多数动物，生来是什么，死去的时候还是什么，但这毕竟不是大自然里的丛林。在这个类比的"丛林"里，某些个体的"进化"速度可以达到"不可想象"的程度。

以终为始和长期主义一路伴随着"第一曲线"和"第二曲线"，如果当下的格局、目标足够大，便可以在行动中心无旁骛，对未来更加自信，也知道在历经世事后，新物种终会诞生。

第 2 篇

杠杆效应——长期主义

> 第 5 章　人生就像滚雪球
>
> 第 6 章　做时间的朋友
>
> 第 7 章　做行动的巨人，创造财富人生
>
> 第 8 章　投资理财底层逻辑
>
> 第 9 章　传承：基业长青与永续经营

第 5 章
人生就像滚雪球

长期主义的耐心"基因"

从原始的狩猎文明、农耕文明到工业文明,人们对时间的耐心是逐渐减弱的。在农耕文明时期,农民需要长期下地劳作,持续投入时间和精力来维护与经营土地、作物,才能在一个轮作周期中收获。一旦遭遇自然灾害,如洪涝、病虫,还要面临颗粒无收的风险。因此,受制于自然和有限的改造自然的能力,勤奋、耐心和风险耐受力融入了人们的精神与文明中,这是农耕文明时代的长期主义。

随着社会的进步、科技的发展与现代化水平的提高,人们越来越没有耐心,即时满足与追逐效率成为经济发展的原始动力。很多人成为仓鼠之轮里不停奔跑的一员,产生了焦虑、迷茫和恐惧等负面情绪,这在很大程度上是由于我们对从农耕文明时期学习到的耐心和长期主义精神的淡漠与遗忘。

人生第一桶金是含金量最高的,也是最难挣的。也就是说,从0到1很难,但从1到100就相对容易。真正的困难,往往在起步时就决定了我们能否出发,以后又决定我们能走多远。所以,要想真正走得远、走得高,不要着急变现。

人的一生,时间如何分配?前半段用来升值,后半段在升值的同时,可以考虑"变现",也就是看到结果。相信,总有人在某个时间点会为你的优秀买单。

职场是一场长期的投资,人生又何尝不是?在投资领域中巴菲特有句箴言:

"人生就像滚雪球，最重要的是发现湿雪和一道长长的坡。如果你处于正确的雪中，雪球自然会滚起来。"雪球是一个时间复利的累积。事实上，雪球也不仅仅是投资回报，还是长期以来我们能够积累的资源、成长经历等，是不能用金钱衡量的价值。

人生就像滚雪球，时间和坚持会让小变量成为大趋势、大现象。长期主义的力量就像阿基米德的杠杆原理，越是在长周期中谋篇布局，守候住耐心，杠杆的力量就越明显。这就是为什么长期主义具备穿越长周期的力量，有助于构筑成长的护城河。

人生马拉松策略

我在巴黎读书期间，有意识地进行长跑锻炼，挑战过围着小巴黎进行35公里的环城跑。跑步的经历让我认识到，短跑的爆发策略只适合一瞬间的突破，而长跑才是真正长期的事业。短跑的爆发策略需要力量和瞬间的冲击力，短跑选手的肌肉和瞬间释放能量的能力会很强。但他们可能并不擅长长跑，长跑考验一个人身体和心理的耐受力。

职业和学习生涯都是一场长跑。短跑的瞬间爆发能够在短时间将我们带到一个高度，但不可能走得远，"远"需要时间的持续。职业生涯导师布赖恩·费瑟斯通豪曾说，大多数人将职业生涯当成一场短跑，而事实上这是一场长达45年的马拉松。

站在时间轴的远处，审视当下的境遇、决策。时间轴思考法具体分为不同的场景，有的是从终局思考出发；有的是从远处回看当下；有的是跳出自己当下的时间轴，以局外人的视角审视问题；还有的是把设置的"截止日期"在时间轴上拉长，不急着去期待结果，而是宽容自己的成长速度。

当你以长跑的视角经营职业生涯时，当下看似无解的问题自然会被化解。初始阶段是积累燃料，随后是聚焦长板，最后是优化长尾，让初期的燃料助推我们前进。俞敏洪老师曾经参加过三次高考，在当时看起来可能浪费了很多时间，就好比有的人一次就能够达到成功的事情，有的人也许会花上成倍的时间和加大投入。但是现在回过头来看，三四年的时间，在一个人的一生中，甚至在事业奋斗期的有限年头里，也并没有占据特别大的比重。有时候，我们太在意的时间和起跑线，以及过于看重的"出名要趁早"，并没有最初认为的那么重要，因为对于时间这个变量，只有坚持长期性才能看到结果。

我也由此认识到，事物的发展是进化的过程。但进化并不能定义"好"与"不好"，也不能在当下看到即时反馈，而是要在一个长期维度中去审视自然发展。长期主义是坚持一个核心价值，以此谋划一个方向，在方向下制定短期与阶段性的目标和KPI。不焦虑当下与未来，因为能够从整体上看事物的长期性，看到未来，也就不会着急当下就出结果。这样才能更好地在当下"补拙"，从小事做起，选择坚持一项长远看得到希望的事业。

同理，人生上半场的职业赛道不管如何，下半场依然能够换道超车，或者在新的领域找到归属感与成就感，退休不是人生奋斗与个人价值的终结，而是新赛道的开局。

跨期投资的耐心与智慧

《奇葩说》辩论有一个关于"啃老"的辩题：毕业后过得很拮据，父母愿意让我"啃老"，该"啃"吗？在辩论结束总结时，薛兆丰教授提出了一个富有洞察力的观点，即"啃老"是一个经济学问题，也就是什么时候开酒瓶问题。新酒比起存放了一段时间的酒来说，其价值是低的，但一直放着酒的价值也会衰减。最好的方式是在某一个时间选择开酒瓶，这样酒在达到最佳状态时被人品味。问题是，这个最佳时间是难以确定的。

人的成长也是如此，在成长过程中靠着父母的经济支持走向成年，毕业后是否还能继续"啃老"？薛兆丰教授提出了一个概念叫作"跨期消费"，即钱在不同阶段、不同场景和不同人的手中价值会有差异，那么钱在某一阶段的价值可能要比几年后的价值更大。投资是在时间维度上的平衡消费。人在年轻时，处在经济最"贫困"的阶段，但同时又需要在各个方面学习和提升自己，这个时候就非常需要跨期消费。因为现在消除对钱的焦虑，便能够在最需要学习的阶段用知识、技能和一定的自由度来投资自己，为以后的生活赚取变现的资本。人要进行跨期的资源调配，才能够熨平终生的消费。我们每一个人追求的不是某一个时间点的消费最大化，而是全生命周期中累计的消费最大化，这就需要平衡投资与消费的节点和策略。

其实这也是经济学里提出的"机会成本（opportunity cost）"。在商业中，由于企业的资源是有限的、稀缺的，如果在一定的时间将资源分配给某一个项目，那么就不能利用这些资源来做其他的生产和建设性的项目，而这些没有得到资源的项目就失去了创造价值的机会。

跨期消费也属于机会成本的范畴，因为生活中选择当下做一件事情，时间和精力就会被占据，就不能再去做其他事情了。例如，很多人在思考是否读MBA（工商管理硕士）时，都需要思考一旦选择继续深造，投入与收益的比重能否达到预期的投资回报率。选择全职读书深造意味着没有时间去工作，自然在未来一两年内没有稳定的收入，而且学费也是一笔不小的开支。所以，这时候就要针对个人的情况去审视，是否跨期消费，通过金融杠杆完成读书的目标，避免错过适宜的时机。

定投长期有价值的选择

管理大师彼得·德鲁克曾提出一个问题：CEO的独特工作是什么？他对CEO角色阐述了自己的新的思考。德鲁克认为，CEO是组织内部和外部的社会、经济、技术、市场以及客户之间的联系。内部只有成本，成果全在外部。同时，CEO是平衡现在与未来的决策者，平衡当前收益和为不可知且不确定的未来投资的风险。

通常，无论是普通人还是企业管理者都倾向于押注当下，不仅因为短期的利益与自身的联系更加紧密，还因为未来的高度不确定性和风险控制难度都更加显著。长期主义是对价值生长的耐心，因为凡事都有周期，价值生长需要时间和耐心等待。

亚马逊从0到1的过程诠释了贝索斯如何打造思考的长期格局。亚马逊连续多年收益亏损，收益率不被看好，一个曾经不被华尔街看好的企业，现在成为互联网行业的"黑马"。因为它不在当下和对手竞争，它的对手是时间，它的布局都是未来的几年、十几年，甚至更远的时间点。

在最初面对是继续在华尔街领着丰厚的薪金工作，还是出来创业时，贝索斯是这样权衡利弊的：当时贝索斯看完石黑一雄的小说《长日将尽》，小说讲的是一个管家满怀惆怅地回忆在英国战争时期服役时的个人抉择和事业选择。贝索斯一直在回首人生的重要关头，当时他产生了一个想法，称其为"后悔最小化模型"，以此来确定在这个人生的重要关头，下一步该怎么走。

贝索斯说："当你处于危急时刻时，小事也会成为你的绊脚石。我知道，当步入80岁高龄时，我不会考虑为何在1994年的人生低谷时放弃了华尔街的优厚待遇。因为当你80岁高龄时，你不会再担心这些事情。与此同时，我会为没有亲历互联网浪潮而感到后悔，因为那是一件具有革命性意义的事情。当我这样思考问题时……就不难做出决定了。"

同样的时间认知被放在写作领域就有了这个有趣的问题——我是如何做到长期没有爆款文章的？[1]这个问题最初是由李笑来老师提出的。他是一个坚持每天至少写3000字的持续写作者，并且这个习惯已坚持多年。据他介绍，从2015年8月开始在微信公共账号上写文章，到2016年2月底整整半年，订阅数超过15万……可是到现在都没有任何一篇文章"爆款"。后来，他思考了一下这个问题的本质，其实是回到了一个底层问题上：是要成为一个畅销书作者，还是要成为一个长销书作者？二者有何区别呢？结合李笑来老师的思考，我整理出"写作的注意力经济与影响力经济对比"表（见表5-1）。

表5-1：写作的注意力经济与影响力经济对比

	注意力经济	影响力经济
将写作比作跑步	短跑（畅销书模式）	长跑（长销书模式）
跑步的特点	注意力经济类似于短跑依赖的爆发力，对时间具有敏感性 短跑依赖年龄，岁数的增长会影响水平的发挥	影响力经济类似于长跑，需要耐力和积累的复利效应 长跑需要耐力，能力衰退时间晚，持续性强
写作的侧重点	爆款文章过多依靠"热点"	影响力大的文章依靠"价值点"，给用户和读者带来帮助，解决痛点
写作的本质	写作的本质在于解决用户的需求，有三个切入点。 痛点：读者恐惧、焦虑的是什么 爽点：读者的需求是什么，能否满足这个需求 痒点：按读者希望自己的样子提高精神的慰藉	
整合后写作的侧重点	结合注意力经济和影响力经济两种模式，将二者各自具备的优势整合为一。例如：适当将热点融入价值点，为读者提供干货，或满足读者的三个需求（痛点、爽点、痒点） 注：整合后的写作模式成功与否，在于是否有时间和精力汲取注意力与影响力的优势特点——很多时候不是不可实现，而是时间和精力不允许	

畅销书和长销书二者的区别在于底层逻辑：① 畅销书是短跑逻辑，注意力经济；② 长销书是长跑逻辑，影响力经济。写作的目标是成为畅销书，也就是打造注意力经济，但注意力经济的及时性和即时性，很难保证在一段时间后还能给读者带来长期的价值；成为长销书，也就是打造影响力经济，这就需要写作的内容真正提供足够的实用价值，具有长期的影响力。

---

[1] 《我是如何做到长期没有爆款文章的？》，李笑来。

一个人的时间和精力是有限的，注意力和影响力二者难以兼得，做一件长期有价值的事情，可能更能够成为一项值得投入的事业。所以，李笑来老师选择影响力经济模式的写作认知基础是：

★ 在打造影响力经济模式上，可以积累价值输出和能力。写作能力是渐进的，影响力是渐进的，自己的眼界、境界也都是渐进的。

★ 不用过分在意外界的接受度，只需要注意自己的内容质量是否足够好，即打造价值点。

★ 相信写作有复利效应，长期坚持做一件有价值点输出的事情，会有成绩。

★ 相信"智慧"是可积累的。李笑来老师早就把"智商"的概念从自己的操作系统中剔除，转而只使用"智慧"这个词，因为智慧可以积累，靠后天的努力能够精进。

在每个人的时间和精力都是稀缺的前提下，追逐写出爆款文章这个目标不适合所有人，而且也不是最具长期价值的选择。对注意力的吸引，并不完全以为读者提供价值为侧重点，其解决的是读者的即时需求，满足了读者当时的好奇心或者是不具价值持续性的需求。相比注意力，影响力更发自利他的初心，是以提供具有真正价值的内容为出发点的。

影响力经济模式的写作这个例子很好地说明了时间的格局决定了一个人的行为模式，时间商的高低从是否活在长期中即可洞察。在打造影响力的潮流里，诸如直播、视频、自媒体等多渠道的内容输出，依靠浮于表面的输出或博眼球的出位是短线逻辑，维持长期影响力是价值输出和利他的持续经营。

第 6 章
做时间的朋友

时间，的确看得见

金钱能够被储蓄，时间却无法被储蓄；金钱可以流通和被借用，但时间不能；银行能够看到储蓄的余额，但人生的银行无法看到我们的付出与收获，即我们的净资产，所以时间更加重要，值得珍惜。最好的投资是投资自己，最聪明的投资是投资时间，任何投资，都是用时间投资自己。

日本作家村上春树是善于与时间成为朋友的践行者，他认为要想让时间成为自己的朋友，就必须在一定程度上运用自己的意志去掌控时间。村上春树在三十多年的写作生涯中确实也是这样做的，对他来说，写作是每天的考勤打卡：按10页纸，每页400字算，一天要写4000字。这样刻板的规律性写作，即使在没有灵感的情况下也要求自己输出文字，这是他认为的"小说家"职业，而不是"艺术家"的作风。他曾总结[1]自己的心得：

> 心灵必须尽可能地强韧，而要长期维持这种心灵的强韧，就必须增强、管理和维持作为容器的体力。这种心灵的强韧并非与生俱来，而是后天获得的。我通过有意识地训练自己，才掌握了它。

---

[1] 《我的职业是小说家》，[日]村上春树 著。

在哪里安放你的时间，哪里就是你的生命。管理大师菲利普·科特勒的传记[1]中讲述了他的一个很重要的特质是其自律的生活方式，作息时间规律和健康，他每晚10:30前睡觉，早上5:30起床，坚持了50年。规律的生活保证了其具有旺盛的精力和高度的注意力。有规律地锻炼身体，菲利普·科特勒几乎每天游泳，坚持了40年。坚持学习，他出门会带3张纸，将其装在西装内口袋里，每天用纸记录碰到的人产生的思考。每天回家后，再将这些白天学习、交流、思考的内容整理到电脑里。其每年出版的书不少于3本，正是得益于这种随时学习、点滴积累。每天阅读，菲利普·科特勒每天坚持阅读不少于2小时，一天读三四本书。菲利普·科特勒分享自己的心得：读书是一件时间成本极高的事情，智慧风险也很高，要慎重选择深度阅读的书目，并广泛地粗读。

信所未见之事，时间，看得见。所谓的"滚雪球"效应，就是当你取得成绩时，时间的回报和各种机会自然就会涌向你。有价值的人和事不会被埋没，在没有足够能力和资源时，最好的战略是厚积薄发。通过默默的努力，让自己具备更多捍卫自己想要的东西的能力。与其等待，不如困中求变，将其转化为一个让自己变得更好的机会。

时间认知：人生的时间格局

在人类与大自然的相处过程中，狩猎和储存食物，或者为过冬储备足够的粮食，已经成为人类生存繁衍的必备生存技能。从时间维度上看，建立人生的大局观在于感知时间，并对未来进行判断和做准备。

人生可以被看作四季，每个人的生活中也蕴含着小四季。例如，做事的规律，从创意萌生、酝酿到执行落地的四季；与人交往，从陌生到熟悉、信任的四季；春生、夏长、秋收、冬藏，自然的规律，也是人类社会的规律。

正如"人生如莲"[2]四字蕴含的哲理：成功是浅浅地浮在水面上的那朵看得见的花，这朵花能否开放得美丽灿烂，取决于水面下看不见的那些根系和养分。我们太在乎成功，往往将全部心思都专注于水面上看得见的花朵，却疏于关心决定这朵花盛开还是枯萎的水面下那些看不见的根和本。君子务本，厚积薄发，内圣外王。最

---

1 《菲利普·科特勒传：世界皆营销》，[美]菲利普·科特勒（Philip Kotler）著。
2 "人生如莲"来自和君咨询的理念，君子务本，厚积薄发，内圣外王。

低谷的时期就像四季中的冬天，蕴含着春天的希望和转机。四季的起承转合将大自然的智慧无私地呈现给世人。

犹太精神病学专家和神经学专家维克多·弗兰克尔（Viktor Frankl），在二战时期经历了奥斯维辛集中营的痛苦磨难，他从一起被关在集中营的朋友处得知了一个"活命"的秘诀：如果可能的话，每天刮脸，即便是用最后一块面包换取刮脸用具。只有如此，你才能看起来更年轻。想活下来，你唯一的办法是让自己看上去能干活。如果你脚后跟起了个水泡，走路瘸了，党卫军看见你这样，就会把你招到另一边。第二天，你就肯定要被送进毒气室。在这里，刮脸，挺直腰板站立，精神抖擞地干活，就能免于毒气之害。

在集中营中经历了精神和身体的折磨，弗兰克尔创立了"意义疗法"来帮助他人。"意义疗法"即通过领悟生命的意义，让自己从痛苦中走出来。一些不可控的力量可能会夺走你很多东西，但它唯一无法剥夺的是你自主选择如何应对不同处境的自由。你无法控制生命中会发生什么，但你可以控制面对这些事情时自己的情绪和行动。

由此可见，建立人生的大局观，领略生命的四季，感受大自然、社会和人生的发展规律，在生命的沉浮与变动中宠辱不惊是获得幸福的秘诀。与时间做朋友的重要维度，就是要建立正确的时间格局。

总体规划：时间变焦

如果以人生为最大量程，不同的时间长度、时间单位就是细分的时间刻度。英语里有一个单词"zoom"，中文意思是"快速移动、飞奔、变焦摄影"。对于认知和思考而言，"zoom"喻指一种变焦思维，可以用来调整时间规划的焦点。不同的焦点能够让人深入分析事物不同的维度：为什么、做什么，以及怎么做。

一个有趣的现象是，对长期、遥远的时间人们更倾向于思考"为什么"，因为对于遥远的未来，对意义的探寻似乎是更加重要的事情。人们更想找到远期的目标、理想和信念，找到开始的原因，即意义的价值（见图6-1）。

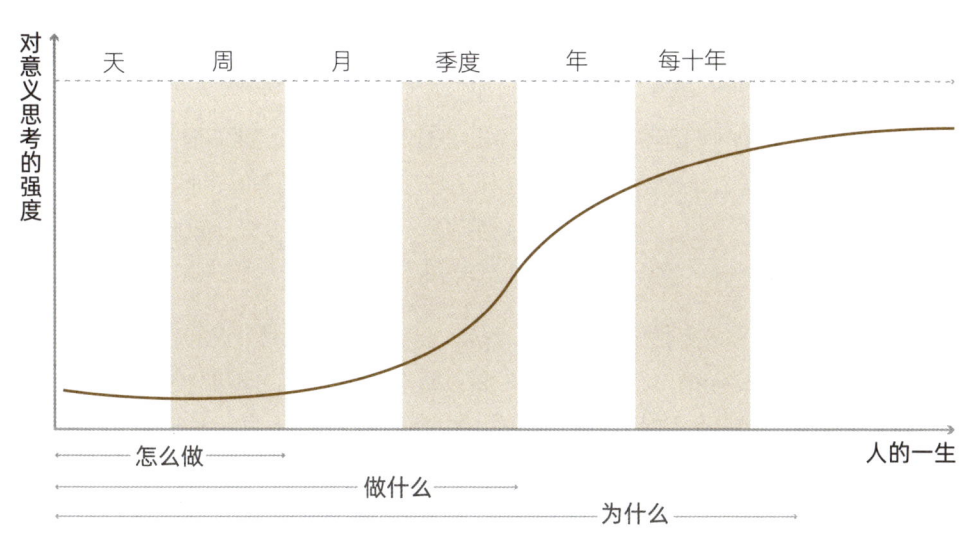

图 6-1：时间刻度与对意义的探寻 [1]

将时间镜头拉到当下，我们才会考虑"做什么"事情可以实现意义和价值，进而琢磨"怎么做"来实现目标。长期主义让人看到意义，但真的落实意义，需要在短期内找到实现意义的路径，聚焦行动而不是焦虑意义。

长寿时代，个人的时间管理也就意味着对人生的经营和对长期主义的践行。管理时间也是对我们的心智、认知、注意力、执行力等多维要素的统筹。

时间管理能力的另外一种表述是"时间商"（Time Quotient，TQ）。受到情商（Emotional Quotient，EQ）和智商（Intelligence Quotient，IQ）概念的启发，美国学者斯蒂文·赫尔提出了"时间商"的概念，它指人们对待时间的态度，以及运用时间创造价值的能力。拥有较高的时间商的人，懂得成为时间的朋友，而不是被时间操控，这类人对时间的把控体现在自律、自信、坚韧和长期主义的格局上，体现在心智管理、注意力管理、执行力管理等维度上。

时间颗粒度管理：番茄工作法

我们常常是一拿起手机看就会停不下来，时间就这样不知不觉被消耗了。如果

---

[1]《英雄之旅：培养勇于探索的组织》，[澳]杰森·福克斯 著。

我们知道自己有这样的问题，就应该采取措施进行改善。例如，在工作的时候把手机调成静音或飞行模式，减少外部噪声的干扰，或者进行积极的自我暗示等。

番茄工作法是由弗朗西斯科·西里洛提出的时间管理方法。弗朗西斯科·西里洛上大学时，也曾经因无法专注学习而苦恼。有一天，他和自己打赌，挑战坚持10分钟时间专注在学习上。于是，他找了一个像番茄一样的时钟定时。通过多个番茄时间的专注学习，他感到自己的效率明显得到了提升。

番茄工作法后来被广泛接受并流传开来。具体操作是选取一个任务或待办事项，将定时器设为25分钟，在25分钟内专注在这一件事情上，不能做与之无关的其他事情，直到一个25分钟结束。接下来可以休息5分钟，然后开始下一个25分钟。这样在4个25分钟后，可以调整一下自己的任务，或者进行休息。

这种时间管理方法，我曾经在备考GMAT的时候用到过。在图书馆自习时，我会开始番茄计时，设定一个番茄时间为30分钟。在一个番茄时间里，我会走神，也会突然有其他事情出现需要处理。于是，我在手边的草稿纸上写下当时的时间，精准到几点几分。当脑子里突然想起一个点子时，我会记在草稿纸上，但暂时不去处理它。

我在完成这30分钟的学习任务后，才会去处理刚刚头脑中出现的事情。这就是番茄工作法起到的作用，知道自己可能存在被其他事情或娱乐引诱的可能性，便在一开始就和未来的自己签订一个协议，只有在专心完成当下的工作后才能转向下一个事项。

合理配置：时间组合拳

我们知道，在财富管理领域，为了实现最优财富增值和风险管控，要对资产进行合理的配置。这种理念也可以被充分应用在时间的配置上。

时间组合拳通过列出重要的时间开支维度，保证对不同维度的时间进行平衡配置。例如，除了工作，每天都要保证至少1小时的学习时间，并通过读书和写作来梳理一天的思考。有的人常常找各种理由不去行动，往往是因为其对时间的配置没有清晰的认识。有的事情，可能只需要很少的时间开支，但是却能使生活的幸福感得到明显的提升，比如锻炼、阅读、问候家人和朋友等。时间管理的根本问题并不是时间的稀缺，而重点在于如何合理分配时间。

有时，我们会因为工作太忙碌而放弃如健身等活动。在面对时间稀缺导致的选择困难时，尽量不要彻底删除一些非必要的项目，而是应该适当减少为其分配的时间。英语里有一个单词"tradeoff"，中文意思是"权衡、折中、交易"，可以用来解释合理做选择的方式。在选择做一件事情的同时会丧失做另一件事情的机会，也就是说，万事万物都需要做取舍和权衡，可以理解为一种机会成本。每个人都是被习惯驱使的，一个好习惯被完全剔除后，以后再重新培养会更加困难。所以需要在不同的时间账户里都给予适当的权重，而不是走极端，最后让生活陷入失衡的状态。

《肖申克的救赎》：规划人生自由度

电影《肖申克的救赎》讲述的是，主人公安迪曾是一位优秀的青年银行家，因涉嫌枪杀妻子及其情人被捕入狱，但事实上他是被冤枉的。在肖申克监狱里，安迪结识了瑞德，并从他手里搞到了一把小锤子。后来，安迪利用他在财务方面的知识，成为狱长的投资顾问。再后来，他还接管了图书管理的工作。他将一个杂志房间改造成图书馆，在狱中找到了改善生活的方式。安迪的厉害之处是他对时间的规划和长线布局，他懂得在任何环境下都要坚持和经营自己的未来，摆脱囚徒生活。

有些鸟注定是不会被关在笼子里的，因为它们的每一片羽毛都闪耀着自由的光辉，这是对安迪的写照。不公的判决和囚禁的环境，并没有让安迪屈服，在看似波澜不惊的围墙内，安迪做着关于希望和自由的梦。在安迪被起诉期间，他有大约1.4万美元的积蓄，后来被放在彼得·斯蒂芬名下，这个人就是安迪在外面世界中的虚拟身份，他不仅有社会保险卡和缅因州的驾照，还有出生证明。等到安迪逃出监狱时，这笔存款已经超过37万美元。

影片里有一句经典台词——恐惧让你沦为囚犯，而希望让你重获自由。强者自救，圣者渡人。安迪将肖申克监狱这个磨灭希望的地方变成了"希望"的代名词，最终他从自己挖的隧道中逃出肖申克这座牢笼。救赎本质上就是相信自己的未来，并基于相信去投资。救赎必须从自我开始。

自我救赎在生活、学习、工作中都有所体现。目标明确的人专注于最该做的事，努力培养自己做事的能力，在重大机遇到来时做好迎接的准备。就像安迪，凭着对希望和自由的向往，用19年的光阴打通了通向自由的隧道。持续地经营一件事，不断打磨自己，也就越来越接近自由。

复利效应与飞轮效应

复利效应是时间商所涉及的重要概念之一[1]。对复利效应最形象的类比是滚雪球效应，初始雪球大小指本金的多少，收益率指上升坡道的角度是否足够倾斜，时间指坡道的长度。在下面这个金融公式中，也可以带入人生规划与做重大选择的场景。

$$复利效应 = 本金 \times (1+收益率)^{时间}$$

在人生赛道上，本金代表一个人过往与当下积累的能力、阅历与认知。收益率代表成长速度与效率，取决于我们自身的学习力、执行力、性格和掌握的资源等。当然，它们也受到我们选择的赛道的影响。有的赛道短期内就能看到结果，有的赛道只有长期投入才能看到价值。但无论选择哪种赛道，时间都是检验选择优劣的关键。越是长期主义的选择，就越能收获正面反馈（见表6-1）。

表6-1：复利效应与人生规划

复利效应	人生规划	具体阐述
本金	创富阶段的本金，初期积蓄能量	耐心、能力、定位支点
收益率	成长速度、增长效能	赛道、杠杆、效能、资源
时间	时间长度	时间杠杆、长期性

时间是在未来不确定的世界里撬动倍数级结果的最有效杠杆。当然，倍数级结果有正向与负向之分，这取决于人生规划与价值定位。复利效应也可以被应用到很多人生选择与生活中，例如知识的积累、智慧的增长、工作经验的提升、人际关系网络的发展、信誉的积累、持续做善事的沉淀等。

下面三个复利公式最能说明时间的积累在量变到质变过程中所产生的显著作用。

$$1^{365}=1$$

$$1.01^{365}=37.8$$

$$0.99^{365}=0.03$$

第一个公式意在说明持续地原地踏步只能维持原有水平，因为你没有选择，没有行动，也就没有增长的幅度。第二个公式说明，你选择了一件有价值的事情坚

---

[1] 《成长流量：今天的努力是为了超越昨天的自己》，常娜 著。

持去做，即使这件事情很小，也能在时间的积累下产生量变到质变的价值突破。同时，这也意味着，倘若你选择做一件有挑战的事情，那么在复利效应下，未来增长的幅度会超出你的预期。第三个公式表明，如果选错赛道，去做一件没有正向价值的事情，那么最终你会遭受损失，你本来拥有的也会失去。

飞轮效应[1]（Flywheel Effect）则是指为了使静止的飞轮转动起来，一开始必须使很大的力气，一圈一圈反复地推，但是每一圈的努力都不会白费，因为飞轮会转动得越来越快。当飞轮达到一个很高的速度后，其所具有的动量和动能就会很大，使其短时间内停下来所需的外力会很大，它自身便能够克服较大的阻力维持原有运动。

亚马逊公司的业务系统就很好地体现了这种前期积累、后期爆发的飞轮效应特点（见图6-2）。亚马逊飞轮效应的构成齿轮分为：Prime会员业务（每年收取客户固定的会员费）、Marketplace平台（第三方商家卖产品的平台）和AWS（Amazon Web Services，亚马逊云服务）。Prime会员业务大幅地提高了客户忠诚度，因为客户的会员费是固定成本，这增强了亚马逊电商平台与客户的黏性，提高了亚马逊会员的购买频次和购买金额。同时，Marketplace平台允许第三方商家来卖产品，这就使得客户可选择的商品大大增多，当客户的选择增多时，Prime会员就更加超值了，所以买会员服务的用户也会增加。当亚马逊的客户越来越多时，也就会有更多的第三方商家愿意来亚马逊开店，产生增强回路。任何商家都可以把自己的整套系统放在亚马逊云服务上，这样不仅可以在亚马逊上卖货，还可以利用亚马逊的物流服务管理物流，让生态中的各个环节都与亚马逊深度绑定。

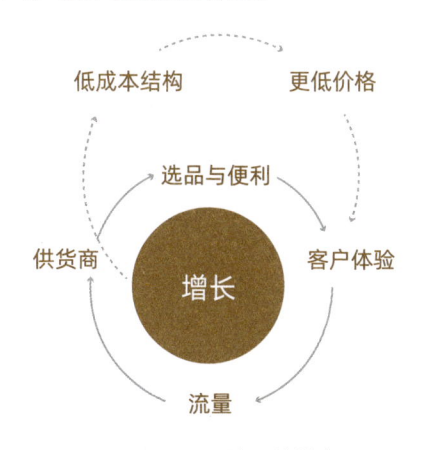

图 6-2：亚马逊飞轮效应

---

[1] "飞轮效应"，见快懂百科。

人在进入一个新的或陌生的领域时，都会经历飞轮效应。万事开头难，让飞轮转起来前期需要持续的努力和付出，熬过了临界点，在飞轮转起来后，之前的努力和铺垫都为未来的增长赋能。这需要有足够的坚持和时间的沉淀。

第 7 章
做行动的巨人，创造财富人生

后发优势 = 逆袭

狄更斯的《双城记》中曾指出：这是一个最好的时代，也是一个最坏的时代。现在互联网成为创造价值的基础设施，就像铁路、公路设施一样。铁路的价值最初被人们认识到是在1894年甲午战争之后，当时清政府意识到铁路对国家巩固中央统治和经济发展的重要作用。当时中国铁路总量仅为500公里，而同期的美国已达到20多万公里。互联网作为基础设施，在当下对国计民生同样具有重要作用。不过，不同的是，互联网除了是国家崛起的利器，还是个体发展的载体。

互联网的创新创业项目，一直以来都由硅谷和以色列领跑。近些年来，国内的互联网创新创业项目也蓬勃发展起来，进入快车道，如同中国的现代化建设一样迅猛。这引起我思考早的崛起起点与晚的崛起起点的发展势能的差异。

在社会拐点来临时，领先的群体出于保守心态，容易落后于新事物的发展。美国历史学家斯塔夫里阿诺斯[1]曾探讨历史上多次发生的一种现象：发达文明中心在时代巨变中变得保守落后。最具适应性和最成功的社会要在转变时期保持自己的领先地位，是极为困难的。相反，一些落后的边缘地区在历史时期的转变中却有机会占据领先地位，因为落后的社会有可能具备适应变化的条件。这种现象被称为"受到

---
1 《全球通史》，[美]斯塔夫里阿诺斯 著。

阻滞的领先法则"。

中国虽然发展起步落后于日本，但在改革开放后的几十年中却飞速崛起，这样的后发优势是什么呢？如果一个国家和高度发达的国家水平相差得越多，这个国家成长和发展的空间就越大。这就好比一个城市大都是一二层的房屋建造水平，这时如果其他城市已发展成为高楼林立的大城市，那么这个城市较低的起点不但不是劣势，反而会成为发展的优势。因为较后发展的时机能够让其更充分地利用更现代的技术和材料，也就提升了崛起的效率。例如，使用传统的砖石混凝土不容易建造摩天大楼，而钢结构、电梯、玻璃、新材料等的开发和应用，则能够在同样一方土地上实现在垂直方向上创造更多的空间和更大的商业价值。当自身发展处于一个低起点、低水平时，不要灰心，因为这正好是一个机会，是一个引进最新事物、最先进技术的机会。个体的崛起与一个城市、一个国家的崛起同理，纵然起点较低，虽然落后，但也是时机。

停止内耗，马上开始

个体的崛起，不需要等到自己很厉害了才开始，而是开始行动了才能变得很厉害。暂时落后者成长的空间，比高起点者可能更有潜质。这个时代可以说是个体崛起的最好时代，因为基础设施如互联网平台和相应的内容输出生态已经准备好。现在更多的创业机会不在于平台搭建，而在于基于平台的内容输出。因为越多的平台崛起，越激烈的平台竞争，机会缺口越流向支撑平台建设的优质内容。

我过去几年看了很多书，吸收了很多独到的见解，但总觉得脑袋里的东西有点无序和混沌。因为缺少一种组织整理这些来自四面八方的信息的能力。那些未被梳理过的信息只是信息而已，并未形成深度的思考，也很难成为自己独有的意见和具备创造力的"知识产权（IP）"。我慢慢意识到，人有一种天然的属性，就是对完美的追求，它在潜移默化地影响并指挥着我们的行为决策，甚至这种追求在某些程度上阻碍了我们开始投入一项事业。奥地利著名作家斯蒂芬·茨威格认为追求完美是一件消耗能量的事情，他曾说："只有一件事会使人疲劳——摇摆不定和优柔寡断。而每做一件事，都会使人身心解放，即使把事情做坏了，也比什么都不做强。"真正让人解放的是开始做事，而不是在犹豫徘徊中思考、权衡其价值。

我在选择写作输出内容的过程中经历了一个拐点。在意识到我所表达的内容、组织信息的方式、修辞手法、逻辑等各个方面都不够完美时，我还是坚持把自己认为有意思或有深度的内容写出来，在输出的过程中梳理自己的思考。写作是从不完美到接近完美的探索过程。追求不完美，也就是一开始就包容、接纳自己的不完美，是一个让自己更加谦卑的过程，因为自己坚信未来还有完善和再塑造的可能。追求不完美，才能更好地趋向完美。没有哪篇文章一开始就是完美的作品，也没有任何事物的发展是一蹴而就的。认识到事物发展是循序渐进的，进一寸有一寸的愉快，进一尺有一尺的满足。这句话不是我原创的，这句话背后的哲学理念来自胡适先生针对20世纪20年代一些抵触学习科学的"思想懒人"的反驳：

> 科学家明知真理无穷、知识无穷，但他们仍然有他们的满足：进一寸有一寸的愉快，进一尺有一尺的满足。两千多年前，一个希腊哲人思索一个难题，想不出道理来；有一天，他跳进浴盆去洗澡，水涨起来，他忽然明白了，他高兴极了，赤裸裸地跑出门去，在街上乱嚷道："我寻着了！我寻着了！"这是科学家的满足。牛顿（Newton）、巴斯德（Pasteur）、爱迪生（Edison）时时有这样的愉快。一点一滴都是进步，一步一步都可以踌躇满志……
>
> 固然，真理是无穷的，物质上的享受是无穷的，新器械的发明是无穷的，社会制度的改善是无穷的。但格一物有一物的愉快，革新一器有一器的满足，改良一种制度有一种制度的满意。今日不能成功的，明日明年可以成功；前人失败的，后人可以继续助成。尽一份力便有一份的满意；无穷的进境上，步步都可以给努力的人充分的愉快。

乔布斯曾说，他特别喜欢和聪明人在一起工作，因为最大的好处是不用考虑他们的尊严。聪明人的认知到底为什么高于普通人呢？我觉得聪明人最大的"聪明资产"是其管理情绪的能力。一个人如果认为一边努力做事一边捍卫自己的尊严是没有价值的，至少和其在意的事业相比是微不足道的，那么就能在很大程度上减少内耗。这种选择性的钝感力，其实是很多问题的最优解。担心与焦虑等让人远离了"聪明资产"。没有人一开始写出的文字就是完美的，因试图捍卫自己的自尊而不去勇敢展示自己的文字，也是在让自己变成一个不够聪明的人。如果你将面子这种虚无的东西放在成长的前面，即尊严大于成长，那么便很难开始，更无缘进步。

我认为获取"聪明资产"的公式是：成长大于尊严。凡事不计较一开始的不完美，不玻璃心，才能让自己专注在写作和认知循序渐进的成长过程中。很多事情的意义都是在勇敢去开始和对外界降噪中慢慢孕育的。

在他人的人生里积攒自己的经验

我很欣赏美国传记大师沃尔特·艾萨克森（Walter Isaacson），他是一个以自己的价值观为喜好，并以此选取记录对象的作家。沃尔特·艾萨克森曾任《时代周刊》主编，CNN董事长兼首席执行官，曾撰写《史蒂夫·乔布斯传》《本杰明·富兰克林传：一个美国人的一生》《爱因斯坦传：天才的一生》《列奥纳多·达·芬奇传》等传记畅销书。

艾萨克森选取的传记人物有一个特点，可以从他选取的传记主人公的经历看到共性：乔布斯、富兰克林、爱因斯坦、达·芬奇，这些伟大的人物都对世界充满无限好奇，并善于跨界。每一部传记都不是客观的回忆，往往夹杂着记录者的主观思想。这就像历史的记录者一样，每个史官都会按照自己的价值观和思考将历史进行人格化的备注与演绎。在叙述和总结传记人物时，艾萨克森同时会把主人公的缺点一并呈现，无论是乔布斯、富兰克林、爱因斯坦还是达·芬奇，艾萨克森这样认为，即便一个人有缺点和失败，他依旧可以非常成功。一个人存在缺陷和犯过错误是正常的，这并不影响他创造伟大成就。

用历史为当下的时代注解

艾萨克森在每一部传记作品中都具备一种历史观。给我最直观的感觉是，每一个对历史进行追究和记录的人，都是一个善于穿越时空的人，而且也是大胆的评论家，他们擅长用过去的历史为当下的时代注解。大胆地利用"昨天"服务于"今天"，也是一种务实的现实主义者。意大利作家克罗齐在《作为思想和行动的历史》中提到：史家对以往历史的兴趣，永远与他对当前生活的兴趣连成一体。

或许当下的人对历史着迷，在很大程度上是由于历史能够让我们感知和看清当下发生的事情，认清此刻发生的事情的缘由。若再赋予一种对未知的预测，便更能吊起人们的胃口。艾萨克森曾说：

> 我的每一本书，都围绕一个跨界成功的巨匠展开，他们在技术、艺术、建筑、政治领域都有巨大的成就，有着无穷无尽的创造力。我写传记不只是为了歌颂名人，更是为了思考：他们的智慧有什么相似之处，和我们普通人有什么关系？我们能怎么借鉴他们的智慧来提高我们的创造力，以及跨界学习的能力？

所以在写作《列奥纳多·达·芬奇传》的时候，艾萨克森会从很多侧面和细节展示达·芬奇的个性和精神，例如其好学精神、对学习的认知和执着的好奇心。他从侧面描述达·芬奇的好学精神时，提到在达·芬奇的日程表里有一行字，"每周六去公共浴室，你能在那里看到裸体"。出于审美和研究解剖学的目的，达·芬奇会想尽办法获取自己学习、探索的素材。

由于是私生子，达·芬奇年幼的时候未接受正规的教育（这些学校教授的经典典籍和人文学科，培养的是专业人士和商人），而他以"列奥纳多·达·芬奇，实验的信徒"为荣耀。达·芬奇曾在笔记中这样阐述自己的观点：

> 我自知仅凭未接受正规教育，就有自以为是者责难我非勤学之人。这些愚蠢的人啊！……他们自夸炫耀的并非自己的辛劳，乃是别人的成果。……仅凭我未从书本学习，他们就料定我会词不达意——他们不知道，我所言之物无须借他人之说，盖有亲身体验。

达·芬奇晚年的时候，想要了解啄木鸟舌头的结构。后来他发现啄木鸟的舌头可以伸长到其喙的3倍。不用的时候，有类似于软骨结构的舌头将其收回到头颅内，经下巴环绕啄木鸟的头最终盘回在鼻孔。当啄木鸟用坚硬的嘴用力不断敲击树干时，其力量超出10倍于可以让人致死的程度。但它的舌头和支持结构给头部形成一层保护，从而保护啄木鸟的头不会被震坏。作为达·芬奇传记的结尾，艾萨克森以达·芬奇对啄木鸟的研究故事作为其一生的写照，也为达·芬奇对生活的好奇心和热爱画上了句号。一个真正对外部世界好奇、博学和热爱探索的人，竟然对一只鸟是如何捕食的展开如此思考和研究。在艾萨克森的笔下，像达·芬奇这样的博学家懂得跨界和具备十足的好奇心，针对这些特点通过细小的故事和生平趣事刻画出一个立体的人物。

这也是一位作家借助他人的人生展现出的自己对世界的洞察。会写作和刻画人物的作家，都能够在写作中将自己的一些"样貌"反映到文字中。

知一行九

知道"一"，但要做到"九"。也就是说，不要学习、思考过度，要在实践中不断复盘和总结，才能使自己所知道的"一"更丰满。

接收太多的信息，反而会产生一种知识饱和的感觉。过高的知识饱和度会让人产生一种已经实现目标的幻觉，但实际上我们可能什么都没做，只是输入了很多别人的思考而已。而且随着在输入信息的时间点积累，在一定的时间点再继续接收信息，我们不但没有收获和提高，反而会因为占用太多的时间阻碍我们执行和输出内容。这是基于边际效应递减规律所产生的效应，过度地占有和输入知识而浪费了实践的时间，会让饱和的知识不能发挥真正的价值（见图7-1）。真正让一个人的认知升级的，是通过行动和实践一点点梳理并检验自己的成长和认知。

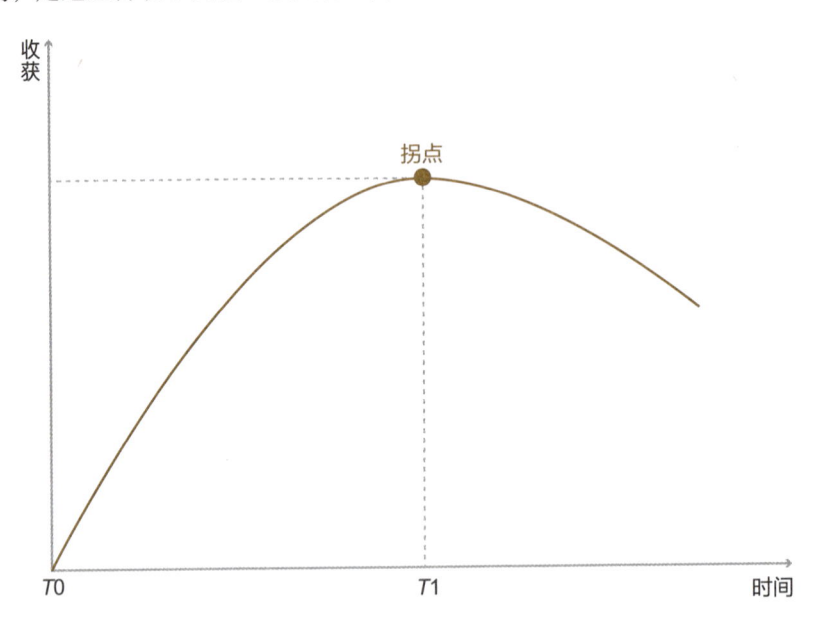

图 7-1：信息收集的边际效应递减规律

克莱·舍基（Clay Shirky）曾分享在一家比萨店打工的经历，并提出了"认知盈余"这一概念。在打工期间他发现：通常，顾客点某种比萨，然后厨师去做，20分钟后将比萨交付给顾客。这个交易闭环结束。另一种方案是提供"切片比萨"。店家不可能知道顾客会要哪一角比萨，因此提前做好比萨，顾客体验到在2分钟内完成"进店→拿比萨切片→离开"的快速交易过程。

这两种交易方式的不同之处在于，前者需要应对不确定性，顾客选择哪种比萨难以预测；而后者的优势是，店家提供了多种比萨的切片，顾客能够快速选择一种或多种口味，解决了不确定性，也能够帮助顾客减少等候的时间。

这个故事也说明了一个道理：应对不确定性最好的方式是做好充分的准备。很多目标看似难以实现，其实是我们没有充分思考增加自己胜算的办法。并不是等到问题出现了，我们再想办法去解决，而是在问题出现前，我们就要做好应对的可能方案。

认知陷阱：先思考再行动

在领导力发展方面，人们往往容易落入一个认知陷阱，即"先思考再行动"，而真正的学习、成长的规律是"先行动再思考"（见图7-2）。这同样是在生物进化过程中让物种和基因得以延续的基础，行动是获得学习力的途径和根本。

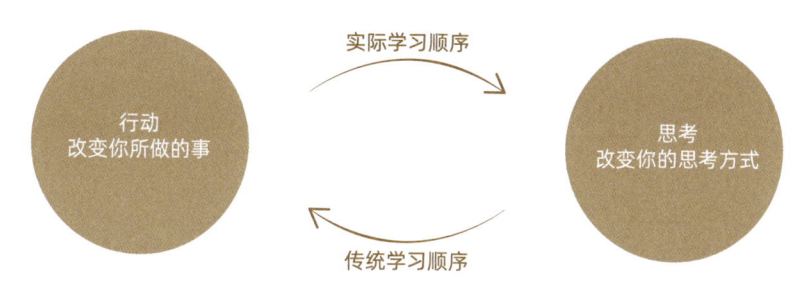

图 7-2：行动与思考

欧洲工商管理学院组织行为学教授埃米尼亚·伊贝拉（Herminia Ibarra）[1]指出，就像美德一样，如果一个人在长期生活中表现得有美德，那么其最终会成为具备美德的人。研究表明，一个人的行为改变后，他的想法会随之改变。改变是一个由外而内的过程，而非由内而外。

一个人的改变过程，是由行动指导思考，改变行为并反馈的机制。在这个过程中，我们通过思考和复盘，将经历内化为抽象的和高度提炼的内容。写作和思考，一个是实际的行动，一个是头脑中的活动。写作能力的提升，源于行动带动思考。先行动才能思考，先动笔写起来，才能有思考的深度与认知的提升。当我们想太多时，常常耽误了自己真正动笔执行写作的过程。

这就像懒惰，当我们为了逃避做一件对成长有益但却有些困难的事情时，使出浑身解数去做各种无效的努力，结果却不尽如人意。"罗辑思维"的联合创始人脱不花提出了做事情的一个"鲁莽定律"，她实践后感觉很有效果：

---

[1] 《能力陷阱》，[美]埃米尼亚·伊贝拉 著。

人生总有很多左右为难的事，如果你在做与不做之间纠结，那么，不要反复分析推演，立即去做。莽撞的人反而更容易赢。

因为如果不做，这件事就永远是停在脑中的"假想"。由于没有真实的反馈，诱惑会越来越大，最终肯定让你后悔。而去做，就进入了一个尝试、反馈、修正、推进的循环，最终至少有一半概率能做成，不后悔。

当你想做成一件事的时候，全世界都在给你让路。很多人只会因为看见而相信，只有少部分人才会因为相信而看见。所以，并不是等自己很厉害了才开始，而是需要开始才变得很厉害。这句话在我写作中给了我很重要的启发。去开始，给自己一个践行后发优势的机会，让自己在输出思考的过程中迭代成长。

第 8 章
投资理财底层逻辑

全生命周期的财富观

长寿时代，人们对工作、生活、财富和人生应有新的定义。财富运行周期与人生周期存在很多共性的理念，人生四季与财富四季都可以被理解为周期概念的具象化阐述。生命周期包括诞生、成长、成熟和衰亡。美国商业作家查尔斯·哈奈尔[1]将生命以7年为周期划分为一个个小循环。幼年时期是人生的第一个7年；儿童时期是第二个7年，也是责任的开端；接着是第三个7年，即青春期的7年时光；第四个7年，生命达到成熟；第五个7年是建设期，是实现个人价值、创造财富和家庭的阶段；35～42岁是反应和行动期；随后是重组、调整和恢复期。50岁后，人生开始了下半场的七七循环。

"长寿时代"与"百岁人生"成为近年的热词。研究显示，过去一百多年来，人类最长实际寿命以每10年增加两三岁的惊人速度增长。长寿时代来临有多方面的因素，包括生活水平的提高、医疗设施的完善、科技的进步等，这些积极因素让寿命得以延长，百岁人生不再是难以企及的梦想。有一组数据显示，2050年，中国65岁以上人口将超过4.38亿，比目前美国人口还多[2]。日本的情况更加显著，80岁及以上人口将达到总人口的五分之一。长寿时代加剧了人口的老龄化，老龄化给社会带来了经济压力巨大、养老保障体系负担沉重、医疗成本提高以及国家创新力受限等诸多问题。那么，在长寿趋势下，如何建立全生命周期的财富观？

---

1 《世界上最神奇的24堂课》，[美]查尔斯·哈奈尔 著。
2 《长寿人生：如何在长寿时代美好地生活》，[英]安德鲁·斯科特、[英]琳达·格拉顿 著。

人生四季与美林时钟

长寿时代下的财富管理离不开生命周期视角下的剖析。当今时代，不仅仅长寿效应对人口结构产生作用，随着女性社会地位的提高，以及女性在经济发展中的重要性越来越大，结婚和生育子女的年龄在逐步推迟，老龄化和少子化效应叠加。《人口大逆转》[1]中提到人口结构框架下变化的生命周期，传统的生命周期与现在的生命周期对比如表8-1所示。

表8-1：传统的生命周期与现在的生命周期对比

传统的生命周期			
0～20岁	20～40岁	40～60岁	60～70岁及70岁以上
青少年	结婚生子、工作	工作、无抚养或赡养负担	退休
现在的生命周期			
0～20岁	20～30岁	30～50岁	50～67岁	67～80岁及80岁以上
青少年	单身、工作	结婚生子、工作	工作、赡养父母	退休，通常依靠他人

作为时代的产物，生命周期的变化对财富管理与人生规划提出了新的挑战和议题，即如何布局人生与财富；如何未雨绸缪，提前准备好未来个人与子女、父母生活的基础保障和品质生活；长期主义的财富观、人生观如何指导当下与未来的选择。

关于财富与人生的管理，有一个下金蛋的鹅的故事：从前有一个农夫养了一只鹅，一开始他的愿望是每天能有一枚鹅蛋吃。突然有一天，他发现窝里有一枚金蛋，经过确认后，发现这只鹅每天都可以下一枚金蛋。农夫满心欢喜。过了几天，他不满足于现状，觉得每天只得一枚金蛋太少了，他想鹅的肚子里一定有更多的金蛋，于是就把下金蛋的鹅杀了。从此以后，农夫就再也没有金蛋了，又过回了以前清贫的生活。这个故事给我们的启示是：下金蛋的鹅是我们期待达到目标的财富或本领，金蛋是预期的结果，例如利息或者任何事情的回报。鹅是资本，金蛋是产生的结果，只重视金蛋，而忽视"资本"，最后连"资本"也无法保住。从财富的视角来理解，每天得一枚金蛋，虽然财富积累缓慢，但是时间久了也会产生客观的财富沉积，凡事需要耐心和时间，急功近利的选择将面临损失更大的风险。

---

[1] 英国科学院院士、伦敦政治经济学院银行和金融学荣休教授查尔斯·古德哈特（Charles Goodhart），与独立经济研究智库Talking Heads Macro创始人、摩根士丹利原董事总经理马诺杰·普拉丹（Manoj Pradhan）合著。

人生周期和商业周期都遵循周期，可以理解为四季轮回，有的周期长，有的周期短。春天是生发的季节，是投资自己的阶段。事情的开始、人际关系的播种，都始于这个时节。进入夏季，即进入快速增长的阶段，事情和人的关系与黏性都有了深化。随着秋天的到来，增长速度放缓，这是进入成熟期的标准，也是收获的阶段。到了冬季，也就到了"藏"的阶段，这是长期主义的原点，"藏"是积蓄能量，为了来年有更好的生长和收获。

查理·芒格说："如果一个人能牢记'生命中充满兴衰变迁'这个道理，一生只进行正确的思考，遵循正确的价值观，他的一生最终应该发展得很好。"四季的理念和智慧，适用于事业、人际关系的经营，以及财富的积累和增长，也是一生中不同阶段都要经历的。

在经济周期里有时钟做类比，类似于人生四季。2004年，美林证券提出了美林时钟（见图8-1），其研究基于1973年至2004年三十年间的数据。美林时钟将经济产业发展与资本变化的关系建立模型，将经济周期划分为衰退期、复苏期、过热期和滞胀期四个阶段，将资产类别划分为债券、股票、大宗商品和现金四类。对经济周期和产业周期的理解，有助于读懂经济发展所处的阶段，做出投资选择。

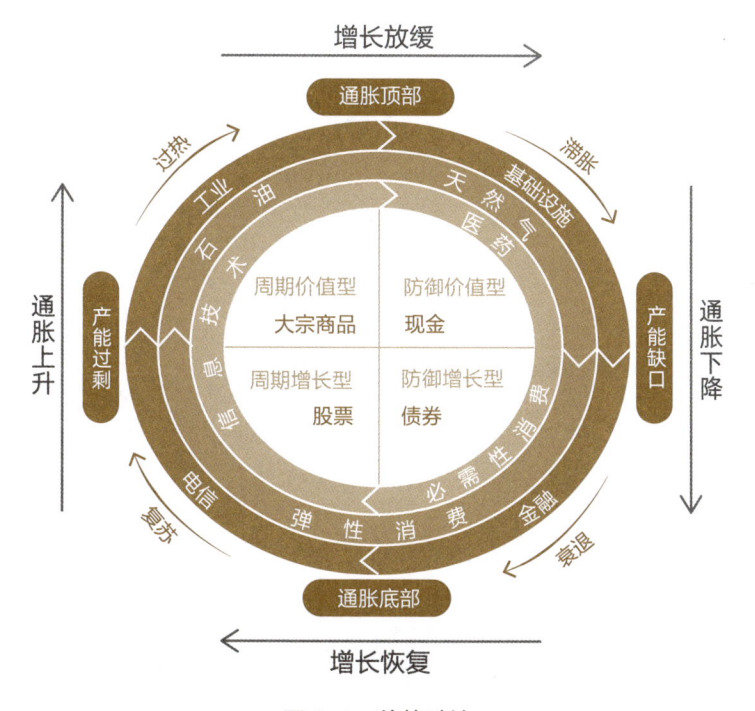

图 8-1：美林时钟

衰退期阶段：央行通过降息来刺激经济，降低企业融资成本，增加企业利润，刺激消费。这个阶段大类资产配置逻辑是：债券>现金>股票>大宗商品。

复苏期阶段：当经济增长起来后，经济从衰退期走出，进入复苏期。这个阶段大类资产配置逻辑是：股票>债券>现金>大宗商品。

过热期阶段：当经济过热时，市场上供需平衡向供给端倾斜，竞争者增多，推动上游供应资源价格上涨，如大宗商品价格增长。接下来价格增长传导到下游企业，压缩其利润空间，成本与现金流管理的压力使得部分企业在过热经济中丧失竞争力和生存空间。这个阶段大类资产配置逻辑是：大宗商品>股票>现金/债券。

滞胀期阶段：通货膨胀与经济停滞同时存在，央行对利率调整的空间很小，通货膨胀需要时间缓解后才便于宏观调控。这个阶段大类资产配置逻辑是：现金>债券>大宗商品/股票。

由于市场、政策等多种因素的作用，美林时钟并不能完全正确预判走势，实际环境和理论存在一定的偏差空间，但对大类资产的选择策略，可以将其作为参考。

风险金字塔与财富金字塔

风险管理和财富管理是伴随人一生的话题。对冲风险的方式是不要完全暴露在风险下，要让自己进可攻，退可守，组合风险和回报。伴随着每个人的一路成长，人的一生中可能面临三大类风险：损失性风险、支出性风险和所有性风险；与此对应的财富管理维度包括：人身保障、储蓄规划和资产保全（见图8-2）。

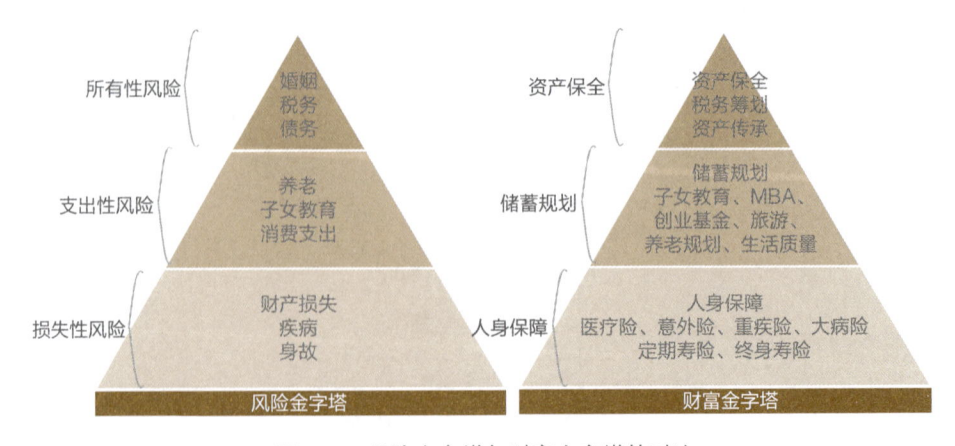

图 8-2：风险金字塔与财富金字塔的对比

风险金字塔涉及如下几项。

★ 所有性风险：财富保全与定向传承——解决留钱的问题。例如，合理节税、婚姻规划、资产保全、财富定向传承。
★ 支出性风险：满足阶段性开支的需求——解决花钱的问题。例如，子女教育、养老、消费性支出。
★ 损失性风险：家庭财富的中断与外流——解决没钱的问题。例如，重疾、医疗、意外、身故、伤残、家庭财产安全。

风险金字塔的底层是最基础的人生风险，会导致财富的中断和外流，如疾病、身故、伤残对财富缩水的负面影响。中间层是满足我们的需求的情况，如自己和父母的养老问题、子女教育的大额且持续性的支出、其他消费支出等。顶层是财富的保全与传承，如财富与风险的隔离、家庭与企业的风险隔离，以及婚姻的风险隔离，侧重所有性风险。

财富金字塔的底层通过人身保障工具来解决财富中断的风险和大额医疗费用开支的财富外流问题，建立疾病、身故、意外与财富之间的防火墙，保证在任何情况下都能够最大化保全自己与家人的生活和未来的消费支出。中间层是储蓄规划，子女教育的大额支出，以及MBA和养老等方面的开支需要提前规划，因为这是生活中必需的且要充分保证的消费，也是重要的自我投资。顶层是对我们的所有权、使用权和收益权的分配，如资产保全、资产传承和税务筹划。

财富"冰山模型"显示（见图8-3），冰山浮在海平面上的部分可能只占到其总体积的九分之一，大部分是藏在水面下的，人们轻易看不见。我们的资产就像一座冰山，海平面以上的部分流动性好，变现能力强，但抗风险能力很弱，风吹日晒，会被蒸发掉。

海平面以上的冰山部分表示为现金资产和收益杠杆，其指银行存款以及股票、基金类产品。海平面以下，首先要配置实物资产、固定资产，如房产、收藏品等。往下是时间杠杆，用时间来撬动收益，如国债、固定收益类投资、长期持有蓝筹股、投保分红型年金保险等。其特点是投资时间长、安全、收益固定，而且还有复利作用。再往下是风险杠杆，也就是保额高的保障型保险，通常会配置意外险、高额人身险、重大疾病险这类保费低，但是保额高的产品。其目的就是用小钱撬动风险发生时需要花费的大钱。普通人的抗风险能力不如高净值人群，所以这部分配置尤为重要。

现金资产（银行储蓄）10%

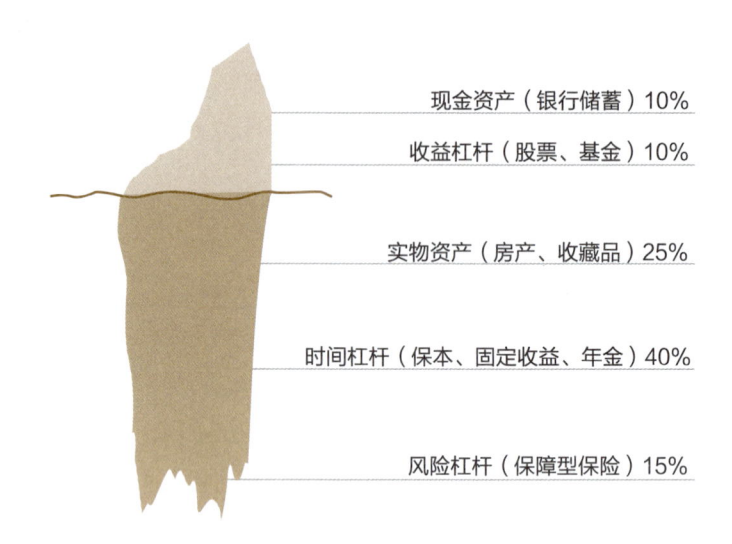

收益杠杆（股票、基金）10%

实物资产（房产、收藏品）25%

时间杠杆（保本、固定收益、年金）40%

风险杠杆（保障型保险）15%

图 8-3：财富"冰山模型"[1]

假设一种情境，我们的现金会被花费，投资也可能亏损。如果海平面以上的冰山被蒸发掉了，会怎么样？冰山会浮上来。这时就要通过变现其他的资产来弥补现金的损失。

① 抵押或变卖固定资产。因为变卖这部分资产对生活影响不大，还有机会买回来，抵押的利息也不高。

② 运用时间杠杆，即动用储备的养老金、给孩子准备的教育金等。但是这笔费用千万轻易不要动，因为复利只有在时间作用下才能发挥巨大的作用，你中断了它，损失的不是收益，而是时间。

③ 运用风险杠杆，即保额高的产品，能够帮助你守住家庭经济来源的底线。

只有具备系统的财富观和风险意识，才能对冲未来困难的风险，使资产更加牢固。这与现在的财富多寡无关，而是要学会如何成为更好的自己，过好富足、幸福的一生。当前不缺理财产品和理财手段，而是缺少对理财的正确认识。理财只是过程，幸福生活才是我们的目标。想要积累更多的财富，就必须先建立起能够与之匹配的思维模式和价值理念。财富管理的核心，不是管理好你的钱，而是管理好你的人生。

---

1 《像高净值人群一样管钱》，李璞。

现金流模式与财商思维

对于个人来说，现金流的流动体现了一个人对人生优先级、财富优先级和资产优先级的理解与认知，是对幸福人生、有意义的人生的定义和追逐；对物质财富、精神财富的配置；对金融资产、非金融资产、时间资产等的组合配比。人生优先级分为四个象限，其中，"重要、紧急"象限强调要事第一，需要把控事务优先级的能力，同时还涉及"下游思维"，即在问题产生后迅速反应、处理问题的能力；"重要、不紧急"象限需要能够战略性思考，宏观且系统布局资源的能力，同时还需要"上游思维"，即当风险尚未发生时，面对不确定性环境的预判能力，在问题的上游对冲潜在风险；"紧急、不重要"象限需要统筹事件，合理安排事务优先级，高效解决重要事情的能力；"不紧急、不重要"象限需要在舒适区内，如何提升未来应对重大事件，处理紧急、重要事情的预备能力。结合人生优先级象限，现金流管理模式涉及主动收入管理、被动收入管理，风险预防与对冲，以及财富的保值与增值。

我们的财富就像一个蓄水池，财富是流动的，这个蓄水池有进水口和出水口。我们努力工作和生活，也是为了保持这个蓄水池的动态平衡和水位增长（见图8-4）。

图8-4：现金流与财富蓄水池

这个蓄水池的进水口主要指我们的主动收入和被动收入，其中主动收入指日常收入，被动收入主要指投资、理财储蓄等带来的收益。出水口指我们的常规支出、子女教育支出、孝养父母支出等。同时也包括风险开支，这是"上游思维"管理的范畴，在重要、不紧急的阶段做好对冲风险的布局。一旦风险转化为实际的问题，成为真正的支出，"下游思维"便开启，在问题出现时迅速做出反应。要保证蓄水池里有水或有更满的水，就要保证进水的速度比出水的速度更快，进水量要大于出水量，这样家庭财富才能积累下来。

现金流流向哪里，我们的生活就走向哪里。现金流管理水平主要分为三大类[1]：初级、中级和高级（见图8-5）。

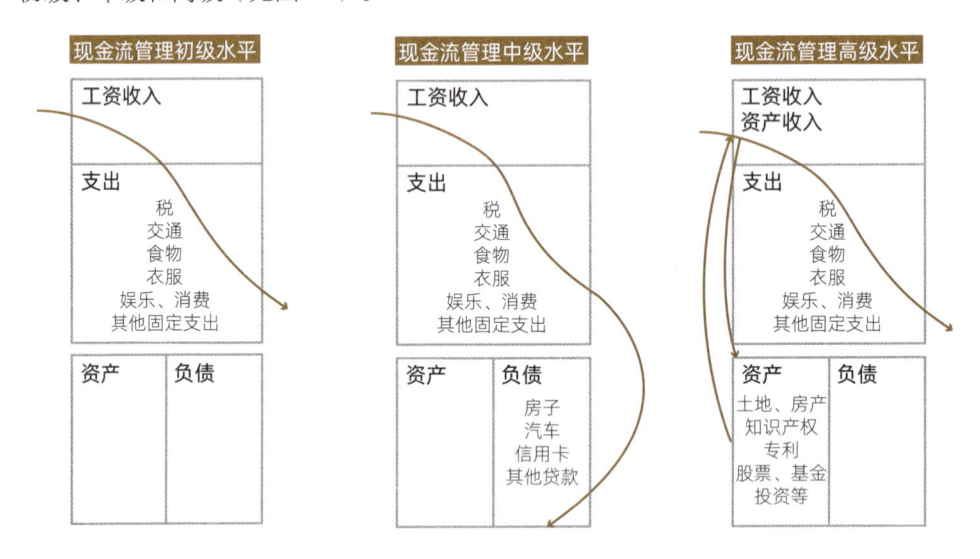

图 8-5：现金流管理水平

初级水平的现金流管理，由于收入较低，收入基本覆盖日常支出，没有机会购置资产。现金流从收入直接流出，无法沉淀财富。在中级水平的现金流管理下，收入水平足够高，除了满足常规性支出，还能够贷款购买房产、汽车等。因此，收入流向了生活支出和负债端。通常，负债端换取的是实物，如房产、汽车、奢侈品等。这类支出也容易被认为是资产，但很可能我们认为的资产并不是能够为未来带来现金流的资产，而是负债。高级水平的现金流管理，是将支出以外的现金流再次回流到资产，资产本身是能够带来现金流的，所以这类群体的财富在现金流闭环中不断增值。

---

[1] 《富爸爸 穷爸爸》，[美]罗伯特·清崎 著。

现金流也会以时间、精力、能力、金钱和人脉资源等形式流动。每个人的资源都是有限的，例如，时间、精力是不可复制的稀缺资源；金钱、人脉是可以增长和交易的；自身能力更是可以后天不断迭代升级的战略资源。

人生现金流管理

从人生的生命周期维度来看，现金流管理伴随着人的一生，财富与责任也是跟随我们的人生一路。随着年龄的增长，人们创造财富的能力会随之走下坡路，但生活依旧，生活开支持续，而且人生下半场更多的是享受和体验生活，还要应对生活开支和意想不到的消费项目。创造财富与消费形成了现金流剪刀差（见图8-6）。

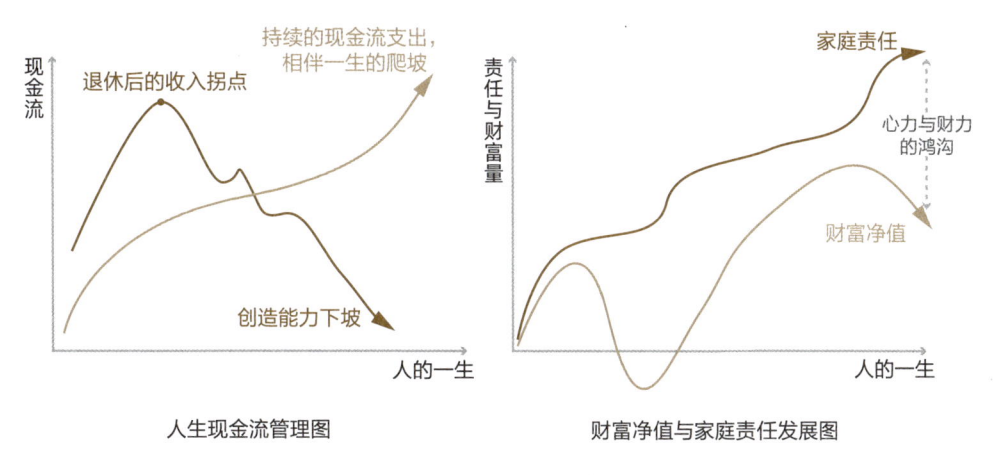

图 8-6：人生现金流管理

同时，财富净值的下滑并没有减少我们对家庭和自己的责任，生活的品质和爱的传递，依然是我们个人价值的体现，是我们内心的使命和诉求。因此，人生现金流管理重要的是意识到生命周期不同阶段的使命和诉求，做好充分的准备来应对未来的支出风险。

如图8-7所示的长寿时代的人生与财富的场景化图景，其按照不同的可能性进行了分析，分为四种情况。情况一：人活着，钱提前花完了；情况二：幸运人生，钱正好花完；情况三：将剩余部分传给下一代；情况四：享受人生，持续的现金流，传承给子孙。

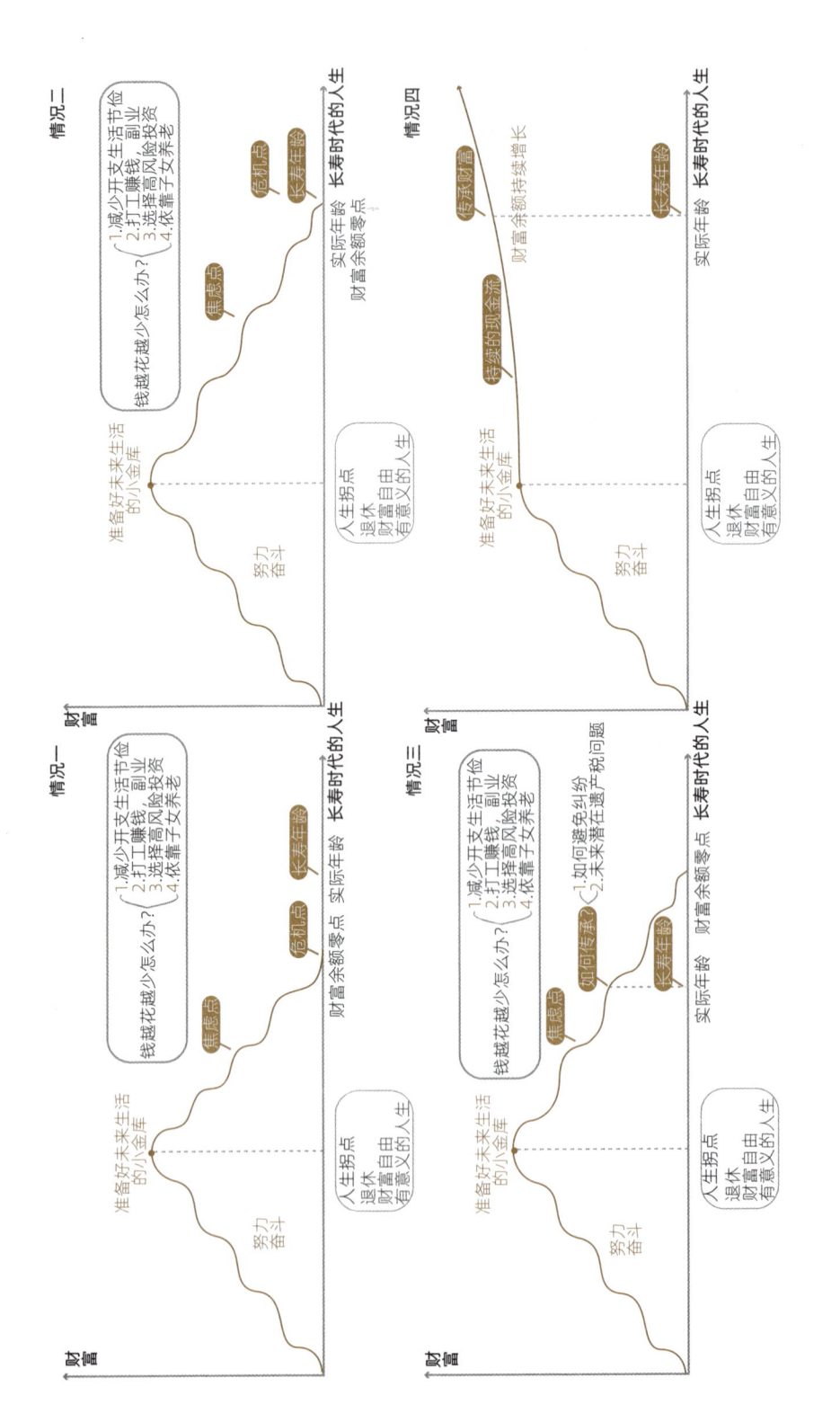

图 8-7：长寿时代的人生与财富的场景化图景

观察长寿人生的轨迹，我们也在思考以下问题：

★ 在长寿人生下，何时是我们开启人生下半场的时间点？何时是财务自由的时间点？

★ 预期未来每月花费多少？如何花？给谁花？花在什么方面？

★ 预期未来花费总金额是多少？从目前年龄到退休年龄还有多少年能够准备出这笔钱？

★ 从目前到退休/财务自由的时间点，我们需要怎么准备？

★ 目前选择的投资或理财等金融工具管理财富，到你退休那天，能否满足未来人生下半场的养老所需？

★ 在主动收入大幅缩减，产生"坐吃山空"的感觉时，未来如何让自己获取安全感？

以上问题值得每个人思考，活在未来的人比只活在当下的人能够更加坦然和自信。

财富人生四象限

如果你有一笔钱，你会如何支配？这是财富管理的最基础问题。很多人有了一定的储蓄后会选择投资，如买股票、买房、买债券、买黄金等。但是大多数人在投资前，其实没有意识到自己投资的逻辑是什么，到底这些资金流入了哪个账户。

理财"金三角"（见图8-8）的意义在于说明理财的收益性、安全性与流动性三种诉求难以同时达到各自的最大化效应，因此需要意识到财富流向的选择是一种对价值诉求的平衡与选择。财富人生四象限正是基于对收益性、安全性、流动性三种价值诉求的考量而构建的。

因为往往大家会把钱放在银行账户里，没有考虑其实还有其他账户可以管理我们的财富。标准普尔（Standard & Poor's）是全球最具影响力的信用评级机构，提供信用评级、风险评估管理、投资分析研究等资讯。在研究全球10万个资产稳健增长的家庭后，总结出如何进行财富管理的方案，被称为"标准普尔家庭资产象限图"（见图8-9）。此图分为四个部分，也是生活的四个账户：日常生活账户、保障性账户、投资账户和保本升值账户。

收益性、安全性与流动性框架下的理财"金三角"

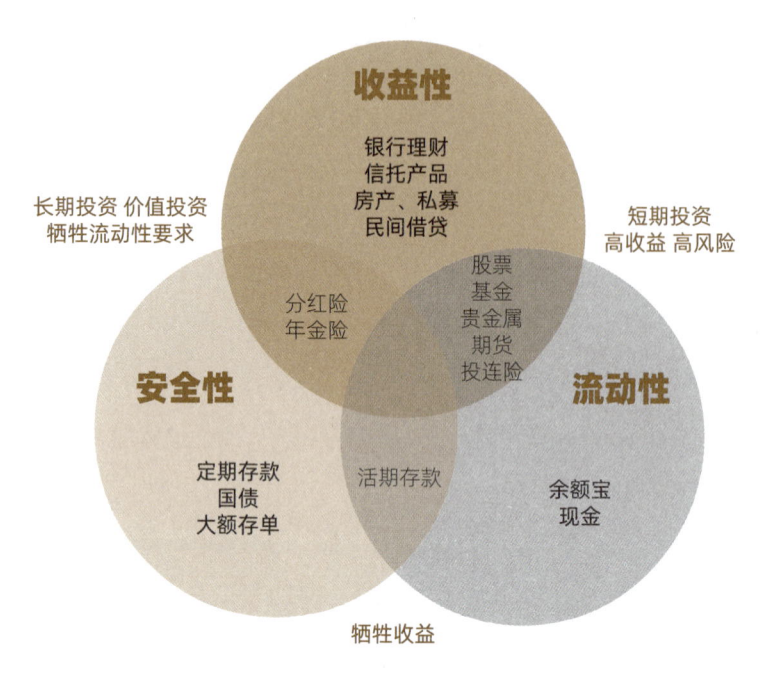

收益性
- 银行理财
- 信托产品
- 房产、私募
- 民间借贷

安全性
- 定期存款
- 国债
- 大额存单

流动性
- 余额宝
- 现金

- 长期投资 价值投资 牺牲流动性要求
- 短期投资 高收益 高风险
- 牺牲收益

- 分红险、年金险（收益性∩安全性）
- 股票、基金、贵金属、期货、投连险（收益性∩流动性）
- 活期存款（安全性∩流动性）

图8-8：收益性、安全性与流动性框架下的理财"金三角"

家庭资产配置 100%	
1.要花的钱　参考占比收入：10%~40% 用途：日常开支，如衣、食、住、行、游、人情往来 工具：现金、活期储蓄、信用卡 要求：资金灵活、随取随用	**2.保命的钱**　参考占比收入：5%~20% 用途：意外、疾病、重疾、收入损失汽车损伤、房屋损坏等 工具：社保+商业保险 要求：杠杆原理、小钱博大钱 防止不可预测、突如其来的大风险，从容应对
3.生钱的钱　参考占比收入：30%~40% 用途：通过风险性投资，赚取收益 　　　赔钱了不要紧，不影响正常生活 　　　赚钱了很开心，资产增值，锦上添花 工具：股票、期货、基金、创业、企业经营、房产 要求：保证正常生活，赔赚都不会影响正常生活	**4.保本升值的钱**　参考占比收入：25%~40% 用途：养老、教育、财富传承，专款专用 　　　这是人生一定要面对的三件事情，所以不能有风险，要求资金安全、稳定 工具：国债、保单、保险金信托 要求：稳定、安全、法律保驾、专款专用

图8-9：标准普尔家庭资产象限图

标准普尔家庭资产象限图的创新和价值点在于打破人们固有的理财"混沌"，

将财富进行分类管理。账户的作用不同，因而目的和比重也不同。通过四个账户的组合，使整体收益和效用达到最大化。

① **日常生活账户，要花的钱**：短期消费，即满足日常开支。其占家庭资产的10%~40%，可以是家庭3~6个月的生活费。日常开销，例如日常生活、买衣服、旅行、其他娱乐消费等，都从这个账户中支出。很多人对这个账户没有管理意识，所谓的"月光族"和入不敷出，其实都是这个账户分配比例不合适导致的。

② **保障性账户，保命的钱**：保障性账户是基于人生的风险划分出来的保障支出，这里的风险可能是疾病和意外。人生的不确定性让我们无法预测可能遇到的支出，而提前规划自己的保障支出可能会起到金融杠杆的作用，即用现在的小额开支撬动未来的大额风险花费。保障性账户可以被理解为杠杆账户，即用少量的钱撬动高风险开支。其占家庭资产的5%~20%。这个账户通常用来帮助我们应对家庭的突然变故、风险意外。目前商业保险可以实现杠杆和转嫁风险的作用，用当下撬动未来，用小开支撬动大财富保障。这是一种长期性资源高效配置的方式。

③ **投资账户，生钱的钱**：也就是获得收益的账户，这就是我们通常说的"理财"——这里是狭义的概念，例如股票、基金、房产等，其一般占家庭资产的30%~40%。投资账户是将闲置的钱进行风险性配置，具备高风险、高收益的特点，也是很多人选择的投资渠道。但投资的前提是，基础保障已经得到满足。没有保障的投资等于把自己暴露在风险中，所以使用闲置的资金进行选择性投资，这是合理的理财。

④ **保本升值账户，保本升值的钱**：这个账户旨在长期规划家庭财富，其一般占家庭资产的25%~40%。我们的养老金、教育金、信托资金等，都在这个账户里。保本升值账户是刚需账户，未来肯定会用到，为自己养老和子女教育提供未来准备金，为未来的支出做出超前规划。

并不是所有家庭都需要完全按照这个象限图来配置自己的财富，但这四个账户的分类和基本占比可以作为资产配置的参考。

人生是需要规划的，当下和未来的生活也是需要提前规划的。标准普尔家庭资产象限图的四象限，通过对财富的功用和目的进行分类，得到四个账户，这将分类和组合在财富管理上用到极致。

解决问题的最好方式，往往就是拆解问题，财富人生四象限同理，拆解风险和财富管理目标的诉求并重新组合，搭配出一套理财解决方案。在人生资产配置图中，如果把人当作一家企业来看，其实每个人都具备很多资产——有形资产和无形资产——例如，我们的天赋、财富、时间、品德、意志力、人脉资源等。像经营企业一样经营自己，也就是学会选择和配置资源，将有限的资源放到最合适的位置，资源自然会发挥最大的价值（见图8-10）。

人生资产配置 100%	
1.日常时间开支　　参考占比收入：10%~40% 睡眠、吃饭 运动锻炼，经营自己的身体健康 陪伴家人、与朋友聚会	2.杠杆原理　　参考占比收入：5%~20% 工作时间，尽职尽责，从中学习成长 参加行业培训 考取资格证书，提升所在行业纵深的知识与能力
3.人生投资账户　　参考占比收入：30%~40% 投资头脑：读书、写作 投资人脉：用心经营人际关系 投资认知：旅行开拓视野、扩大与人和世界互动的边界 投资生产技能：做饭、开车、绘画等	4.人生复利账户　　参考占比收入：25%~40% 在人生所有可以积累的事中，都可以看见时间的力量，即复利效应 健康投入、运动、生活作息管理 知识和读书 财富积累 人生阅历到人生智慧的转化 职场经验和能力的提升 人际关系

图 8-10：人生资产配置图

人生是一道资源配置题。成功、幸福的人或许就是把资源放在了合适的地方，并从中受益。投资自己，是最好的财富管理方法。

财富增长立方体

财富的积累就像是一个动态变化的立方体的体积，用公式表示为

$$财富的增长 = 本金 \times 利率 \times 时间$$

$$财富 = 工作收入 + 资本利得$$

$$财富 = 内在创造价值 + 复利效应$$

$$财富 = [时间 \times 时薪或年薪] + [投资总额 \times (1+收益率)^{时间}]$$

其中，本金指原始资本，本金的增长在于财富的流入，同时控制流失风险、不

必要的消费开支，以保证净资产增长。利率指投资回报率，或者理财、存款的利率水平等，是对投资风险的溢价。时间指能够接受的增值时间，分为短期、中期和长期，长期可以为十几年、几十年或更久。

越是对生活、消费有掌控力，越是能够积累一定的增值本金。越是有耐心，能够坚持长期主义，时间维度带来的价值感就越高。

如今各国国债利率水平持续走低，处在低利率水平阶段。日本由于超高的老龄化程度，经济经历失去的三十年，早在1995年左右就进入一年期存款利率为1%的低利率水平阶段。在2012年，一年期存款利率达到0.055%，2020年为0.002%，接近零利率。如此低的利率水平，将钱放在银行不但不能增值，反而难以追赶通货膨胀，面临财富缩水贬值的风险。

利率走势对财富有什么影响呢？在过去的三十年间，随着利率水平的走低，银行储蓄获得的利息也在不断下降。本来可以通过支取利息来满足日常生活开支的设想，随着过去这些年利率的下坡也难以实现，只能动用本金，这样就会导致本金越来越少。随着长寿时代的来临，老龄化、少子化的程度加深，老龄化、少子化加剧了利率下行的风险。财富缩水，这是目前处于低利率水平阶段的日本、韩国和欧美国家不得不面对的问题。所以说，人生下半场，我们真的能做到长期主义吗？未来的经济环境和财富规划，是否基于全生命周期呢？

借智历史，资管时代财富管理

美国资产配置转型

2008年美国金融危机席卷全球，整体经济放缓，中国的海外市场因此受到影响。同时，中国的劳动力成本上升，部分供应链外溢到东南亚国家。产业投资的收益下滑，资本更多地流向房地产和金融领域。在刚性兑付的理财文化下，很多个人选择将钱放在银行，或者选择信托等理财产品。

从中美两国家庭资产配置情况来看，美国家庭资产配置相对平衡，房地产和保险所占的比例最大，均为24%，存款和股票分别占13%和7%，这种平衡的配置可以保证有足够的现金流来应对未来的风险问题（见图8-11）。

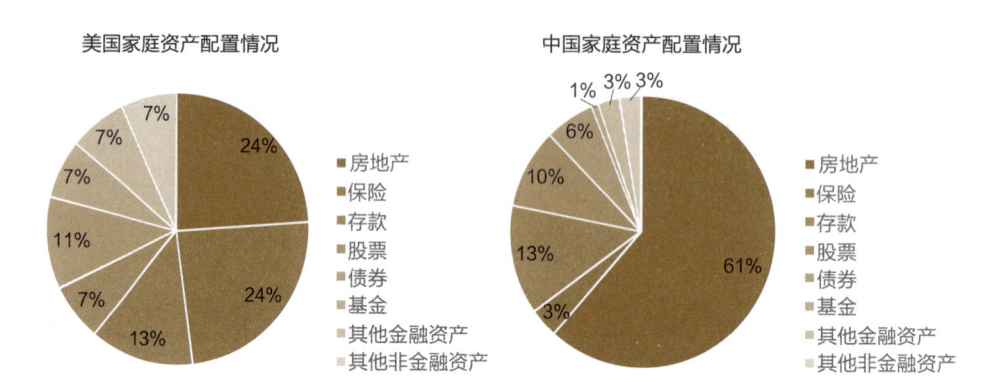

图 8-11：中美两国家庭资产配置情况对比（资料来源：Wind，国盛证券研究所）

在中国，房地产在家庭资产中所占的比例最大，存款所占的比例为13%，与美国相同。保险仅占3%，是美国的1/8。房地产所占的比例过高，在房地产市场经济不景气的情况下很难兑现现金。一项资产的好坏不取决于当前的购买价格，而取决于将来急需时是否能快速变现。

美国家庭资产配置的金融资产远超非金融资产。相比于房地产，美国家庭更倾向于将资产配置于金融资产之中，而且相比于现金、活期存款和定期存款，它们更倾向于配置股票、基金、保险等资产。

美国居民资产配置结构经历过从房地产到金融资产的转变。从美国居民资产配置增量来看，将新增资产配置到房地产的比重持续下降。股票、基金、保险以及养老金的配置占比逐步扩大，特别是20世纪80年代前后出现了明显的上升。20世纪80年代前后，美国居民在资产配置的选择上发生了明显的变化，从房地产逐渐偏向于股票、基金等金融资产（见图8-12）。

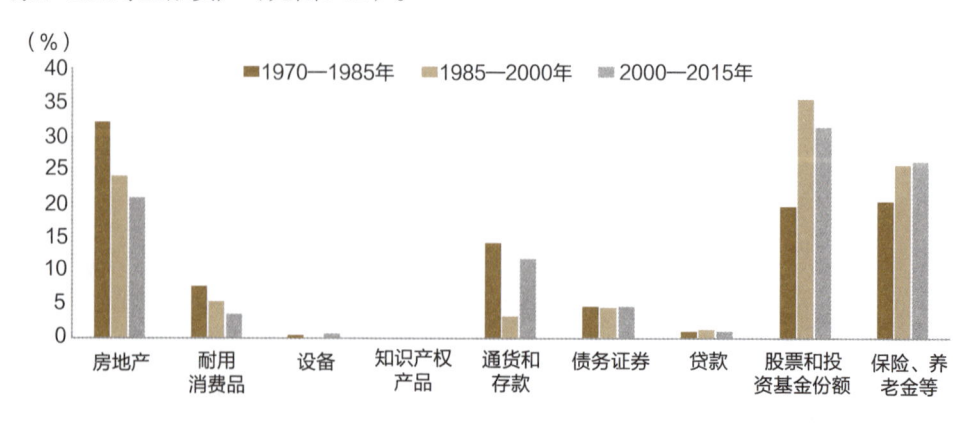

图 8-12：美国居民资产配置增量转型（资料来源：Wind，海通证券研究所）

日本资产配置转型

二战以后，日本经历了经济恢复、增长、衰退，又在近三十年经历了被称为"衰退的三十年"，日本的人口结构对其经济现状有很大的影响。人口和人力资本是一个国家创新、科技发展和消费的重要经济要素，超高的老龄化、少子化和低利率水平，让这个国家越发缺少创新、创业和消费的动力。

1985年，为了解决贸易失衡问题，美国力促日本签订《广场协议》，导致日元持续升值，日本出口受到重创。1986年，日本实际GDP增速由1985年的6.2%降为3.2%。同时，日本人口结构变化与成本增加使得日本产业向人力成本更廉价的东南亚转移[1]。为了刺激经济增长，日本政府将刺激政策的重心转向扩大内需。1986年日本央行制定《前川报告》，旨在实施扩张性金融政策；1987年签署《卢浮宫协议》，日本承诺保持扩张性财政与货币政策以刺激内需，减少贸易顺差。20世纪80年代前后，迫于美国压力，日本与美国共同设立"日美间日元美元委员会"，开启了日本金融自由化之路（见图8-13）。

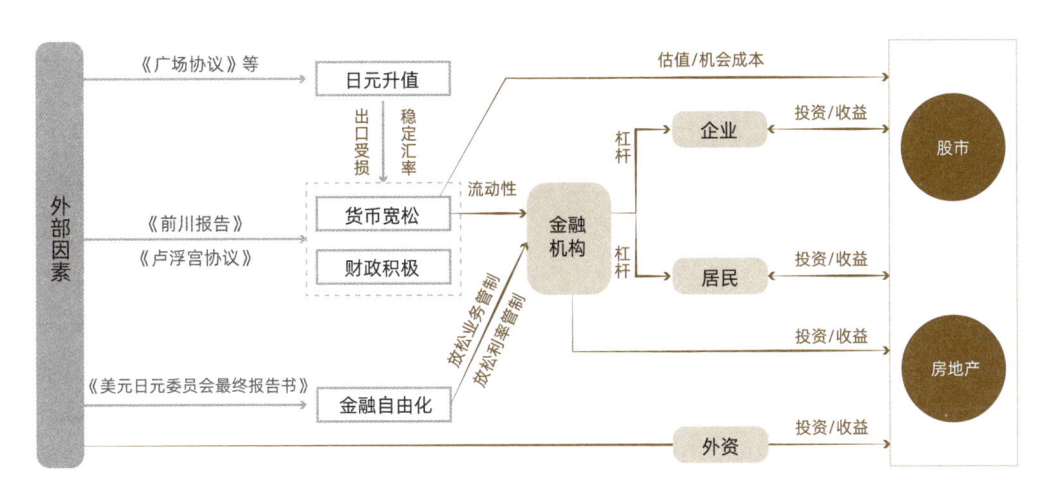

图8-13：日本泡沫经济催生结构图（资料来源：华泰研究）

由此，日本加速进入资产泡沫时期。持续低利率导致加杠杆，刺激经济有所恢复。无论是企业端还是居民端，贷款都有增加。全民加杠杆炒股炒房，热钱涌进日本本土市场，这导致日本资产价格上涨，如东京房价指数累计上涨80%。据民间流传，当时东京土地价格被炒到可以卖掉东京买下整个美国的水平。

---
[1] 《日本资产负债表衰退的成因与启示》，华泰固收。

过热随后即是寒流，日本快速收紧了货币与土地政策，资产泡沫被刺破。随后，日本进入通缩阶段。日本政府开始推出刺激政策，经济学家辜朝明（Richard C. Koo）提出"资产负债表衰退"理论[1]：资产泡沫破裂导致日本企业、居民的资产大幅缩水而负债不变，不仅丧失了大笔财富，同时其资产负债表也陷入困境。资不抵债促使市场主体由"利润最大化"转为"负债最小化"，资金负需求意味着企业即使在零利率条件下，也会专心偿债而不愿新增债务（见图8-14和图8-15）。

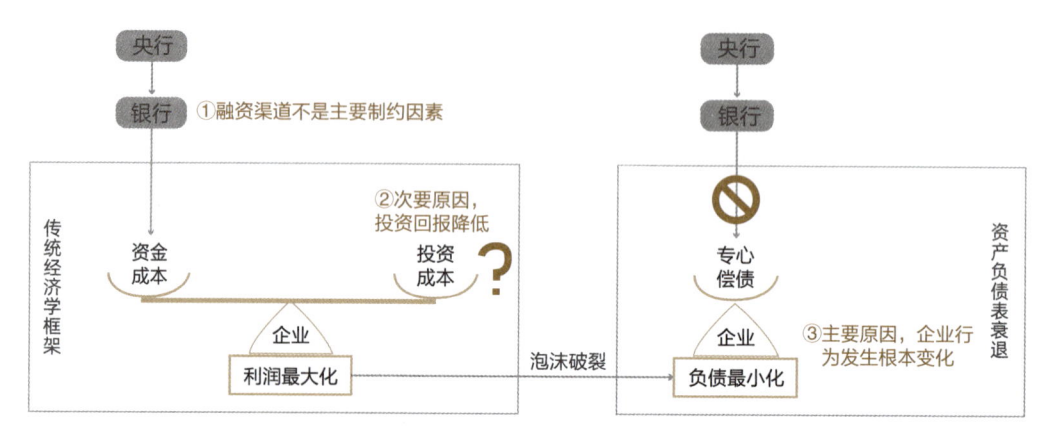

图8-14：日本货币政策失灵探讨（资料来源：华泰研究）

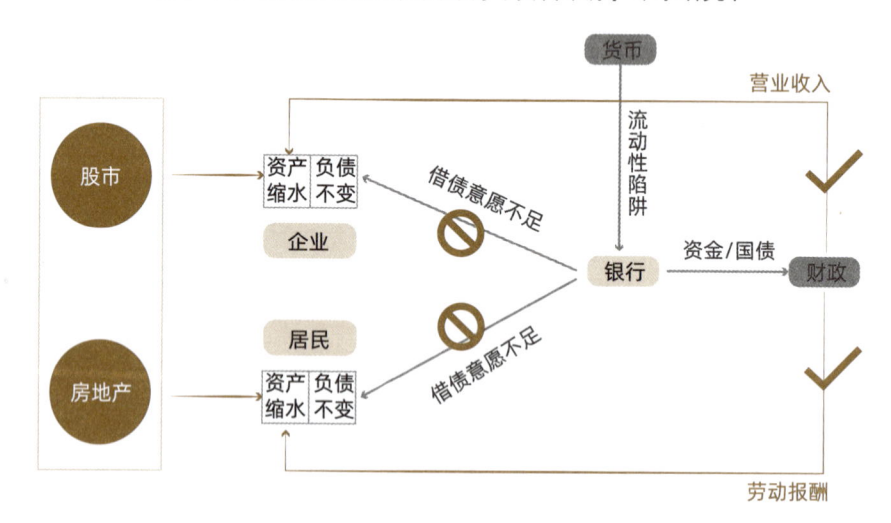

图8-15：资产负债表衰退成因（资料来源：华泰研究）

---

1 《大衰退：如何在金融危机中幸存和发展》，[美]辜朝明（Richard C. Koo）著。
《大衰退年代：宏观经济学的另一半与全球化的宿命》，[美]辜朝明（Richard C. Koo）著。

日本居民资产配置结构的改变源于20世纪90年代房市和股市的下跌。20世纪90年代房地产泡沫破裂，日本房价持续下跌，1991年至2018年跌幅高达66%。非金融资产大幅缩水，使得居民转向增配金融资产，同时原来持有的房地产和土地价值也大幅缩水。日本房地产泡沫破裂的1990年也是日本劳动年龄人口占比达到顶峰，开始进入快速人口老龄化的年份。此后，日本房价、地价一蹶不振。

通过1994年和2017年日本居民资产配置分布对比可以看到，日本居民的非金融资产占比在减小，流动性更强的现金与存款，投资型的股票、基金，以及为自己长期规划的养老保险等金融资产占比在增加（见图8-16）。

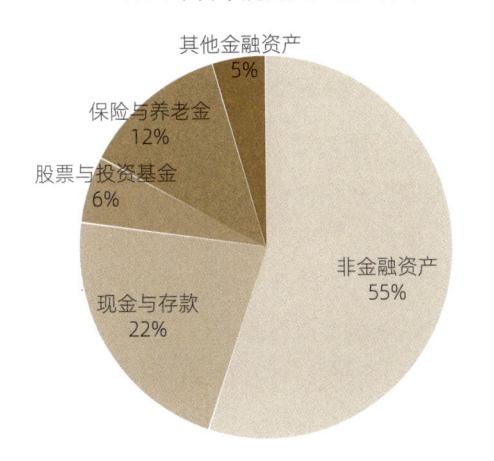

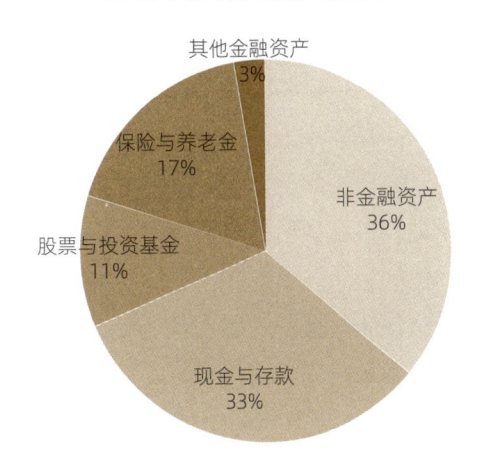

图 8-16：1994 年和 2017 年日本居民资产配置分布对比
（资料来源：Wind，海通证券研究所）

日本居民的金融资产占六成以上，金融资产中有一半为现金与存款。具体来看，日本居民偏好低风险资产，持有的现金与存款和保险与养老金类资产占比分别为33%、17%，而股票与投资基金和其他金融资产占比分别为11%和3%。相比股票与投资基金等高收益、高风险的资产，日本居民更偏好配置低收益的稳健型资产。

20世纪90年代以来，日本居民的资产配置偏好从房地产转向金融资产。1994年日本居民资产配置中非金融资产的占比为55%，其中大部分为房地产资产。而1994年到2017年，日本居民大幅增配金融资产，其中现金与存款、股票与投资基金、保险与养老金的比重纷纷提升（见图8-17）。

日本居民资产配置历史变化(1994年 VS 2017年)

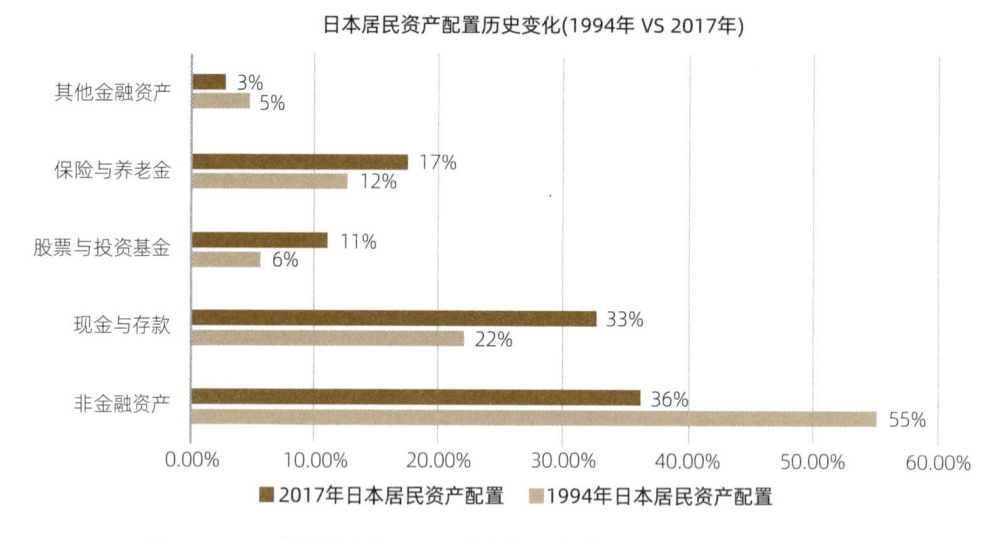

资产类别	2017年	1994年
其他金融资产	3%	5%
保险与养老金	17%	12%
股票与投资基金	11%	6%
现金与存款	33%	22%
非金融资产	36%	55%

图 8-17：日本居民资产配置历史变化（资料来源：海通证券研究所）

1992年日本大藏省[1]对银行资产负债表进行评估，土地被视为信用价值的基础。当时日本的银行向企业提供长期贷款时，大多需求以土地作为抵押。在泡沫经济时期，土地价格大幅攀升，银行基于通胀后的土地价格向外贷款。当经济下行时，政府低估了后续房价、土地下跌的影响，银行面临坏账损失，政府对金融系统危机的认识和把握不足衍生了金融系统性危机。房地产泡沫破裂与人口结构拐点重合，人口问题造成总需求萎缩，老年人的消费能力往往不如年轻人。在老龄化的社会，耐用消费品和住宅属于容易过剩的商品。

日本《朝日新闻》采访组的调查报告揭露了日本老龄化现状下的不动产困境，被命名为——负动产时代。日本的人口结构呈倒金字塔状，老年人远多于年轻人。同时，年轻人又倾向于聚集在东京这类大城市中生活，从而导致日本地方城市和

---

[1] 大藏省（來大藏泊省，頭おお櫞くらしょう）是日本自明治维新后直到2000年期间存在的中央政府财政机关，主管日本财政、金融、税收。2001年1月6日，中央省厅重新编制，将大藏省改制为财务省和金融厅（主要负责银行监管）。

根据《大藏省设置法》规定，其主要职权如下：

（1）负责编制国家预算草案，管理预算开支；
（2）制定税收政策和税收具体方案；
（3）制定财政投资计划，发行国债，管理国库、国有财产，发行纸币；
（4）监督国家各级金融机构，制定对外汇兑政策等；
（5）制定国家财政政策。

大藏省不仅在金融、财政及税收上起主导作用，而且在制定国家财政政策上也占有重要地位。

城市郊区活力不足，房产供大于求。当资源供给大于需求时，房产就会面临无人问津、被空置和舍弃的问题，房产更没有增值和升值的空间，房屋持有人背上了"税""费"负担，房产成为"负动产"[1]。

中国资产配置现状

我国居民的财富过于集中在房地产，而股票、基金及保险的配置偏低。与美国、日本、韩国相比，我国居民的财富呈现出过于集中配置在房地产的特征，占比高达70%。未来我国居民资产中房地产的比例将趋降。一方面，随着人口红利见顶，住房需求将下滑。我国上一次人口出生高峰在20世纪80年代后期，劳动年龄人口数量在2013年见顶，这意味着住房需求高峰已经见顶，而近年来我国新出生人口下滑，增量瓶颈凸显，这意味着从人口来看，住房的刚性需求将持续下滑。

另一方面，在"房住不炒"的理念下，政策开始不再刺激地产增量发展，房价增长也将回归合理区间。中国银行行长刘金指出，中国将迎来个人资产从实物资产向金融资产转变的高峰。结合中国发展阶段的现状，非金融资产占比会随着国家政策、人口结构的改变与市场经济的发展规律逐步减小。更多的资金会流向金融类资产，实现流动性、收益性和安全性的组合配置。

资管新规时代

非金融资产中的房地产由于投资门槛高、流动性弱，以及国家政策导向等因素，不是普遍的资产配置选择。在现阶段我国城市家庭金融资产配置中，占大比重的是银行存款、理财产品，股票、基金、保险、债券等的占比不足一半。

银行储蓄利率低，在通货膨胀下，不但难以增值，而且很有可能贬值。股票的风险与收益正相关，是风险偏好者的选择，对于保守的人不是很适合。近些年，国内的银行理财、信托理财等这类理财通道，由于门槛低、风险低、收益尚可，成为很多人的选择。从资管规模来看，银行理财和信托理财的规模位居国内资管类型的前两名，是投资者重要的金融资产配置选择。

---

1 《负动产时代》，日本《朝日新闻》采访组 著。

资管新规时代的银行业

银行理财在刚性兑付文化机制下吸引客户,但同时也给银行带来极大的兑付压力。银行业需要通过高收益、高流动性来吸引更多的客户资金,形成了一种负重前行的高压模式。

银行是如何实现高收益、高流动性的呢?底层逻辑是:银行的产品吸引客户资金,银行需要从高收益的产品和投资资产中赚取利差。高收益的产品具备什么特征呢?高风险匹配高收益,长期性牺牲流动性,由此带来高收益。银行实现高收益、高流动性就需要建立资金池,资金流入和流出都在资金池中操作,当资金流出时,银行兑付客户收益就通过池子的流动性来实现。这种模式被称为"银行的期限错配",这也是系统性风险累积的原理。

在资管新规发布前,银行理财业务在不受监管指标约束的情况下,将银行资产负债表的表内业务与表外业务密切联系,来自不同产品端的理财资金沉淀为资金池,通过期限错配实现客户资金的流动性(见图8-18)。

图8-18:在资管新规发布前,理财业务不受监管指标约束,与表内业务联系密切[1]

当风险发生时,银行选择的亏损的投资资产无法刚性兑付,银行会通过资金池的运作,借新换旧,发行新产品兑付到期的老产品。前一批老客户本来是亏损的差额由新进入的资金暂时填补,最后给客户的还是保本的结果。或者在一定情况下,银行周转其他资金救急。这样银行自身就承担了很大的风险,随着资金规模的扩

---

[1] 资料来源:《超级资管:中国资管业的十倍路径》,乔永远、孔祥 著。

大，银行总有一天会因风险破裂而导致不堪重负，这就为金融系统性风险埋下了暴雷隐患。

银行理财模式的产生与运作，底层土壤来自经济下行压力，存款利率降低，利息无法跑赢通货膨胀。从需求端来看，个人投资者需要理财，实现保值、增值，追求较高收益，银行理财产品、信托（类银行）产品应运而生。刚性兑付文化、资金池、期限错配、同业渠道融资成为资产与资金匹配的形式和助力。

从供给端来看，2008年金融危机后，全球经济放缓。中国在全球经济中的主导是制造加工业，2010年中国人口红利达到峰值，随后进入下行阶段，中国在全球产业链的劳动力成本优势减弱，制造业等实体行业投资收益率下降，资本流向房地产和金融等领域。随着经济下行压力凸显，2009年推出"四万亿"刺激计划，基建、房地产等项目陆续开展，导致经济过热、房价上涨、资产泡沫膨胀。政府管控措施要求严格限制地方政府举债和地方融资，房地产与地方融资平台等表内贷款受限。然而，投资建设在期的项目需要持续资金输血，从一个项目开始，融资周期至少五年左右。相关项目的融资需求仍在，开始了就不容易撤出。因此，金融机构通过应收账款买卖、股权注入和回购、信托贷款、委托贷款等各种方式为房地产企业与地方融资平台融资，形成金融资产，"非标准化债权"（简称"非标"）产生。

商业银行从个人理财者吸纳理财资金，并将理财资金配置在"非标"资产上，以资金池运作，通过期限错配、滚动发行，实现刚性兑付，维持产品和平台的信用，维护与客户的信任关系，并给客户提供高利率，满足客户追求收益的理财需求。信托公司与银行的合作加深，银行通过信托公司实现间接给房地产企业与地方融资平台发放贷款（见图8-19）。

2018年4月，《关于规范金融机构资产管理业务的指导意见》由中央银行、银保监会、证监会、外汇局联合发布。发布的一系列相关文件被称为"资管新规"，其目的在于对金融系统性风险进行管理和化解。

对于银行业来说，过去银行的理财产品实行刚性兑付，即保本理财，客户买的理财产品是"预期收益型"的。银行理财不同于银行储蓄，属于表外业务。银行通过资金池管理和滚动发行产品，这样通过理财产品进入银行的资金对银行来说是负债，银行的负债规模持续扩张，资金池模式低估了资本的滚动风险，增加了系统性风险。

在资管新规框架下，消除金融各行业和同业的多层嵌套和通道。打破刚性兑付，由预期收益型转为净值化管理。对资金池的错配和流动性也有严格的管理要求。

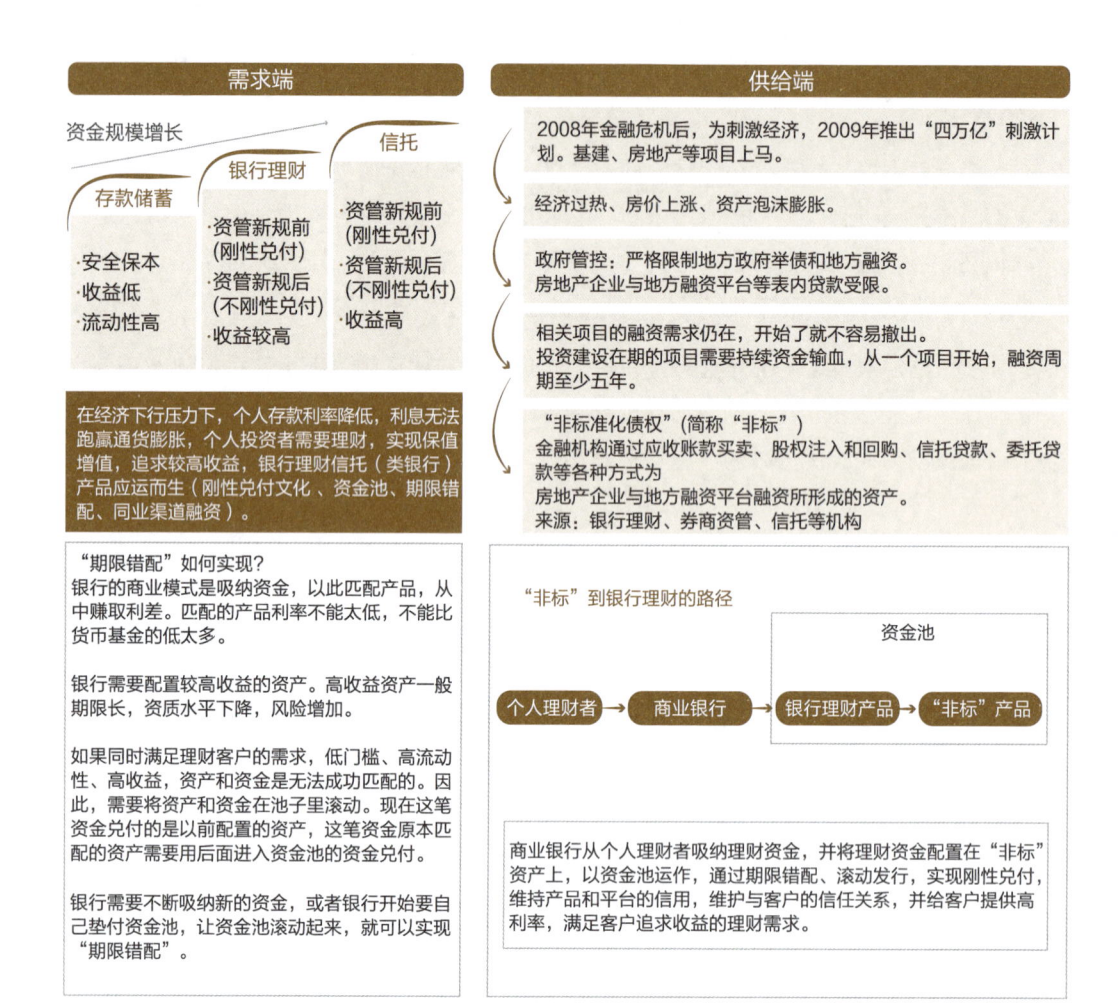

图 8-19：在市场需求端与供给端的作用下，银行理财"非标"产品的产生逻辑

需求端

资金规模增长

- 存款储蓄
  - 安全保本
  - 收益低
  - 流动性高
- 银行理财
  - 资管新规前（刚性兑付）
  - 资管新规后（不刚性兑付）
  - 收益较高
- 信托
  - 资管新规前（刚性兑付）
  - 资管新规后（不刚性兑付）
  - 收益高

在经济下行压力下，个人存款利率降低，利息无法跑赢通货膨胀，个人投资者需要理财，实现保值增值，追求较高收益，银行理财信托（类银行）产品应运而生，（刚性兑付文化、资金池、期限错配、同业渠道融资）。

"期限错配"如何实现？

银行的商业模式是吸纳资金，以此匹配产品，从中赚取利差。匹配的产品利率不能太低，不能比货币基金的低太多。

银行需要配置较高收益的资产。高收益资产一般期限长，资质水平下降，风险增加。

如果同时满足理财客户的需求，低门槛、高流动性、高收益，资产和资金是无法成功匹配的。因此，需要将资产和资金在池子里滚动。现在这笔资金兑付的是以前配置的资产，这笔资金原本匹配的资产需要用后面进入资金池的资金兑付。

银行需要不断吸纳新的资金，或者银行开始要自己垫付资金池，让资金池滚动起来，就可以实现"期限错配"。

供给端

2008年金融危机后，为刺激经济，2009年推出"四万亿"刺激计划。基建、房地产等项目上马。

经济过热、房价上涨、资产泡沫膨胀。

政府管控：严格限制地方政府举债和地方融资。房地产企业与地方融资平台等表内贷款受限。

相关项目的融资需求仍在，开始了就不容易撤出。投资建设在期的项目需要持续资金输血，从一个项目开始，融资周期至少五年。

"非标准化债权"（简称"非标"）
金融机构通过应收账款买卖、股权注入和回购、信托贷款、委托贷款等各种方式为
房地产企业与地方融资平台融资所形成的资产。
来源：银行理财、券商资管、信托等机构

"非标"到银行理财的路径

资金池

个人理财者 → 商业银行 → 银行理财产品 → "非标"产品

商业银行从个人理财者吸纳理财资金，并将理财资金配置在"非标"资产上，以资金池运作，通过期限错配、滚动发行，实现刚性兑付，维持产品和平台的信用，维护与客户的信任关系，并给客户提供高利率，满足客户追求收益的理财需求。

资管新规时代的信托业

我国的信托模式主要是融资贷款业务的类银行模式。信托资金主要被用来投资房地产、工商企业、基础产业、金融机构和证券市场的产品。截至2021年第二季度末，资金信托规模为15.97万亿元，从资金信托在五大领域的占比来看（见图8-20），占比从高到低分别是工商企业（30.00%）、证券市场（17.52%）、基础产业（13.42%）、房地产（13.01%）、金融机构（11.97%）。

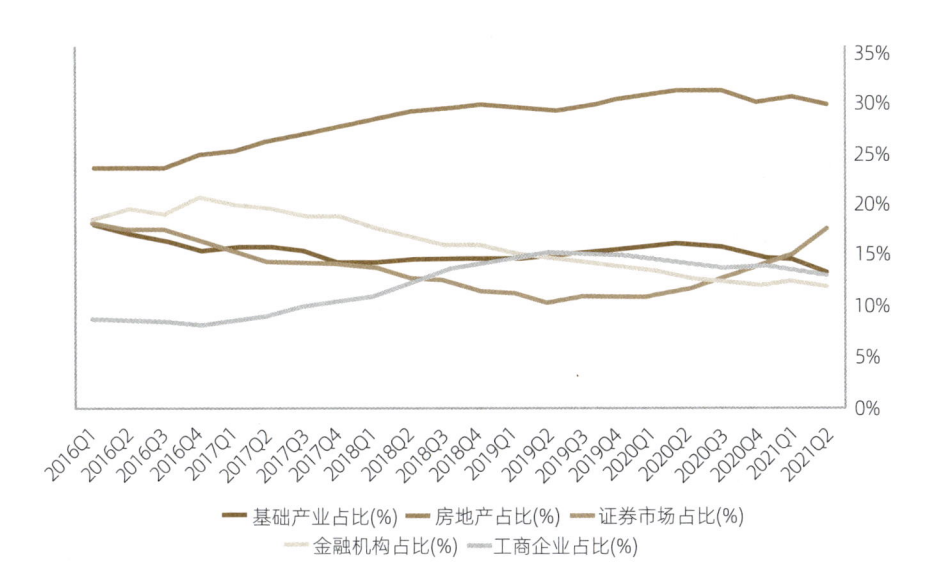

图 8-20：资金信托按投向分类的规模及增长情况（资料来源：中国信托业协会）

信托公司的核心业务形式为债券融资，信托业务中的融资贷款是我国信托很重要的构成。由于刚性兑付文化的存在，信托公司的债权融资类似于银行信贷。对于需要融资的企业而言，相比债券融资和银行贷款，信托融资成本更高，信托公司在赚取资产和资金的管理利差后，信托的投资理财客户能够获得的收益率比银行和国债的更高（见图8-21）。

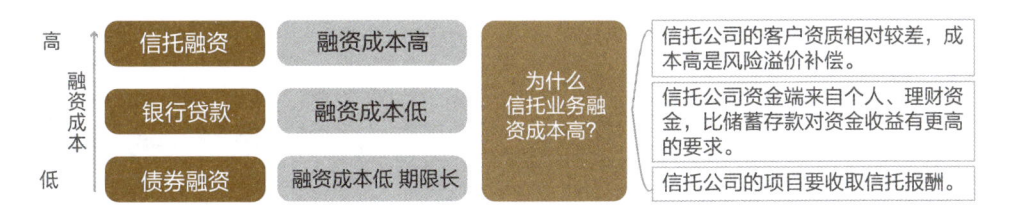

图 8-21：信托融资成本对比分析

但近几年信托产品的预期收益率在逐步降低。2012年前后，信托产品的收益率能达到12%左右。2016年前后，信托产品的收益率降至7%左右。随后2018年、2019年回升至8%左右。2020年以来，信托产品的收益率再次降至7%左右。

基于经济和金融的联动性、资产和资金的配套模式，信托业务发展呈现很强的周期性。信托业务周期与宏观经济增速、货币政策以及监管政策因素有密切关系[1]（见图8-22）。

信托资金主要被用来投资房地产、工商企业、基础产业、金融机构和证券市场

信托业务的周期性因素

GDP增速	M2增速	监管政策
房地产、基础设施、工商企业	货币政策： 宽松货币政策，社会闲置资金充沛，利于信托业务增长。 紧缩货币政策，资金端缩水，不利于信托规模扩大。	宽松利好政策，易于信托业务增长。 监管严格，增长放缓。

图 8-22：影响信托业务发展的因素

信托融资不受银行信贷相关监管政策要求的制约，可以大力参与房地产、融资平台等银行被限制的领域。信托公司的客户主要是在银行、债券市场无法获得融资的企业客户，这类客户风险相对较高（见图8-23）。

信托公司	银行	证券公司	保险公司
·可进行放贷业务 ·债券承销(投行业务) ·允许进行股权投资 具备银行和证券公司的双重属性，打通了股债双重通道。	·可进行放贷业务 ·不允许进行股权投资	·允许进行股权投资 ·不允许发放贷款	·允许进行股权投资 ·不允许发放贷款

信托资产　银行理财产品　券商资管
通道业务　　　　通道业务

为什么信托业务融资成本高？

信托公司的客户资质相对较差，成本高是风险溢价补偿。

信托公司资金端来自个人理财资金，比储蓄存款对资金收益有更高的要求。

信托公司的项目要收取信托报酬。

·信托公司的核心业务形式为债券融资，由于刚性兑付文化的存在，信托公司的债权融资类似于银行信贷
·信托融资不受银行信贷相关监管政策要求的制约，可以大力参与房地产、融资平台等银行被限制的领域
·信托公司客户主要为在银行、债券市场无法获得融资的企业客户，这类客户风险相对较高

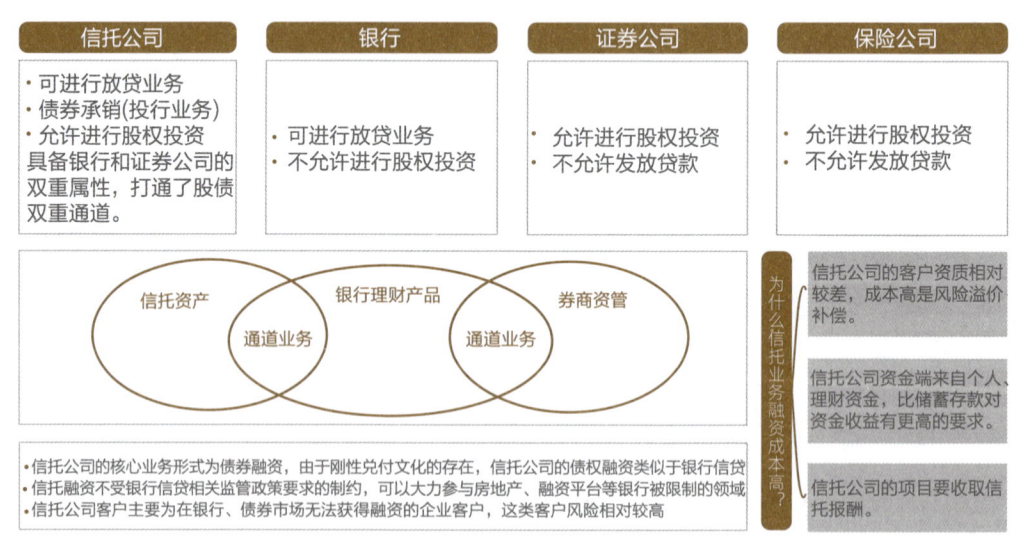

图 8-23：信托公司、银行、证券公司、保险公司的业务范围与通道业务

1　《资管新时代与信托公司转型》，袁吉伟 著。

自资管新规发布以来，信托业步入转型阶段，信托资产规模2017年第四季度达到拐点，随后持续下滑。由于我国经济下行压力大，银行、信托公司、证券机构的通道业务和多层嵌套积压系统性风险，传统的信托业务模式和高收益、高流动性的现状难以为继。

信托业务的转型可以在财富管理上发力创新，例如家族信托、保险金信托、养老金信托、慈善信托等。从财富管理方面来看，第一代创业者逐步进入退休年龄，需要实现家族财富的有序传承和延续，高净值人群对财富传承更加看重，避免出现"富不过三代"的问题。

信托产品的风险净值分析

在投资理财过程中，往往信托产品的收益率是人们关注的对象。在宏观经济环境越来越充满不确定性的资管新规时代，除了关注收益水平，更应该结合风险水平分析投资产品的底层资产。对信托产品的基础调研和分析很重要，其中包括：

① 投资理财产品的投资标的，底层资产是什么？

② 投资形式是债券还是股权？

③ 信托公司在投资环节的角色是什么？是渠道还是集团公司发布的产品？承担什么风险？对客户利益担负什么责任？

④ 投资标的资金的用途是什么？投资行业前景和增长率是怎样的？

⑤ 宏观经济、政策、人口等综合因素对标的的影响情况如何？

风险与收益的相关性决定了投资环节的尽职调查要更加严谨和审慎，投资者在追求高收益的同时做好其他资产和理财方式的配置，对冲风险也是可取的策略。

资管新规时代的保险资管业

保险资管模式

保险公司的保费收入最初由其内部的投资部门或财会部门管理。由于团队专业化限制，保险资金的收益率普遍不高，后来保险公司开始委托基金公司、资产管理公司帮忙打理保险资金（见图8-24）。

对于大的保险公司来说，委托管理的资金规模巨大，相应的管理成本也高，因此其设立了独立资产管理公司，以此来实现收益率水平和管理成本的平衡。截至2019年，我国已有保险资产管理机构35家，管理资产规模为18.11万亿元。与之相对应的保险机构已达240家，包括保险集团公司、人身险公司、财产险公司、综合性保险资产管理公司和专业保险资产管理机构。保险资产管理机构数量相对保险机构的总量明显较少，这意味着大多数保险机构的资管业务以内部资管部门和第三方委托为主要投资方式。

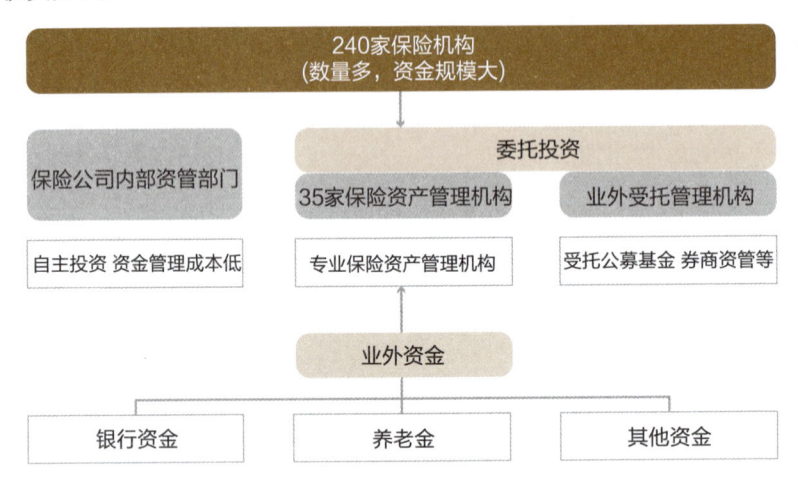

图8-24：保险机构的保险资产管理渠道

保险资管大类资产配置

保险资管业服务实体经济的方式分为直接融资和间接融资。在直接融资方面，保险资金以银行存款方式直接服务实体经济；在间接融资方面，保险资管业通过股票、投资债券等对实体经济直接融资。保险资金的资产配置范围包括：债券、银行存款、股票、投资基金、其他类投资（包括基础设施债权投资计划、不动产投资计划、股权投资计划、融资类信托、未上市股权类信托、银行理财等）。

基于保险资金的长期性和低风险偏好，银行存款和债券历来占据较高的比例。其次是股票、投资基金，这类投资资产属于高风险、高收益，配置占比相对较低。其他类投资包括保险债权投资、长期股权投资、其他金融产品和不动产等。

不同资产管理产品的收益是不同的，对应的权益也不同（见图8-25）。保险资管给予不同的组合相应的权重，其对资金安全和收益的关注度更高，但组合的前提是要保证一定的收益率。

国内保险资管产品收益表现

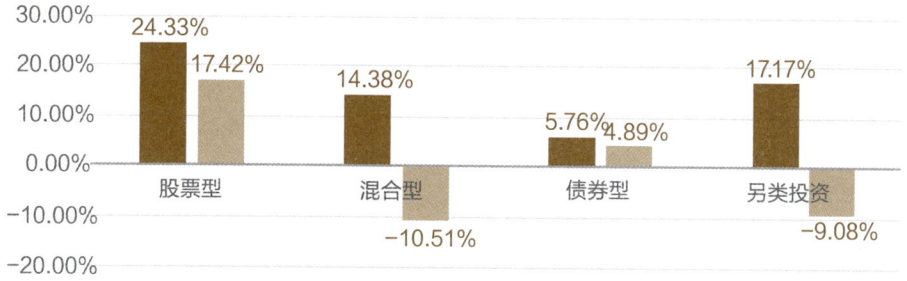

类型	2019年化收益率（平均）	2018年化收益率（平均）
股票型	24.33%	17.42%
混合型	14.38%	−10.51%
债券型	5.76%	4.89%
另类投资	17.17%	−9.08%

图 8-25：国内保险资管产品收益表现（资料来源：麦肯锡，截至 2019 年 11 月）

保险公司安全性

认识到保险公司的安全性有什么意义？这有助于提升在管理财富、风险时每个客户的财商、专业知识和对金额工具选择的基础认知，这个问题与法商知识紧密相关。从保险业安全机制的角度探讨，有助于系统了解保险公司和保险资金的安全机制。保险公司的安全机制分为保险公司设立阶段、保险公司经营阶段、安全垫、偿付能力与风险再保、资金运用管理，以及保险公司破产与转让阶段这几个环节（见表8-2）。

表8-2：保险公司的安全机制

具体的环节	具体方式	详情
保险公司设立阶段	设立标准严格	设立保险公司应当经国务院保险监督管理机构批准。参见《中华人民共和国保险法》（下面简称《保险法》）第六十七条、第六十八条
	注册资本雄厚且必须实缴	设立保险公司的注册资本至少为2亿元，且必须为实缴货币资本。参见《保险法》第六十九条
保险公司经营阶段	公司经营与监管严格	保险公司应当按照规定，定期报送偿付能力报告、财务会计报告、合规报告等。 偿付能力严重不足的，国务院保险监督管理机构可实施监管。 依法被撤销或被依法宣告破产的，其持有的人寿保险合同及责任准备金必须转让给其他经营有人寿保险业务的保险公司，并保障客户权益。参见《保险法》第八十六条、第九十二条、第一百三十八条、第一百四十五条

续表

具体的环节	具体方式	详情
安全垫	保证金制度	保险公司应当按照其注册资本总额的20%提取保证金，存入国务院保险监督管理机构指定的银行，除公司清算时用于清偿债务外，不得动用。参见《保险法》第九十七条
	责任准备金制度	保险公司应当根据保障被保险人利益、保证偿付能力的原则，提取各项责任准备金。参见《保险法》第九十八条
	公积金制度	保险公司应当依法提取公积金。参见《保险法》第九十九条 （公积金：每年提取当年利润的10%，当累计达到注册资本的50%后，可不再提取。）
	保险保障基金制度	保险公司应当缴纳保险保障基金，并按国务院规定在保险公司被撤销或者被宣告破产时，向投保人、被保险人或者受益人提供救济；向依法接受其人寿保险合同的保险公司提供救济。参见《保险法》第一百条
偿付能力与风险再保	偿付能力监管制度	保险公司应当具有与其业务规模和风险程度相适应的最低偿付能力，一般不得低于100%。低于规定数额的，应当按照国务院保险监督管理机构的要求采取措施补足。参见《保险法》第一百零一条
	再保险制度	保险公司对超过最大损失范围所承担的责任的部分，需要办理再保险。参见《保险法》第一百零三条
资金运用管理	保险资金运用监管制度	保险公司的资金运用必须稳健，遵循安全性原则。其投资范围与比例受银保监会的严格监控。参见《保险法》第一百零六条、《保险资金运用管理办法》第十六条
保险公司破产与转让阶段	破产与转让制度	经营有人寿保险业务的保险公司，除因分立、合并或者被依法撤销外，不得解散。经营有人寿保险业务的保险公司被依法撤销或者被依法宣告破产的，其持有的人寿保险合同及责任准备金，必须转让给其他经营有人寿保险业务的保险公司。参见《保险法》第八十九条、第九十二条

保险公司的偿付能力充足率分为三档：低于100%的一档；100%～150%的一档；

150%以上的一档。《保险法》要求，如果低于100%，就要受到银保监会的严格监管。在实际操作过程中，当低于120%时，银保监会就会加强关注。有的保险公司的偿付能力充足率高达300%或以上，这也并不是好事，当偿付能力充足率过高时，意味着资金运用效率不高，资管能力和效率需要提高。根据《保险资金运用管理办法》和其他相关规定，保险资金的投资范围应当被严格限定在框架之中，并且各类别还有资产的限制比例。

《保险资金运用管理办法》第六条　保险资金运用限于下列形式：

（一）银行存款；

（二）买卖债券、股票、证券投资基金份额等有价证券；

（三）投资不动产；

（四）国务院规定的其他资金运用形式。

保险资金从事境外投资的，应当符合中国保监会、中国人民银行和国家外汇管理局的相关规定。

《保险资金运用管理办法》对资金运用的要求目的是防范系统性风险，不把鸡蛋放在一个篮子里，在保证安全性的同时，也适当提升收益率。保险资金的平均投资收益率区间为3.3%~6.3%，虽然权益类资产的投资收益率上限是30%，但大多数保险公司的权益类资产投资的平均占比为15%。

综合来看，从保险保障基金，到再保机制，再到保证金、责任准备金和公积金，是国家为保险公司设立的一层层安全垫。保险公司对冲风险的方式是内部做好充足的资金准备，抽取一部分收入和利润留存起来，在极端赔付事件中保证有足够的现金流可动用。

第 9 章
传承：基业长青与永续经营

传承的普世价值

在一次活动中，分享嘉宾让听众写下：如果知道自己会在12个月以后离开人世，会做些什么？其中一位嘉宾是一个企业管理者，也是一位父亲，他诚恳地分享，在他这个年龄，领略了大自然的风景，经历过年轻的焦虑、迷茫，他希望在有限的人生里做两件事：一是在企业里培养和孵化出一支高效能团队，一支能够传承他的管理理念和价值观的人才梯队；二是希望子女能够"接班"，继承自己吃苦耐劳和奋斗的拼搏精神。这是一个普通职业人士，也是一位父亲的传承愿景与期待。可见，传承并不是富人专属的问题，任何一个家庭，在子女长大后进入社会和构建小家庭的过程中，都会面临传承的问题。传承既是家庭或家族精神文明与文化的传承，也是财富、圈子与价值的传递。

中国古人讲"修身、齐家、治国、平天下"。"家"与"国"是个人价值的两极目标，经营好家庭，才能更好地为社会与国家创造价值。只有把家庭治理作为国家治理体系的基本单元，才能将每一个个体纳入国家治理的大格局中。"家"是中国儒学的基础细胞，因而传承的基础也更多地来自家学与家训，一个家庭自身发展过程中沉淀的文化与教育理念。

曾国藩在家学与家族治理上，算是历史上重要且成功的践行者。曾国藩笔耕不辍地写家书，以及与家族的往来信函、日记等，都成为其子孙后代的治家理念与文化。其外孙聂云台著有《保富法》，其核心价值也是对曾国藩的处世、为人之道的传承。聂云台在接触了与曾国藩同时代的一批做大官的人，如李鸿章、左宗棠等人后，对这些做官的人的家庭也很熟悉，他看到了一些家庭由兴转衰的过程。第一代人做官、经商发财，第二代家破人亡。当然，也有一些家庭兴旺发达，子孙后代人才频出，延续了上一代的财富与社会地位。从曾国藩与聂云台的保富观来看，财富是物质财富与精神财富的结合。物质财富会经历时间的考验与历史的兴衰更替，但精神财富是抗周期的，具备复利效应。时间越是久远，越是能够沉淀出价值，真正能够被传承和庇荫子孙的定是精神财富。

新制度经济学的创始人罗纳德·科斯（Ronald H. Coase）曾探讨：企业为什么会存在？其在著作《企业的性质》中提出企业的存在是为了降低交易成本。而管理大师彼得·德鲁克主张，用同样的资源创造出更多、更好的财富，包括物质财富和精神财富，并且企业经营者要创造价值，履行社会责任，这是德鲁克先生定义的企业家的责任与使命。当然，企业家是一个具备更大影响力的个体，普通人在自己有限的能力范围内有各自应履行的责任与使命。企业与背后的企业家群体在商业中创造财富和价值的奋斗历程，也是其传承"修身、齐家、治国、平天下"儒家精神的过程。

财富管理的认知

在财富管理的细分主题上，在谈投资、理财时，我们思考什么？面对林林总总的投资理财选择，我们要知道，金融的本质是社会、企业的融资，是对社会资产流转和增值的一个选择、配置的过程。

我们需要认识到，收益性、风险性和流动性这三个金融属性是金融资产的特性，三者之间是一个权衡的过程（见图9-1）。收益性与流动性负相关，金融资产的流动性越强，则收益性越低。收益性与风险性正相关，金融资产的风险性越大，则收益率越高。三者难以同时满足，需要在权衡和平衡中制定策略，找到定位。在不同的投资阶段，如天使轮、VC阶段、PE阶段、二级市场/信贷融资，带来的收益性、风险性和流动性是不同的。选择和权衡，是投资理财的核心。

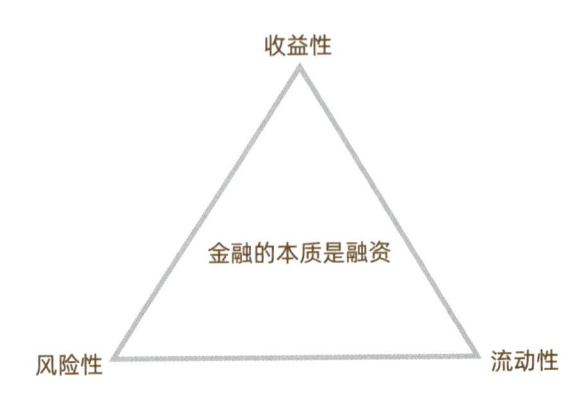

```
        收益性


    金融的本质是融资


风险性           流动性
```

图9-1：金融的三个属性

在投资理财方面，对投资理财者的风险承受能力进行了等级划分。风险承受能力是指一个人承担风险等级的能力，取决于个人在投资理财时可以承受多大的本金亏损。风险承受能力分为五个等级，从低到高分别是：A1（保守型）、A2（谨慎型）、A3（稳健型）、A4（进取型）、A5（激进型）。风险等级与风险承受能力等级对应，风险等级从低到高分别是R1（低风险）、R2（中低风险）、R3（中风险）、R4（中高风险）、R5（高风险）。个人在做投资理财时，应该遵循风险匹配原则，选择风险等级等于或低于其风险承受能力等级的理财产品。

法商的资产保全

人生的上半场与下半场的节点因人而异，倘若人生上半场有创造、付出，以及财富0到1的积累和投资理财的增值，那么人生下半场的使命就不仅仅是收益和过于追求数字的增长，还有财富的传承与继承。这不局限于物质财富，更重要的是对无形资产的守护、继承与发扬，其中包括优秀的品质、精神、文化、价值观、管理能力、公益善举等。

财富管理的法商立足财富的多个维度的功能，收益不是单纯的管理动机，更重要的是资产的保全，在风险隔离等法律框架下产生更多的附加价值（见图9-2）。

财富管理律师詹姆斯·E.休斯（James E. Hughes）[1]提出家族传承中的六大资本：产业资本、金融资本、人力资本、家族资本、社会资本、智慧资本。真正的财富，

---

1 《家族财富传承：富过三代》，[美]詹姆斯·E.休斯 著。

是由一个家族成员的人力资本和智慧资本组成的，而金融资本是其人力资本和智慧资本发展的工具与辅助。

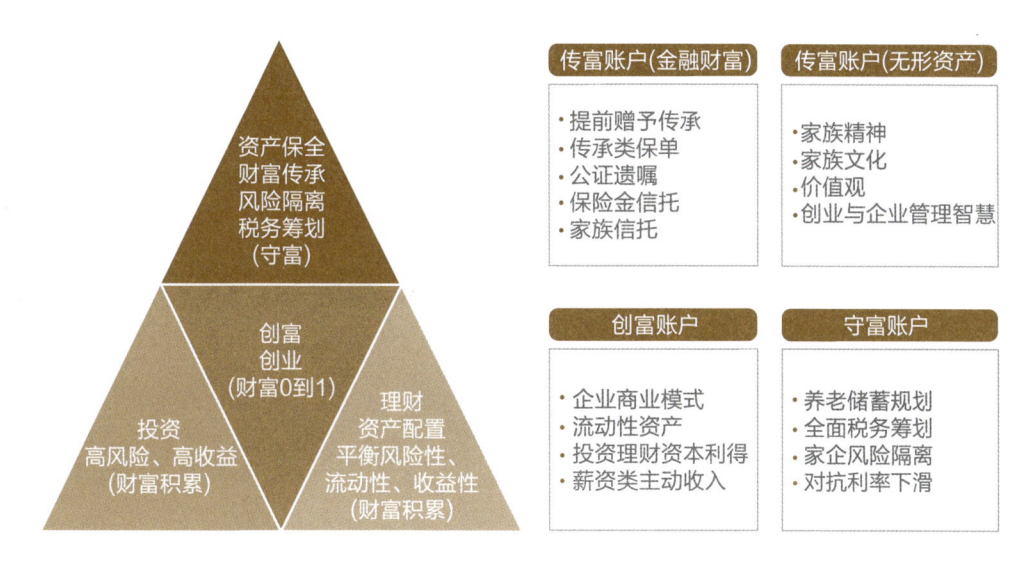

传富账户(金融财富)	传富账户(无形资产)
·提前赠予传承 ·传承类保单 ·公证遗嘱 ·保险金信托 ·家族信托	·家族精神 ·家族文化 ·价值观 ·创业与企业管理智慧

创富账户	守富账户
·企业商业模式 ·流动性资产 ·投资理财资本利得 ·薪资类主动收入	·养老储蓄规划 ·全面税务筹划 ·家企风险隔离 ·对抗利率下滑

金字塔结构：
- 顶部：资产保全、财富传承、风险隔离、税务筹划（守富）
- 中部：创富 创业（财富0到1）
- 左下：投资 高风险、高收益（财富积累）
- 右下：理财 资产配置 平衡风险性、流动性、收益性（财富积累）

图9-2：财富与人生的上半场、下半场的逻辑关系金字塔

中国未来十年将有600万个家族民营企业面临传承的问题，仅三分之一的企业能顺利完成传承使命。财富管理和传承是复合型的价值和长期主义的精神与物质规划。

信托的法商与财富管理功能

近代信托，一般认为起源于英国的"尤斯"制度（USE）。公元8、9世纪，不列颠岛基督教传教士开始向欧洲大陆传播基督信仰，基督教会的势力快速膨胀，当时的基督文化鼓励活着要多捐献，教徒认为财产是上帝赐予的，所以他们在死后都会把自己的财产捐给教会，这样民众原本私有的土地大都赠予了教会，教会的土地不断增多。

中世纪英国法律规定教会的土地是免税的，大量土地被捐献给教会，高度集中于教会手中影响到了国王和封建贵族的利益，尤其在13世纪初英王亨利三世时代，这个现象尤为严重。于是亨利三世颁布了《没收条例》，规定凡把土地赠予教会的，要得到国王和领主的许可，擅自出让或赠予者，要没收其土地。

不过国王忽略了教会的力量,当时英国的法官和法律制定者也多数为教徒。他们为帮助教会摆脱不利的处境,维护教会的利益,在法律知识框架下,参照《罗马法》的信托遗赠制度,创造了"尤斯"制度。"尤斯"制度的具体内容是:凡要以土地贡献给教会者,不做直接的让渡,而是先赠送给第三方,并表明其赠送目的是为了维护教会的利益,第三方必须将从土地上所取得的收益转交给教会。信托制度不直接将土地赠予教会,而是通过赠予第三方,赋予其名义所有权,收益权仍归教会,也就是教会持有土地的实际使用权(见图9-3)。

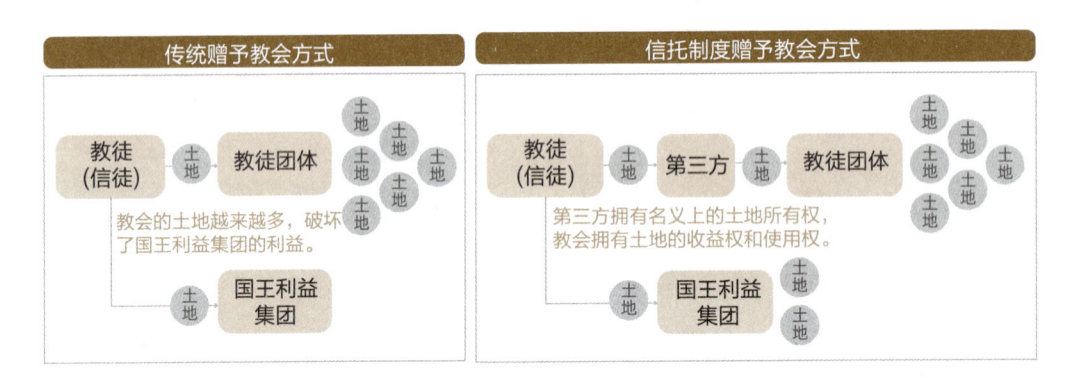

图9-3:"尤斯"制度下的资产赠予图解

这相当于将教徒向教会捐赠的土地所有权做了折中和变相的处理,一方面,捐赠的土地所有权归第三方,不归教会,因此国家可以从中征税;另一方面,第三方持有的土地收益权仍归教会,平衡了国家税收和教会的利益。在"尤斯"制度下,教徒为委托方,教会为收益方,第三方为受托方,土地财产为信托财产(见图9-4)。

图9-4:信托财产与架构

资产的属性决定了其具备三种权利:所有权、控制权和收益权。通常,这三种权利同属一项资产，不可进行分割，"三权合一"。一切对资产的权利都来自所有权（见图9-5）。

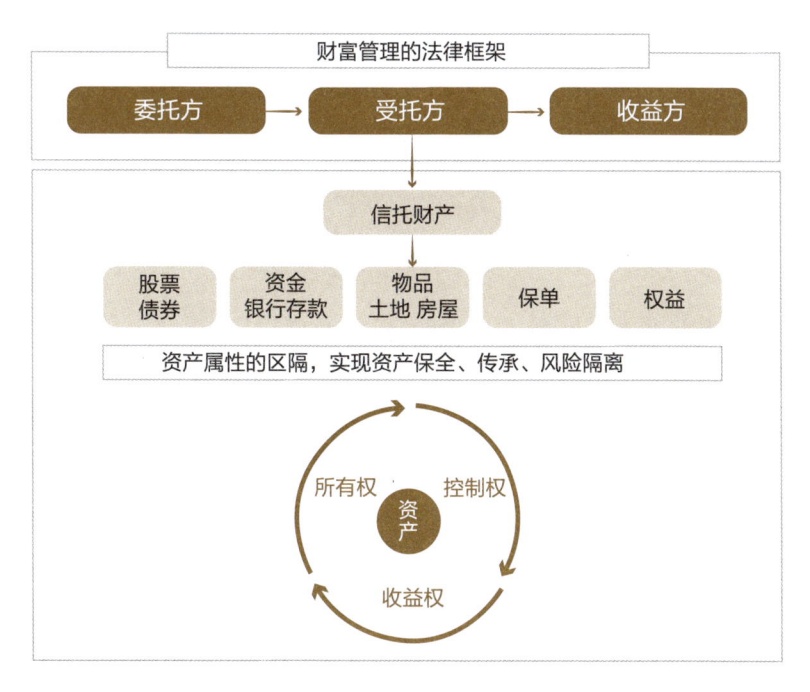

图9-5：财富管理的法律框架实现资产属性的区隔

资产的"三权合一"属性带来了什么问题？资产与风险无法隔离。风险隔离涉及家庭资产与企业风险隔离、婚姻风险隔离、传承风险隔离等，企业主和高净值人群面临的风险如图9-6所示。

图9-6：企业主和高净值人群面临的风险

在公司制度出现以前，不管是个人投资还是合伙投资的形式，所有的个人财产与所投资企业的风险是绑定在一起的，当投资出现风险或失败时，个人财产也将被要求连带偿还债务。直到19世纪，有限责任公司制度出现，当公司经营出现问题时，公司股东的个人财产与企业的风险是隔离的，个人与其家庭的资产不被要求偿还债务与对冲风险。

在现代社会，虽然企业是有限责任公司，但是实际上，在很多情况下，企业主个人甚至其家庭都要承担连带责任。部分原因在于，在创业时和经营企业时经常会家企账户混同，当企业破产时，家庭也将受到牵连，不仅之前积累的财富化为乌有，甚至连基本生活开支可能都难以维持。另外，倘若将财富传承给子女，一旦将资产转移，所有权、控制权和收益权也都将转给子女。担心子女没有驾驭财富的能力，给子女带来负面影响。

财富管理的法律框架实现了资产属性的区隔，即将资产属性区隔为所有权、控制权和收益权后，对冲风险，同时将资产的不同功能按照委托人意愿赋予不同角色方。

保险金信托模式

保险金信托模式分为两种：保险与信托模式、信托与保险模式。

① 保险与信托模式。投保人购买保单后，保险受益人将保险债权或保险赔偿金作为信托财产，交由信托公司管理，按照一定的投资配置进行保值、增值和分配。

② 信托与保险模式。投保人通过资金设立信托，然后以信托中的资金购买保单，未来保单的理赔金和返还的保险资金再回流到信托资产，由信托公司继续管理。

目前国内的保险金信托模式以保险与信托模式为主。

企业风险隔离

数据显示，中小企业是我国国民经济的重要支柱、国家税收的重要来源，也是解决劳动力就业问题的重要构成部分。中小企业贡献了全国50%以上的税收、60%以上的GDP、70%以上的技术创新成果和80%以上的劳动力就业。随着经济增长趋缓，企业经营的收益增长难度增加，更多的风险暴露出来。数据显示，中国中小企业的平均寿命仅2.5年，集团公司的平均寿命仅7、8年。2019年，我国有超过100万家企业倒闭，其中超过90%是中小企业。大多数中小企业的生命周期只有3年，能超过5年的不到7%。

企业倒闭衍生的问题是家庭财富缩水，家庭也会受到牵连。这是因为中小企业普遍存在的问题是家企不分，企业在融资时，金融机构会强制要求夫妻连带责任担保。企业在经营时，也会存在个人账户收款，股东挪用企业资金等情况，这就导致企业和家庭很难分开。

通常家庭财富积累都是以追求收益为主的理财、投资来实现的，而对财富和风险隔离的意识还很薄弱。对创办企业的企业主而言，保险、保险金信托和家族信托的价值在于不单单追求财富的保值、增值，还能够赋予法商的功能，通过保险和信托架构实现风险隔离，将企业与家庭的债务连带责任进行分割。

另外，保单具备质押贷款的功能，起到杠杆的作用。保单质押贷款可以使用保单现金价值的80%来申请贷款，用于企业资金的周转和救急。

财富管理的一个价值维度是风险隔离（见图9-7）。在风险端，从不同维度体现为风险金字塔，自下而上的风险属性不同，有人身方面、财务损失的基础风险，养老、教育、大额生活支出等风险，以及婚姻、税务、债务的风险。风险隔离防火墙体现为通过金融工具，在收益维度和法律维度将风险隔离，因此单纯追求收益目标的是理财，而财富管理不仅追求收益目标，还有综合的考量。

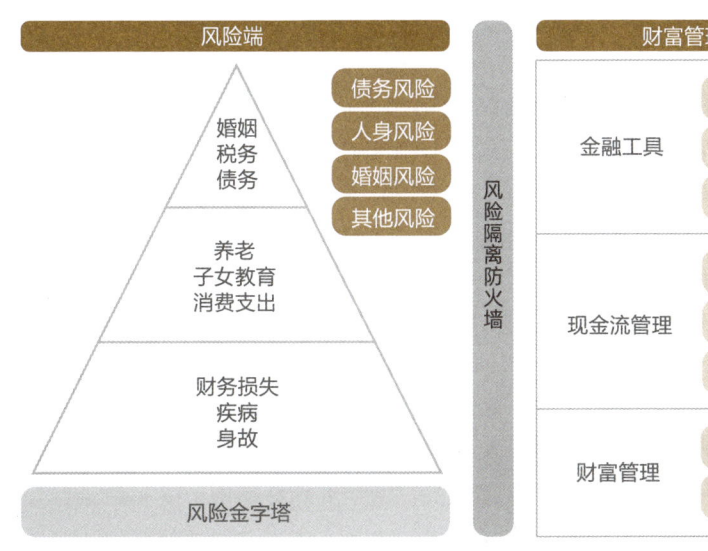

图 9-7：风险隔离与现金流管理、财富管理

信托资产和保险资产除具有金融属性外，还能够实现所有权、控制权和收益权的分离，其价值是将财富管理的维度提升至单纯的收益以外的功能，实现财富风险隔离和财富传承。

婚姻风险隔离

婚姻风险会导致财富缩水，婚姻风险隔离的法商认知和框架基于《中华人民共和国民法典》（下面简称《民法典》）对夫妻共同财产和夫妻个人财产的规定（见表9-1）。

表9-1：《民法典》第一千零六十二条和第一千零六十三条

第一千零六十二条：夫妻共同财产	第一千零六十三条：夫妻个人财产
夫妻在婚姻关系存续期间所得的下列财产，为夫妻的共同财产，归夫妻共同所有： （一）工资、奖金、劳务报酬； （二）生产、经营、投资的收益； （三）知识产权的收益； （四）继承或者受赠的财产，但是本法第一千零六十三条第三项规定的除外； （五）其他应当归共同所有的财产。 夫妻对共同财产，有平等的处理权。	下列财产为夫妻一方的个人财产： （一）一方的婚前财产； （二）一方因受到人身损害获得的赔偿或者补偿； （三）遗嘱或者赠与合同中确定只归一方的财产； （四）一方专用的生活用品； （五）其他应当归一方的财产。

《民法典》第一千零六十二条，夫妻共同财产增加了"劳务报酬"和"投资的收益"。以后接私活拿到的报酬，以及通过股票赚取的钱或投资分红，都属于夫妻共同财产。《民法典》第一千零六十三条，夫妻一方个人财产，不再局限于医疗费和残疾人补助费，而是一方因受到人身损害获得的赔偿或者补偿，所以意外险、重疾险、医疗险都属于夫妻个人财产。

防范婚姻风险带来财富缩水

对于婚姻风险，从财富管理的角度来讲，如何提前规避呢？保单、保险金信托能够规避婚姻风险，其底层逻辑是保单和信托的法商功能能够将资产的属性进行分隔。保单是否属于夫妻共同财产需要分情况讨论，主要分析设立保单的时间、保单架构和保单资金的来源。

从时间上看，对于婚前投保的人寿保单，即使离婚了，这个保单获得的保险利益也肯定属于个人。对于婚后投保的人寿保单，可以参考2015年年底最高人民法院的一个会议纪要：如果是健康险、重疾险，婚后获得的保险收益可以属于被保险人个人；但如果是现在市面上流行的理财险、年金险，婚后的保险收益要被视为夫妻共同财产。

在婚姻关系存续期间动用共同财产为一方投保所产生的利益，如果法律没有特别规定，且夫妻双方没有特别约定的，现金价值、生存金、红利收益都应当被视为夫妻共同财产。

法商：税务筹划

目前市场中出现的"保单避税"是一种不严谨，也不合规的说法。保单在税务筹划中的功能要具体看税务筹划的对象是什么。

个人所得税

《中华人民共和国个人所得税法》第四条规定，保险赔款免征个人所得税。需要说明的是，一般以个人的身体、生命为保险标的而支付的保险金才叫保险赔款，这类保险一般指大病险、医疗险、意外险、终身寿险等。

税务部门没有对保险分红开征个人所得税，因为法律并未明文规定，人寿保险分红是否要征税是一个立法问题。保单的价值随着时间不断增长，通过合适的大额保单可以保证财富被安全地保值和增值，价值增长部分可以免除个人所得税。保单在税务筹划上的实现基于"保险赔款免税"这条法源依据。

遗产税

2004年，财政部颁发了《中华人民共和国遗产税暂行条例（草案）》，2010年进行了修订。草案中将遗产税的起征点设定为80万元，超过80万元将面临20%的遗产税。开征遗产税的正式施行需要时间和制度，以及实操方面的研究和推敲，具体落地时间不可知。

保单能够规避遗产税主要是依据《中华人民共和国保险法》规定：投保人身故后，如果投保人指定了受益人，那么人寿保险金不归入遗产类，无须清偿被保险人生前所欠的税款和债务，可以直接归受益人所有。也就是说，指定受益人的身故理赔金免税从资金性质上对这笔资金进行了定性，不作为投保人遗产，所以无须缴纳潜在的遗产税。

通过保险，将资产变成大额人寿保单，就可以为家庭资产建立起一道防火墙，同时对资产进行税务的优化和筹划。

法商：财富传承

民政部数据显示，在2015年至2020年期间，我国结婚率持续走低，离婚率稳步上浮。婚姻的变动在给家庭带来伤害的同时，对财富也会造成负面影响。

子女婚变会造成财富的分割和外流。父母对子女的赠予，在没有特别说明的情况下，被视为夫妻共同财产，这就意味着没有提前规划好财富的传承和赠予方式，家庭财富在婚姻风险来临时会遭受重大损失。除了子女婚变带来的风险，对子女的抚养、继承纠纷、家族成员财富纷争等，以及在财富传承过程中的私密性，是否起到防止子女挥霍的作用，还有相关的二代接班人培养、科学有效的传承等方面，都是家庭财富传承的关键。

子女财富传承可以通过保险、保险金信托和家族信托来实现。这类具备法商的金融工具能够在保密的情况下约定指定受益人的财产，防止财富外流。同时，这类工具的金融属性可以实现财富的杠杆，在保值的同时稳健增长。在保险与信托模式下，分期、按条件分配资金给子女，可以有效防止子女挥霍。

在保险金信托架构下，父母可以通过保单形式将财富传承给子女，可以选择多家保险公司的产品组合。保险理赔款和给付款在不同节点以不同方式进入信托账户。信托财产通过投资组合，按照委托方的投资风险偏好和收益需求进行资产管理，信托公司根据约定的条件将资产或收益分配给受益人，完成保险金信托架构的一次闭环（见图9-8）。

财富的传承，不仅是金融财富和资产的传承，还包括家族的文化、精神品质、创业一代的奋斗精神和创业智慧的传承。保险、保险金信托的金融属性和法商的赋能，在实现金融资产传承的同时，鼓励子女健康发展和保持奋斗的精神，防止子女"坐吃山空"和坐享其成。这也是将文化和创业精神的无形资产进行传承的方式。

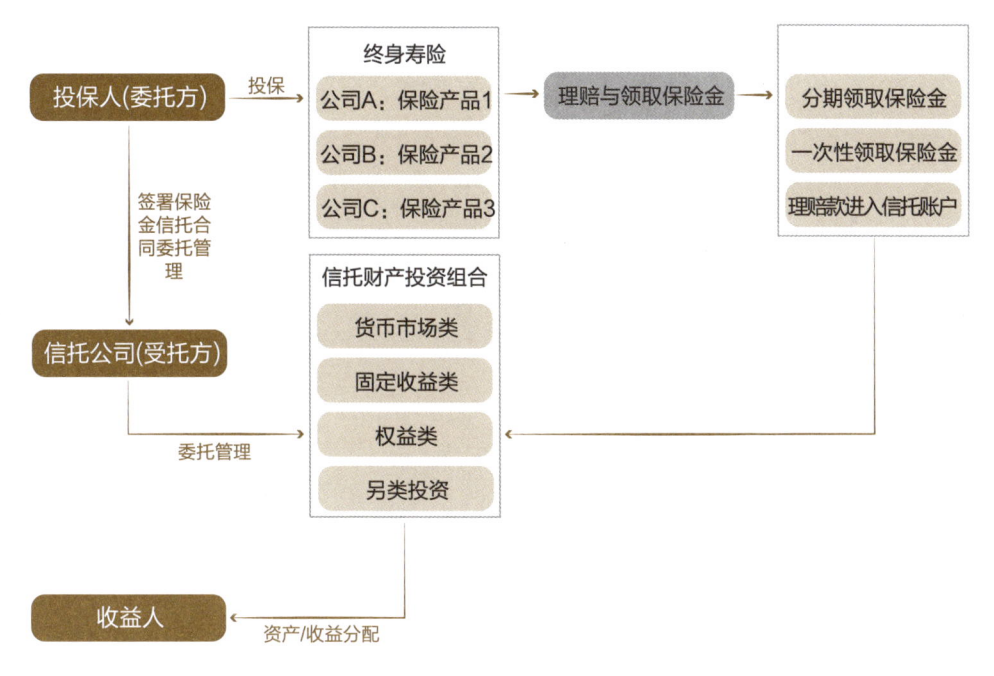

图 9-8：保险金信托架构

当我们谈财富管理时，在谈什么

当我们谈财富管理时，在谈什么？如果认为财富是金钱、房地产等物质财富，那么我们终其一生的奋斗意义是什么？财富不单单指物质层面的，更是精神、文化、价值观、智慧等无形资产的集合，这是人生追寻的"大道"。

在物质范畴下，财富管理的本质是什么呢？我认为，这是一种对"平衡"的探索。投资理财的三个维度——收益性、安全性、流动性——构成了财富管理的稳定三角，不管如何选择，都是在三者中找到平衡的稳态。每个人都希望通过追求高收益而暴富，殊不知风险也如约而至。要知道，收益=无风险溢价+风险，收益的增长带来了大概率的风险上升。想要通过投资理财变富，就一定要获得高于通货膨胀的高收益。想要获得相对较高的收益，就一定要承担相应的风险——要么是投资违约的风险，要么是投资波动的风险。与其抱有过多不切实际的幻想，不如脚踏实地做资产配置和组合，平衡增长与对冲风险的多元诉求。

当然，就算不能通过投资理财变富，我们还可以通过自身的努力一点点变富。

这就是财富管理的哲思，最终的管理是对人生的管理，是对自己成长曲线的管理。

真正增值的是我们的阅历、经验、学识、智慧，这是能够积累的资产，也是具备复利效应的财富。投资自己的头脑和健康的生活方式，这是实实在在地创造更多让我们真正跑赢通货膨胀、跑赢大盘的经历和智慧。

第 3 篇
成长策略——跨越第二曲线

> 第 10 章　认知护城河
> 第 11 章　跨越第二曲线
> 第 12 章　不浪费任何一场危机

第 10 章
认知护城河

稀缺陷阱

因为限制，我们有了更多的可能性。在人类文明发展的过程中，正是稀缺性孕育了文明，推动了人类的进化。越是自然资源丰富的国家，因为过度依赖单一经济结构，缺少创新和危机意识，反而越是难以实现工业化和产业转型升级。在经济学中这一现象被称为"资源诅咒"（Resource Curse）[1]。

我在撒哈拉以南非洲国家工作的时候，尤其感受到这一点。大多数非洲国家过度依赖石油、矿产等自然资源，长期依赖石油出口换外汇，国家财政收入大比重依赖单一经济，导致工业和其他产业发展不起来，国家的风险对冲能力很低。因为缺少主观能动性的驱动，创新、改造环境的动力也就不会涌现。所以，稀缺产生了创新与突围的可能。

为什么有的国家始终在贫困的陷阱中轮回？为什么有的国家能够走上繁荣的道路？

我曾和巴黎商学院教授做过一个项目，该项目在以色列特拉维夫落地。我顺道参加了当时举办的国际互联网安全和国防安全展会，有幸实际考察了这个被外界"神化"的国家。然而，以色列之所以能够举办国际水平的安全主题展和交流峰

---

[1] "资源诅咒"也被称作"富足的矛盾"（Paradox of plenty）。

会,并不是因为它是一个以安全、稳定著称的国家。与之相反,以色列自1948年创建以来,因为历史上的领土问题,是一个充满不确定性的地方,"安全"算得上这个国家的稀有资源。当时我乘坐法航航班从巴黎出发,飞往以色列靠近地中海沿岸的城市——特拉维夫,飞机刚一着陆,还在跑道上滑行时,飞机上的一行乘客便欢呼、鼓起掌来。我后来才反应过来,飞机上大多是返回以色列的居民,而鼓掌便是他们庆祝此次飞行安全、顺利抵达的方式。这一细节让我感受到以色列在国家层面和民众层面,对安全的敏感度都非常高,用"珍视"来形容也不为过。

在访问中,我见到很多高中生年纪的人,穿着军装准备报到。不管男女,不论性别,这些年轻人都要参军,体验军营的生活。因为国家人口的限制,若是发生战争,以色列基本能够做到"全民皆兵"。人口资源的稀缺会限制国防的建设,外部的冲突可能会对一个国家的安全造成威胁,使其变得软弱或者向强势力量妥协。但由于以色列的民族性和成长力,总能让一时的国家困境转化为一股创新求变的力量。

以色列整个国家,在其20 777平方千米〔只有约一个半北京(16 807.8平方千米)大小〕的国土上,实现了世界创新排名前五的水平,而且占世界人口0.1%的800万人口在纳斯达克上市的企业数量超过中美两个国家企业的上市数量。如果说以色列是西半球的硅谷,那么特拉维夫作为以色列科技创新的聚集地(吸引了大量技术、人才和资本,与美国的硅谷并称"以色列谷"),算得上"硅谷中的硅谷"。为什么是以色列国家?以色列凭借什么样的国家创新战略而达到今天的水平?

以色列之所以能脱颖而出,不仅是因为其具有位于亚欧非三大洲的汇合处这样优越的地理位置。还有,从国家层面来看,自1948年建国以来,以色列将基本立国战略定为"科技兴国",同时坚持对多元化民族、文化、历史、种族等的包容和团结,吸引了一大批各国精英人士、商业领袖和政府官员到这里探索、研发、创新和投资。

被犹太民族奉为智慧羊皮卷的《塔木德》里有一条哲理,即"难的事情容易做成"。因为选择挑战难的事情,困难本身就已经筛选淘汰一批竞争者,大家都认为不可能,必然谁也不去关注,不去攻击和阻挠。自然资源匮乏曾是限制以色列发展的难题,但以色列在困境中求变,也就有了以"科技出口"为依托的国策。无论是在军事安全、互联网、科技、医疗还是在农业等领域,以色列都可以达到出口欧洲、美国和中国等国家的国际水准,并保持一定的竞争力。

哈佛大学教授迈克尔·波特在《国家竞争优势》一书中曾探讨过这样的核心

问题："为什么基于特定国家的企业，在特定的领域和产业获得了国际水平的成功？"将这个问题放在以色列的案例上便是：没有国家优势自然资源，为什么以色列却成为内部创业的典范？

波特在分析国家竞争优势时提出了钻石模型，该模型包括四个决定竞争力的要素。

① 生产要素：人力资源、自然资源、知识资源、资本、基础设施等。

② 需求条件：主要是本国市场需求。

③ 相关产业与支持性产业：相关产业和上游产业是否具备国际竞争力。

④ 企业战略、企业结构和同业竞争。

从国家竞争力的构成要素来看，以色列资源贫瘠，生产要素资源极度失衡。马克·吐温曾来到这个国家，留下了一句评语——"荒凉、贫瘠和没有希望"。以色列的耕地面积匮乏，沙漠占国土面积的三分之二，地处干旱、半干旱气候区，年降水量少，水资源匮乏，用水主要依赖约旦河水、加利利海（淡水湖）的水以及海水淡化，以色列东部地区的水资源与邻国也存在紧张的竞争关系。同时，因为国家土地狭长分布、人口红利不足、宗教和民族的多元化发展，使得以色列不足以单纯依靠国家内部市场消费支撑经济发展。以色列转而通过寻求外部增长来创造财富，技术与创新出口导向成为国家发展的方向和经济支柱。

以色列的崛起可以参考一个国家战后的产业史。波特对处在战后废墟上的国家崛起总结了这样的观点：

> 战后的产业史，是一页创造富足而非消费富足的历史。它强调的不是一个国家享有多少优势条件，而是着重于国家如何转换不利的生产要素。一时的国家困境，往往会转化为一股创新求变的力量。因此，引导企业和国家不断进步的，是外在的压力与挑战，而非风平浪静的生活。

在特拉维夫的机场，从大幅宣传海报上可以看到以色列裔诺贝尔奖获得者的介绍，包括他们的创造、发明等杰出贡献，当然也可以看到滴灌技术的大篇幅介绍。面对竞争资源的限制，以色列在创新中求变。正如波特所描述的，以色列将劣势转为创新发展力和新的国家竞争优势。得益于资源的局限性，以色列以高科滴灌技术和喷灌技术闻名于世。用前总统佩雷斯的话说就是："我们什么都没有，只有阳光、沙漠、人的大脑和无穷无尽的梦想。"

滴灌作为农业技术的成功典型，已实现电脑集中控制。根据传感器的数据分析土壤质量和指标，计算出浇灌时间、用水量和养料的多少，同时在设计层面考虑十分周全，能够保证出水口不被植物根系生长所堵塞。因此，自然环境的恶劣没有限制住以色列人民的想象力，反而迫使这个国家依靠创新摆脱了资源束缚，迸发出更大的潜能。以色列农业部农业研究署主任Yoram Kapulnik教授曾经估计："1955年，一个以色列农夫可养活15人。2000年，一个农夫可养活90人。到2015年，一个农夫将能养活400人。"科技成就了以色列的沙漠绿洲的传奇，也养活了这个国家的数百万人口。

根据波特理论，国家竞争优势可以是富足的资源，但逆向来看，不利的生产要素也能创造出更伟大的发明和科技，而且培育了一个国家和民族顽强的韧性与开拓精神。国家和企业在思考将劣势转化为优势，将资源富足保持为竞争力的同时，将资源匮乏变成一种创新的优势竞争力，促进创新和发展多维竞争优势，这也正体现了一个国家、民族和企业的变通与宏大格局（见表10-1）。

表10-1：资源富足与资源匮乏的优劣势

	优势	劣势
资源富足	资源获取成本低廉	丰富的资源或廉价的成本因素往往造成资源配置低效
资源匮乏	人工短缺、资源不足、地理气候环境恶劣等不利因素，反而会形成一股刺激产业创新的压力	资源获取成本高昂

结合以色列的发展，我意识到一国的精神资源和民族精神对资源穷国的改造力量，即一个国家的困境能够逼出一股创新求变的力量。这不仅适用于以色列，也适用于其他资源短缺的国家，比如资源处于劣势的日本、韩国、新加坡等，通过改变资源限制而创造财富，使国家走上繁荣的道路。

个人成长同样面临稀缺性带来的困境。为什么人们经常处于焦虑中？我们经常得到这样的答案：我们没有资源、没有平台，甚至能力也欠缺。但真的是这样吗？得到大学曾邀请钢琴演奏与作曲教师郭珈希分享："在本质上，创作恰恰是要追求和利用好那些不变的东西——在有限之中创造无限。"

她发现很多人抱怨："我们公司想干点大事儿，但是资源太少了。"但她心里想的却是：你的资源比作曲家的资源还要少吗？作曲家的资源就7个音，这似乎可以说是这个世界上最少的资源了，但作曲家就是使用这极少的资源做出了另一种语言符号。每当你要向外去寻找更多的资源，并且非那些资源不可时，你就想想作曲家，他们是如何让"种子"变形成音乐材料的，是如何利用时间维度来变形音乐风格的，是如何通过改变纵向排列方式来变形音乐的层次性的。我们要感谢那些限制。限制，不一定会给人的思维和创造力戴上手铐与脚镣，它反而会激发出我们的"内无穷"。

限制往往是局限于短期的发展，并将注意力外化。机遇和创新点，其实是对现有元素的再利用和挖掘。问题暂时无解，很可能是因为对有限资源的开发还不够，在限制中其实很可能潜伏着新的机会点。这时候我们需要内化，来寻求机会的落脚点。

柏拉图的洞穴

每个人都存在认知局限，人就像鱼缸里的鱼，从曲面的鱼缸看到的世界是曲折后的成像。这就是每个人的视角都可能存在偏差的原因。在《理想国》中，柏拉图提出了反映认知局限的"洞穴理论"。

> 在一个山洞里，几个人被绑在凳子上背对着洞口，无法动弹。在他们的后面是一堵墙，墙外有一堆火，火光将一些事物的影子投射在洞底的墙壁上，被绑着的人只能看到墙壁上的影子。他们以为事物的真实样子就像洞壁上的影子一样，以为那就是真实的世界。
>
> 直到有一天，有一个人挣脱了束缚，逃出山洞。他看到了外面的世界，他看到了一棵树，但是可能由于直面刺眼的阳光，他非常怀疑眼前的树是不是真实的。当他的眼睛慢慢适应了外面的光线后，他看清楚了那棵树，并且真实地触碰到它。他恍然大悟。他跑回去告诉那些仍然被绑在凳子上的人：真实的世界在外面，这里只有虚假，只有影子。然而，当这个人将那些被绑着的人解绑之后，那些人却恼羞成怒，他们早已习惯了接受影子的"真实"，而把别人的劝告当作毒药，那些人就用石头把这个人砸死了。
>
> 但是，他们毕竟已经挣脱了束缚，所以他们也看到了身后的墙、墙外的火，以及通往洞外的洞口。他们终于鼓起勇气走出去。出了山洞，他们也看见了那棵树。一开始他们也怀疑，树和影子竟然同时出现了，到底哪一个是真实的？但是

他们无法否认，这棵树才是真实的，可感可触的那棵树比它的影子要真实多了。结果是，有人害怕接受这种沉重的真实，逃回洞里去了。而幸运的是，有人留了下来，接着去探索崭新的神奇的世界。

自己的认知往往存在局限性，不能轻易扫描到自己的问题。

当发生问题的时候，我们对其起因总会感到困惑，而这不过是提醒我们要对处理问题的方法进行检讨。学习型组织之父彼得·圣吉（Peter M. Senge）曾讲过一个关于地毯商的故事：这个地毯商无意发现地毯的中央鼓起一个包，他就去踩那个包，可是踩平了一块儿旁边又会鼓起新的包。他执着地一直踩，直到最后他掀起地毯的一角，看到一条蛇摇晃着身体爬出来。这也是系统思维的方法，问题本身不是我们关注的点，我们关注的是问题产生和演变的系统。在这个系统里，我们自己的角色和所起的作用才是更值得关注和探索的。很多时候，你是你的问题，你也是你的解决之道。

被埋在认知中的"平均值"

如何让一个人活得平庸？其实很简单，就是一直暗示他很平庸，这样他就不会做任何努力去证明自己了。暗示对方平庸的方式有很多，分为直接的和间接的方式。直接的方式是告诉对方：你不是一块材料；间接的方式是进行某种智商测试，通过片面的结果暗示对方是一个平庸的人，没有成才的潜质。当然，有的人甚至希望对方不平庸，但用的手段不恰当，结果却导致了让对方变得平庸的结果。这就如同家长教育孩子，以打击式教育孩子的方法。

通过最近二三十年对日本的研究，很多专家都在关注一个点，这个社会在发生着转变，年轻人的欲望很低，消费力远不及政府对经济的预估。老龄化的趋势还在继续，老年人的消费趋于保守，偏向更多的储蓄和更少的消费。这一现象导致任何国家层面的经济刺激政策——无论是货币宽松政策还是公共投资，都无法提升消费者的信心，很难产生有效的经济复苏。

这群人和过去的日本年轻人在行为举止上完全不同。较之"拥有物质"的欲望，他们几乎没有欲望，不仅是物欲全无，连出人头地的欲望也变得淡薄。当时的一个调查表明，新进公司的员工想当总经理的只占10%左右。大部分日本年轻人都觉得自己不需要买车、买房，也不想结婚。这些想法的背后是一种"尽可能不负债"

的心理。其中提到一个有意思的观点，我认为是在教育层面对"失落的三十年"的日本的一个很好的解读。剥夺日本年轻人的野心与干劲的一部分原因也来自一次发生在日本东京大学的"安田讲堂事件"。

1969年，东京大学医学部的学生为了抗议实习医生制度，举行了无限期罢课，占领安田讲堂，校方于是在校园驱逐学生。后来，当时的自民党政权因为此次激进的学生运动做了一件事，就是在学校引进了"偏差值"机制。将偏差值引入教育体系的作用就是将人的能力进行等级分类，涵盖了学生的智能、学习力的量化测评，再将学生划分为不同层级。这样，每个人都知道自己在平均值的什么水平，"偏差值高于60"与"偏差值低于60"的两类人在被输入等级标签后，便以此为标准确立对自己能力的认知和成长目标。在日本，偏差值被看作学习水平的正确反映，也用作评价学生能力的标准和参考坐标。

高于平均值的人过一种人生，低于平均值的人过另一种人生。这对于对极端激进的学生的管控确实起到了一定的作用，但是日本年轻人的野心、目标性和改造自己与外部环境的想法也被压抑了，断送了很多日本年轻人的潜力和未来成长的可能性。这个举措从侧面印证了1968年美国心理学实验验证的关于认知和自我效能研究的结论。

我们经常说到"阶级固化"这个词，然而，在互联网极其发达的时代，认知固化同样存在。而固化的结果，就是牺牲我们的认知和意志的自由。现在的科技已经可以基于社交网络平台或者应用程序对用户进行精准画像，数据分析工具针对用户日常的浏览和选择，如网页浏览、点击率、点赞、定位等行为，可以获取用户的应用场景和选择偏好，生成一份类似的画像报告。例如，我们在搜索引擎中查找一个关键词，平台随后推送的信息都是类似的或者与之相关联的主题。或者，平台基于我们曾经搜索的关键词、浏览记录等数据，在后台通过算法算出与我们的身份和性别高度关联的内容。互联网和大数据应用已经能够实现对用户的精准定位和画像。科技发达到这个地步，除了方便我们的生活，对个人认知外部世界可能带来什么隐患呢？

认知固化的过程，就像日本历史上施行的偏差值，会让你用已知的和当下局部的认知去解读世界的样貌，再回到自己身上，给自己在局限的认知中确立目标和成长的野心。认识世界就像在一座巨大的图书馆中选书，我们容易犯这样的错误：重复选择"同质"的书，因为这有效地强化了我们原有的认知，把自己圈在一个认知区域，并毫无意识地认为这就是事物的整体，也不会意识到自己已经成功营造了一个认知舒适区。

突破认知边界是困难的，而且很可能，无论一个人再怎么不断努力突破，也永远都存在更远的边界，但这是不重要的，重要的是不停下探知的脚步。

罗森塔尔实验与皮格马利翁效应

美国心理学家罗森塔尔和L.雅各布森在一所小学进行实验，他们在一至六年级各选择3个班，对这18个班的学生进行"未来发展趋势测验"。测验结束后，罗森塔尔将一份"最有发展前途者"的名单交给了校长和相关老师，其强调一方面要对测验结果保密，另一方面要对选出的最有发展前途者大加赞许。

8个月后，罗森塔尔和团队再次回到学校对18个被测班级的学生进行复试，结果出人意料：测验结果显示的最有发展前途者都比之前有了进步，在性格上也更加开朗和自信，求知欲较以往更强。经过实验分析，罗森塔尔认为校长和老师在得知测验结果后，对名单上显示的具备潜力的学生进行了更积极的反馈，给予了更高的期待值。在日常相处中，他们更多地给予这些学生正面反馈，例如，通过鼓励并给予这些学生更多的提问机会等方式。一个行为短时间内不会有明显的效果，但在不断重复中会强化一个细微的影响和力量，经常接收正向鼓励和暗示的学生会变得愈发自信，会与老师的期待最终协同发展。最初的期待会随时间的积累收获真实的成绩。

自我效能指的就是这种内在驱动力会指引一个人走向其所相信的方向，这也是"皮格马利翁效应"。皮格马利翁是希腊神话中的雕刻家，他的雕刻技术精湛。一次他用象牙雕刻了一个美少女，后来他居然爱上了这个雕像，每天都和雕像说话，想着要是变成真人有多好。终于有一天感动了爱神阿芙洛狄蒂，赐予了雕像生命，使其成为一个有生命的少女。"皮格马利翁效应"后来指当一个人期待某件事情发生时，就容易实现愿望，因为他会通过各种方式努力让现实靠拢自己的目标。

当代著名的史学大家许倬云老先生在1957年赴美进修，进入芝加哥大学。作为浸入美国社会60年的客人，他以一个外部的视角分析了美国的发展演进历程。针对美国的多族群及社会问题，他就不同族群初到美国时的特点进行了探讨。

许老先生曾提出文化是研究一个集体的重要视角——任何大的人类共同体，其谋生的部分是经济，组织的部分是社会，管理的部分是政治，而其理念之所寄、心灵之所依托的则是文化。以个人生命作为比喻，文化乃是一个共同体的灵魂。也就是说，最初抵达美国的不同族群自身所裹挟的文化属性和基因，对其未来在美国的发展和社会层次分化有着深远的影响。

许老先生通过60年旅居美国的经历切身感受到，不同族群的文化和信仰属性影响了其后代在美国社会阶层的种族的不同排布。美国是一个移民国家，但在美国存在一个主流群体，被称为WASP（White Anglo-Saxon Protestant），中文意思是"白人盎格鲁-撒克逊新教徒"，这些人主要来自美国的精英阶层。

从欧洲来的早期移民主要分为两个群体：信奉天主教的群体和信奉新教的群体。天主教信徒信任上帝的安排，求告上帝，倚赖上帝的赐福和保佑，他们发展成为更偏向听天由命、顺应命运安排的人；新教信徒大部分来自盎格鲁-撒克逊、苏格兰长老会，或者是西欧加尔文信徒的后代，他们信仰的更侧重通过自己的努力来达到上帝的期许，用后天的行为和努力向上帝证明自己，在取得成功后做慈善与公益事业，回馈社会。

德国哲学家马克斯·韦伯在其社会学著作《新教伦理与资本主义精神》中探讨了一个核心问题：新教伦理与潜藏在资本主义发展后面的某种心理驱动力（即资本主义精神）之间的某些关系。在资本主义形成过程中，基督教的新教精神和禁欲主义产生了决定性作用。以信仰基督教为主的现代最发达的西方国家，如美国、英国、德国等，皆为新教占主流的国家，而传统天主教国家，如法国、西班牙、意大利等，经济实力与影响力会相对较弱。在韦伯看来，天主教信徒重来世，新教信徒重今世，所以新教信徒更积极地参与社会活动。另一个结论是新教信徒比天主教信徒更重享乐，也更世俗，因此通过欲望和需求产生的驱动力更强，也就能顺应时代发展的要求。

事实上，文化的区别给不同背景的群体带来不同的精神给养，也给予其不同的视野、格局和野心。就如同日本的"偏差值"的作用，让人将平均值作为衡量自己的水准和能力的指标，这样便成功地扼杀了一个人的野心，也让其后续的努力和行动变得微不足道。文化让人怀有远见，超越未见，并敢于去突破。这是文化对精神资源的作用，也是对人的认知维度的影响。人的认知，要达到一种境界，要深远，要有野心，也就是要敢于想象和超越未见。

自利性偏差值

有一幅漫画，画的是一只猫在照镜子，镜子中的投影显示的是一只高大威武的狮子。这是很多人都有的心理现象，叫作"自利性偏差（Self-serving bias）"，其往往认为个人的成功源于自己，而错误源于外部因素。戴夫·巴里指出，"无论年龄、性别、信仰、经济地位或种族有多么不同，有一件东西是所有人都有的，那就是在每个人的内心深处都相信，我们比普通人要强。"也许出问题的是你自己，这是一种归因偏见。

希腊古城特尔斐的阿波罗神殿上的"认识你自己"这句话成为被广为流传的箴言，因为认识了自己就可以避免很多无意义的痛苦和烦恼。我越来越体会到真正的羁绊不是别的东西，而是对自己的认知，由于对自己不了解而不知道如何改变来提升自己。成长，原来都是内部的自己与外部环境的相互作用。只有认识自己的不完美，才能进一步提升认知。

美国著名的管理学大师史蒂芬·柯维提出了掌控人生所遇问题的两个圈：影响圈和关注圈。积极主动的人专注于"影响圈"，即通过管理自己的意志、心智和时间来扩大影响圈，实现成长。消极被动的人习惯将注意力停留在"关注圈"，往往导致过于投入在找他人和外在环境的弱点、问题和短处上，容易抱怨外在因素，为自己的无为寻找托词（见图10-1）。

积极主动者
积极主动者扩大影响圈

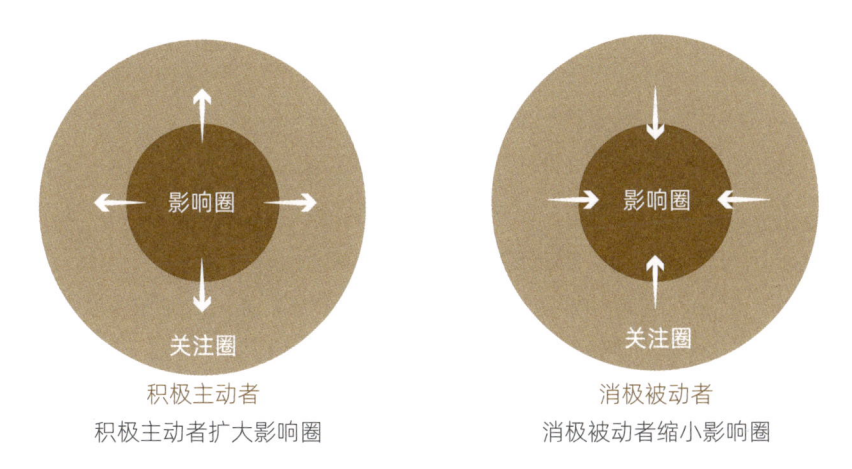

消极被动者
消极被动者缩小影响圈

图 10-1：史蒂芬·柯维的影响圈和关注圈

个人由于环境束缚会限制其选择的张力，这是由外部到内部反馈的机制。相反，对环境的掌控力，其实就是由内而外分析环境，并结合自身的优势和资源创造性地实现影响力扩大的。环境并不是个人困于问题的借口,只有具备掌控力并积极主动变通地应对问题,才能在行动中扩大自己对环境改造的影响力。

通常,当我们遇到问题时,乐观积极与自信的心态会赋予我们解决问题的动能。我们的内心对问题会有不同的提问方式,如"这个问题是什么""为什么会发生这个问题""怎么解决这个问题"。

不同的思考顺序体现了解决问题的主动性和对生活的掌控力。遇到问题先考虑"为什么发生在我身上"的人,往往其处理问题的效率低,因为抱怨和停滞不前占据了其大脑思考的时间。将注意力聚焦在"怎么办"上的人更多的是侧重如何解决问题,而不是抱怨问题或者逃避问题。当问题发生时,我们的选择和反馈会体现出认知的高低。

决策逻辑:成本 < 收益

美国作家保罗·肯尼迪有一本畅销多年的书——《大国的兴衰》,里面提到一个从经济学视角分析问题的极简逻辑模型,探讨了一个极为复杂的预测性问题,即如何看一个国家有前途。那么,大国是如何在历史浪潮中更迭的?保罗给出的公式是:当一个国家扩张的成本已经超过了它扩张的收益的时候,就是它由盛转衰的转折点。这个公式不仅适用于国家,而且同样适用于个人、企业、民族,甚至人类社会的发展进化。扩张意味着投入和付出成本,收益代表不同形式的回报,可以是经济收益、文明进步、科技升级等。

我们都会做当下的和未来短期的投入与产出的计算,但真正的难点不是计算本身,而是选取计算数值的时间点。这个时间格局,是预言家在做预测时难以攻克的难题。因为无论是商业还是个人,甚至大到各个国家的智囊,都很难将人类历史发展进程中的变量考虑周全,例如核武器、病毒、地震、海啸等灾难。但这不能成为其搁置问题的理由。明智的做法是通过概率或者某种渠道,找到在未来可能会发生的灾难,再做一次成本与收益的计算。

无论是纵向看历史,还是横向看不同的国家和企业,大部分决策的施行都基于这个公式:成本<收益。这是一个数学家或经济学家乐于使用的公式,但却容易忽视一个问题,就是这样的认知存在当下的局限性。我们在探讨全球气候变化时,会考虑是现在承担起保护环境的责任,还是将问题留给后世,因为这与当下经济的运行相关联。

比尔·盖茨在TED演讲中讲述了他小时候的故事。那时的人最担心的灾难是核战争。不过在二战以后，世界出现了前所未有的和平，因为各国也都精明地洞悉这一事实，战争成本飙升，同时收益微小、渺茫，投入与产出公式怎么算都只能得到一个负面的答案。事实上，如果有什么东西在未来几十年里可以杀掉上千万人，那么它更可能是一个有高度传染性的病毒，而不是战争。它是微生物，而不是导弹。

现在的世界，虽然局部地区仍战事不断，区域性冲突、恐怖袭击仍频繁发生，但就像尤瓦尔·赫拉利在《人类简史》中推断的，恐怖袭击产生的死亡遇难者人数，可能没有自杀人数多。在2002年的5700万人的死亡中，17.2万人死于战争，56.9万人死于暴力犯罪，二者之和即为人类暴力导致的死亡人数，达74.1万人。同一年，自杀人数为87.3万人。

这并不意味着一个灾难或问题产生的负面效应不够强大，我们就可以不重视或回避这个问题。而是从侧面说明，我们当下认为极其重要的灾难可能在人类历史长河中显得如此微弱，也暴露了我们对真正问题的探索和挖掘不充分。当下不被重视的问题，很有可能在未来会成为灾难性事件，这或许正反映了人们认知的局限和思考的狭隘。

站在食物链顶端应如何认知

追溯到公元前9500年到公元前3500年，人类的祖先已经能够驯化植物，又在时间长河中驯化了各种动物，基本涵盖了生物链的各个级别，人类可以骄傲地站在食物链的顶端，享受极其丰富的物质文明。但值得注意的是，越是站在食物链的顶端，越是要恭敬位于我们下面的这些不同层级的动植物，这就像老话说的：水能载舟，亦能覆舟。人与自然之间、人与生态之间需要维持平衡与和谐。对于未来的不确定性与风险，困难在于我们并不知道问题是什么，也不知道问题可能带来多大的代价，更无法谈及如何解决问题。历史和现实已经告诉我们，破坏性微生物可能带来的全球性危机给人类的生存和繁衍造成巨大的冲击。

小问题带来大危机。或许对当下解决小问题的投入可能是巨大的，但不做任何事情，未来的代价可能远远超出我们之前的投入。忽视这一问题的重要性极有可能带来经济损失以外的灾难和损失。就像1986年4月26日发生的灾难给我们的启示——1986年4月26日，切尔诺贝利核电站发生重大核泄漏，前苏联耗资8.7亿欧元放置"掩体"罩在反应堆上。然而，核辐射对自然环境的影响至少持续800年，超数万平方公里的土地被核辐射严重污染。据统计，乌克兰250多万人因此患上各种疾病，切尔诺贝利附近也成了无人区。

一个被忽视的问题或看似微小的错误，其产生的代价是无法计算的。看似不好的事情，如果能带给我们正面价值，或许可以让我们认清很多自身的问题。对内分析问题，才能成长。遇到问题总是外求的人，永远不知道自己也存在问题，而外部的情况相比内部而言，改变起来总是会更加困难。

不可控的力量可以从我们身边夺走很多东西，但无法剥夺我们应对事件的方式和心态。向内求解决方案，才能获得掌控力和行动的自由。总是将好的结果归为内因，将问题归为外因，不容易真正看到问题的本质，自己也是在原地踏步。最终的成长和进化，往往是对内复盘，寻求解决方案的。

组合思维

埃隆·马斯克在计划进入太阳能行业时遇到储能问题：太阳能发电的一个重要痛点就是进入夜晚后没有阳光，导致间歇性供电。所以需要将白天的太阳能收集起来，储存在电池中以便晚上使用。

马斯克没有通过研究行业竞争对手来分析自己的解决方案，而是先研究了伦敦金属交易所的网站，调研镍、铬、锂的材料价格。基于此，马斯克估算一个电池基础部件的成本，他发现这些基础部件售价并不高，于是利用组合思维，想着从技术方面来优化成本、重新改造，因此创建了太阳城公司。

类似于商业里的组合创新思维，蚂蚁族群的组合智慧也值得思考。研究显示，蚂蚁族群有明确的分工。在一个蚂蚁族群里，20%左右的蚂蚁不做事，而另外80%左右的工蚁却不停地找食物、运送东西、打造蚁窝。研究人员将这些不做事的蚂蚁从蚂蚁族群中分离出来，他们猜想剩下的蚂蚁都是勤劳的劳动者，这样族群的生态会更加健康、有效，因为他们认为在蚂蚁族群里劳动和行动才是创造价值的方式。

结果研究人员发现，在留下的蚂蚁里又有20%左右的蚂蚁不做事了。于是，研究人员再次抓走新产生的这些不做事的蚂蚁。不过，接着又有20%左右的蚂蚁进入了不做事怪圈。后来，经过研究和分析，研究人员终于意识到问题所在：80%左右的一直在不停劳动的蚂蚁是在搬运东西、食物，建造蚁窝；而这些所谓的不做事的蚂蚁其实是在传送讯息。前者劳动是靠体力，后者劳动是靠脑力，二者都在创造价值。

一个小小的蚂蚁族群都遵循着劳动分工和价值创造的"二八定律"，人类社会更是如此。回归到每个人，不同的人创造财富和价值的方式不同；每一个单独的个体在不同的时间周期内同样遵循"二八分配"机制，在不断地在外奔波和工作的同时，也需要定期回归内心和沉下心来思考。

所有能力的问题，都是资源配置的错位

在第二次世界大战期间，在奥斯维辛集中营里，一位犹太父亲对他的儿子说："我们唯一的财富就是智慧，当别人说一加一等于二的时候，你应该想到大于二。"后来，这对父子有幸活着走出集中营，并移居美国，开始了铜器生意。父亲问儿子一磅铜的价格是多少，儿子回答："35美元"。当然，这并非得克萨斯州的市场价格，当时一磅铜是35美分。父亲接着儿子的回答补充道："作为犹太人的儿子，就是应该说35美元，因为你可以试着把一磅铜做成门把手。"

二十年后，儿子独自经营着铜器店，做过瑞士钟表上的簧片、奥运会的奖牌。他曾把一磅铜卖到3500美元，他就是麦考尔公司的董事长。1974年，自由女神像翻新，政府为了处理这些废料，开始了公开招标。当时还在法国旅行的他得知消息后立刻飞往纽约，亲自看过自由女神像下面堆积的铜块和废料后，当即签字承接了这个项目。

当时很多人对此不解，因为在纽约州对垃圾的处理有严格的规定，处理不好会受到环保组织起诉。但他是如何开展这个项目的呢？首先，他组织工人对废料进行分类。随后，废铜被融化，铸成小自由女神像；水泥块和木头被加工成底座；废铅、废铝被做成纽约广场的钥匙。甚至，他把自由女神像身上的灰包装起来，出售给花店。三个月左右的时间，他将这些无人问津的废料变现成350万美元现金。

这个故事说明了什么？价值的发挥和利用，其实都基于资源配置。无论是事物还是个人，看似没有价值，其实都是放错位置的资源。经济学的基础假设是资源的稀缺性，也就是说，资源并不能被无限地攫取。但稀缺真的就一定意味着价值高吗？将每磅35美分的铜卖出35美元，甚至更高的价格，这个例子探讨了资源的稀缺

性和有限性的问题。那么，如何跳出资源的陷阱？

提高资源的利用效率和重组资源的能力，往往能够放大资源的价值，避免受制于资源匮乏的窘境。

创新，即有限事物的再组合

在20世纪90年代，星巴克面临几个亟待解决的问题：如何快速提高市场渗透率；如何在可控成本内扩张店面；如何保证铺开店面既迅速，其装修风格又不至于让客户对品牌产生审美疲劳，同时还能降低成本。这几个问题成为舒尔茨的关切重点。舒尔茨请来了正在为迪士尼设在大型超市中的门店构思设计的莱特·马西（Wright Massey）。莱特选取了一个体现星巴克故事品牌的主题——咖啡的历史和咖啡的制作工艺，并将主题分为四个阶段：生长、烘焙、调制和芳香（见表10-2）。

表10-2：方案拆解与组合

阶段	代表颜色	家具设计	设计方案汇总
生长	绿色	3种家具样式	12种设计组合
烘焙	红火、咖啡棕		
调制	流青和咖啡棕		
芳香	淡黄色、绿色		

按照这个方案设计，新建一家门店的装修工期从24周缩短到8周，成本由35万美元降至29万美元。公司最初计划在五年内将门店由400家增加到2000家，但实际情况是，截至2000年，就已经远远超出预期，达到了3500家。五年间，通过这个方案就为星巴克节省了1亿美元的装修成本。

星巴克增设门店的故事，反映出一个朴实的数学原理：组合的力量能够点燃创新和创造新的价值点。正因为有了限制，才造就了更多的可能性。

乐高式创新

纽约大学经济学家保罗·罗默（Paul Romer）专门研究经济增长理论，他认为持续的经济增长并非在于新资源的发现，而是在于如何有效配置和利用现有资源，在重组中发挥价值。经济学家布莱恩·亚瑟（Brain Arthur）也提出了类似的观点，他认为新技术都基于现有技术的组合。

互联网预言家凯文·凯利（Kevin Kelly）曾阐述未来二十年改变世界的趋势，其中提到一个"重组"的趋势。未来大多数新的事物都是现有事物的重新组合，他形象地将这个趋势类比为乐高拼图。在做重组或者混合时，首先要做拆解，把它拆解成非常原始的状态，再以另一种方式进行重组，之后不断进行这样的循环，就像把乐高拆开后再组装。也就是说，创新都是这些"碎片"和零星的独立模块相互整合与再创造的过程。例如，我们拍照经常用到的美图秀秀，也是通过滤镜、美颜、边框、马赛克背景虚化等多个模块的组合处理，将原本单一的元素整合为多种效果的照片或视频的。

嘉御基金创始人卫哲在分享商业洞察时提到一种组合理念。例如，在消费品领域，通过战略思考，将具备持续增长潜力的产品做到器材与耗材的组合。专门做器材的公司，可以思考如何做耗材；做耗材的公司，可以思考如何把器材作为赋能的产品。

器材与耗材的组合，可以增加企业增长的基础动力，同时赋予可持续性增长，这是组合思维在商业中的应用（见图10-2）。

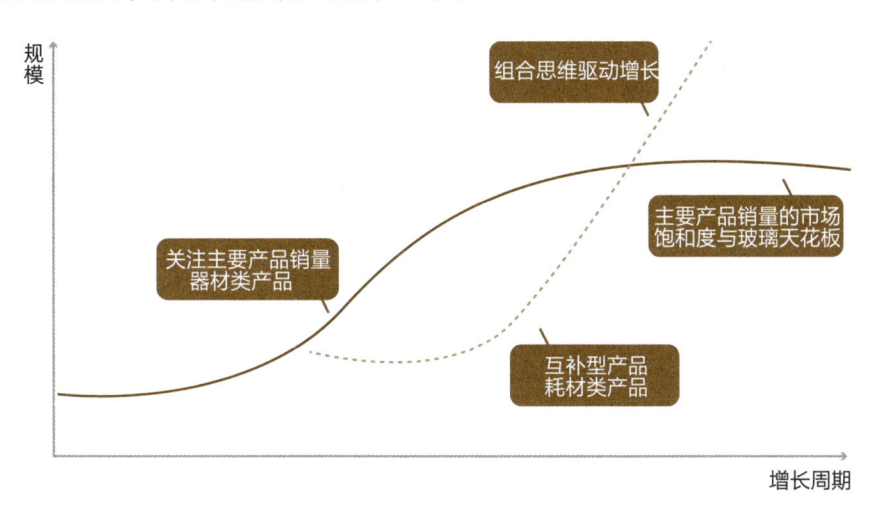

图 10-2：组合思维的商业应用

学习也是如此。知识本身是没有价值的，让知识真正发挥价值，需要连接不同的知识节点，通过逻辑和重组创造性地解决问题。知识和信息有限，并不意味着智慧的局限，因为智慧通过知识的重组和碰撞可以拓出一片新的生存与增长空间。每个个体的潜能都像饼图，我们可以选取几个重要的维度来扩张面积，打造核心能力，但也不应该忘记在多元维度下找到自己的可能性和热爱。资源和能力不是限制一个人的根本，重要的是放开自己的想象力，成就自己的能力组合。

美第奇效应

要不要去大城市发展？对于很多年轻人来说，这是一个权衡取舍的问题。选择大城市，意味着就要放弃一些熟悉的事物和人，重新在一个未知的圈子展开新的探索和积累。从发展的角度来看，大城市最大的特点就是发达度高和人口聚集，而人口聚集能够带来可观的社会福利。一个社会无论大小，其中人的层次都可以被简单地抽象成一个正态分布，这意味着大城市可以吸引更多优秀的人才涌入，同时越是优质的圈子，越是能吸引更多具有优质背景的人才，结识高手和自身成长的机会也就越多。

人才对于一个宏大组织的演进具有重要意义，而对于一个组织甚至个体来说，将自己暴露在一个人才聚集的圈子亦是不可或缺的。我们看日本，可以从侧面看到城市人才聚集效应的重要性。近些年来，关于对日本经济的评论，大多提到"失去的三十年"。日本管理大师大前研一通过对日本现状的洞察提出：中产阶级社会正在崩溃，M型社会已经到来。这是指社会结构呈现字母"M"的双峰分布，即收入高和收入低的群体呈现两极分化，且彼此间的差距越来越大（见图10-3）。中产阶级占据人口很大的比重，这类群体也在慢慢下沉为中下层阶级。

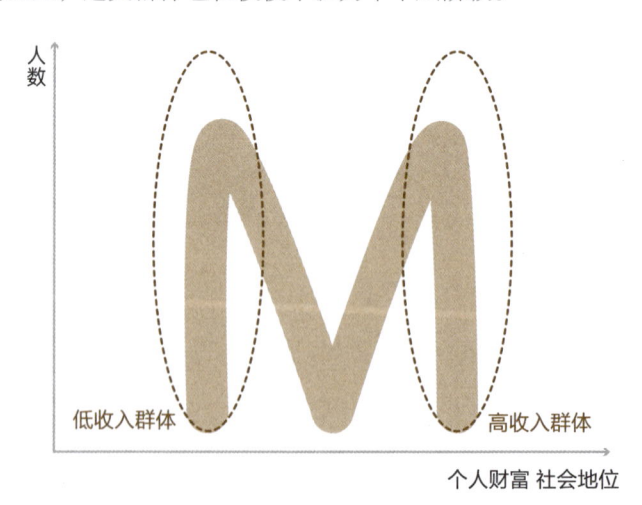

图 10-3：M 型社会结构

然而，在20世纪80年代，日本经济发展呈现出前所未有的繁荣。日本企业在海外市场扩张，有足够的财力进行金融交易和购置海外不动产。1986年，日本第一不动产公司拍下了纽约的蒂芙尼大厦；1989年，三菱地所公司买下了位于纽约黄金地段的洛克菲勒中心14栋大楼。这样的景象，让当时的人们纷纷猜想日本会在短期内赶超美国，成为经济头号强国，甚至经常出现类似于"日本为何如此强大"主题的探讨。1979年，哈佛大学日本和东亚研究领域专家傅高义教授出版了社会学代表作——《日本第一》，对日本的经济发展、教育各个领域进行了深度分析，并予以高度评价。然而，野口悠纪雄在其著作《战后日本经济史》中给出了关键的一个要素，那便是在人才聚集程度方面，日本远没有达到美国的水平，全世界的人才和高等学府都在美国。

在当时，到美国留学的日本学生人数远远高于美国留学生到日本的人数，这在很大程度上取决于日本大学和美国大学之间的实力差距。可以想象，当全世界的人才都集中在美国时，其发展的潜力注定是优于当时的日本的。后来我们看到，虽然在短期内日本经济的表现非常强势，但其长期发展的潜力并不能保障未来经济还继续有爆发性的突破。人才，对于一个国家和一个企业的发展的重要性不言而喻。

多元化的人才成就美第奇效应

新加坡国父李光耀曾指出，新加坡对人才的重视已经升级为国家战略的一部分。新加坡作为一个城市国家，地寡人少，自然资源匮乏，于是其提出了人才引进计划，通过教育和科技方面的发展战略，以及开展与企业和院校合作等方式引进海外人才。李光耀在访谈[1]中提到盖洛普咨询公司做过一个关于国家发展必要因素的调查研究，其中指出国家发展的必要因素是人才。他还谈到新加坡发展的要务，就是吸引并留住人才——"人才不仅仅指学者，也包括足球明星、网球明星、歌手、摇滚乐手以及其他。国家建立在城市之上，城市建立在部门之上。有四种人才：发明家、企业家、导师和超级导师。美国如此强大，是因为这四种人才它都有，它有着吸引人才的文化。"

人才聚集可以产生协同效应，创造新的机会和商业互动，是未来增长潜力之所在，为未来发展提供驱动力，可以被认为是"美第奇效应（Medici Effect）"。欧洲在14~16世纪进入了文艺复兴时期，当时位于意大利中部的佛罗伦萨成为文艺复

---

[1] 《李光耀：新加坡的硬道理》，韩福光 主编。

兴重镇。美第奇家族资助各个学科领域的创新人士，包括雕塑家、诗人、哲学家、画家、建筑家等，形成了一个跨学科和跨领域的交叉枢纽，各个领域的人士相互往来，打破了那个时代的局限性和学科的边界，孵化出很多伟大的作品。

"艺术三杰"达·芬奇、拉斐尔·桑西和米开朗基罗在绘画、雕塑、建筑等领域的杰出成就就得益于美第奇家族的资助。当不同领域、学科和文化的内容交织在一起时，原本独立的概念相互作用，随机组合，就产生了一个新的东西，很多创新的东西往往就来自旧有事物的组合。这种效应成就了大城市，让大城市占据交叉点和枢纽位置，也就占据了优势位置。

整合思维

1776年，亚当·斯密在《国富论》（原名《国民财富的性质和原因的研究》）中提出劳动分工这种方式能够在生产过程中大大提高生产效率，并以在大头针工厂所做的观察为例说明了其效果。在大头针制造业里，一个劳动者在没有受到专业训练的情况下，不知道如何使用专业机械，纵使竭力工作，可能一天也造不出一枚大头针，要做20枚，简直是天方夜谭。然而，当这种职业被分为若干环节，如抽铁线、拉直、削尖线端、打磨等时，大头针的制造就被分为18种操作，分由18个工人完成。工人人数不多，必要的操作机械设备也很简陋，但如果他们勤奋努力，一天也能成针12磅，按照每磅大约有4 000枚中等针计算，这18个工人可一天成针48 000枚。

劳动分工在大大提高生产效率的同时创造了经济财富，其分工和协作是推动社会进步与发展的重要因素，也是细分能力和整合思维的价值所在。

一个人走得快，一群人走得远

一提到账户，往往人们头脑里出现的是银行存款，因为大多数人把金钱财富当作资本和自己的积累，而没有意识到，其实有一种资源的重要性不亚于金钱财富，这种资源就是"人"。人际资源这个账户是我们谋生、谋幸福不可或缺的财富。整合人际资源，也就是从侧面管理这个账户，让它长期升值。

有一种能力叫——整合人际资源。有句玩笑话，从侧面反映了整合人际资源的力量："美国梦，把世界的梦想都整合了。"如果你的梦想够大，就可以整合他人的梦想。因为人是做任何事情的基础和载体，人有一种独特的属性，就是自带能力和资源，每个个体都是一个独立的能量体，聚在一起就可以产生一些创意。英语里有一个词"dependence"，意思是"依赖"，它可以被转换为"independence"和"interdependence"，意思分别是"独立"和"相互依赖"。这三个词其实正说明了一个个体融入一个集体的过程，由依赖，到独立，再到真正的"独立"，也就是更大格局的"相互依赖"。

人类成长有三个阶段：依赖期（dependence）、独立期（independence）和互赖期（interdependence）（见表10-3）。

表10-3：人类成长的三个阶段[1]

阶段	核心	表现
依赖期	以"你"为核心，你照顾我	你得为我的得失成败负责
独立期	以"我"为核心，我可以做到	我可以负责；我可以靠自己；我有权选择
互赖期	以"我们"为核心，我们可以做到	我们可以合作；我们可以融合彼此的智慧和能力，共创前程

在每个阶段的过渡拐点，无论是进入独立期，还是进入互赖期，很重要的一点就是开始主动负责，从对自己负责到对他人负责。成熟的人，能够知道自己不是被负责的，知道自己不是所有事情的中心。这是一个去中心化的认知过程，并慢慢学着与外部和他人协作。个人、企业和国家的成长都经历了这三个阶段。没有人的成长可以独行，最终的独立是为了更好地相互依赖，因为最佳状态和共赢局面是由多股力量共同打造的。这三个阶段体现了不同的能力：

① 依赖期——独立能力弱，依靠外力协助。

② 独立期——能力达到足够独立的水平。

③ 互赖期——能力水平足够独立，但独立并非最佳状态，而是要相互依赖，协作共赢。

管理者或者有能量的人提携年轻人，是一种利他思维的表现，通过鼓励、提携和支持新生力量创造协作机会。对于管理者，这相当于开启了价值的"第二曲线"，让每个人的进步和成长都成为自己成长的一部分。投资企业和项目同理，本

---

[1] 笔者根据史蒂芬·柯维的《高效能人士的七个习惯》整理。

质上是在投资人，让被投资项目成长起来就是在打造自己的成长，扩大自身价值的边界。因为个人与组织的时间、精力、能力等稀缺资源都存在边界，要创造更多的共赢局面，在利他的同时也是利己。

然而，人在进入独立期的时候也会出现一种现象，就是"叛逆"。叛逆的原因是我们在成长的象牙塔中感觉自己已经足够强大，能够独当一面，可以独立自主地靠自己去完成目标。极端的做法是出现攻击性行为，变成与外界对立的互动模式。

如果进入互赖期，则会意识到原来自己已具备独立处理事情的能力，但并不因此而阻碍自己与外部世界的互动和互联，反而能够在与他人的协作中实现多赢局面。管理大师彼得·德鲁克[1]针对团队合作模式，指出有两种可行性选择，其中一种基于"棒球队"思维，另一种基于"网球双打"思维（见图10-4）。这两种模式适合不同的组织架构和文化。

表10-4："棒球队"思维与"网球双打"思维对比

思维方式	模式	特点	所处阶段
"棒球队"思维	每个球员都有固定的守备位置，不能随便离开位置	好处：即使是陌生的新团队，也可以一起打球 坏处：一旦对手把球击往非守备位置，就容易失掉分数	侧重独立期：着重对自己的职责范围负责
"网球双打"思维	每个球员既有自己的责任区，也要在队友需要时灵活补位	网球双打，如果想赢球，则需要两人提前磨合一段时间，彼此了解并建立信任和默契后，才能避免出现防守空隙	侧重互赖期：着重对彼此共同的目标负责

这两种与他人和外界合作的思维决定了其职责，也就决定了其对目标的认知和解读，以及如何执行方案。我认为更多的时候，"网球双打"思维更富有建设性，格局更宏观。真正的成熟和强大不是"你很好，我可以从你那里得到什么"，也不是"你很好，但我可以靠自己，自给自足"，而是"你很好，我也很好，我们一起合作会更好"。这就是所谓的格局，格局是分层级和分维度的，处于互赖期的格局是在认知维度的顶端，懂得创造多方共赢的局面。

---

[1] 笔者根据彼得·德鲁克的《管理的实践》整理。

联盟思维

在自然界中，存在一个被广为流传的"鳄鱼与鳄鱼鸟"的故事。鳄鱼素以凶猛著称，为什么它和与它体形相差悬殊的鳄鱼鸟（又叫"牙签鸟"）可以实现共生模式？

当鳄鱼饱餐后休息时，会有很多鳄鱼鸟飞过来并拍打翅膀，惊醒后的鳄鱼便张开大嘴，这时鳄鱼鸟便飞到鳄鱼的口腔里，去啄食鳄鱼牙缝中剩余的食物，补给维持身体的能量。对于鳄鱼来说，口腔也被清洁了一遍。同时，由于鳄鱼鸟机敏，警惕性很强，所以一旦有风吹草动，便会发出信号，鳄鱼也会在收到警报信号后做出避难行动。可见，动物之间的共生是一种合作共赢的关系，对两个物种的生存和繁衍都有益处。鳄鱼和鳄鱼鸟之间的协同、互补，也诠释着另一种在各自的细分领域和生态中的"战略关系"。

传统的合作和雇佣模式通常会建立起管理层与协作者的对立面，全球最大的职场社交平台Linkedin（领英）创始人里德·霍夫曼提出了人与人协作的新机制。从具体的一个场景来看，当公司要招聘一个员工时，如果面试官问面试者："你打算在我们这里干几年？"面试者可能会想一下，说："三年"。面试官接着问："三年以后，当你离开这里时，你希望自己成为一个什么样的人？"

当这个问题被抛出后，可以暗示面试者在这里工作的三年时间，不仅仅是挣三年的工资，还可以成为一个更厉害的人。要让面试者感受到工资、财务回报只是在这里工作的一部分收益，更重要的是让面试者意识到其所有的付出不是为了给老板和创始人打工，而是为了自身的成长和增值。同样的三年，简单的打工思维和自我成长思维，会带来截然不同的协作效率。这就像在共同约定的合约里，将互相的投资坦诚相告，并且进行目标设定，接下来的三年都将是兑付彼此承诺的践行。员工和老板之间不再是对立的关系，不再是相互利用的关系，而是组成一个联盟。

在与人协作前，我们要了解清楚对方希望在团队中获得怎样的成长。事实上，联盟的底层逻辑是每个人都值得尊重，每个人的时间都是值得投资和能够增值的。不同人的价值追求、梦想、目标虽然不同，但是有可能通过一个共同的愿景或项目，找到彼此最大公约数，达成共识，实现双赢局面。

尽管说一个人走得快，一群人走得远，但并不是所有人和我们的互动都是同一维度的，其大致分为五种关系模式，即创始人、合伙人、参与人、粉丝与观望者。

① 创始人层面：指以与创始人层面的人互动为主，更侧重对战略和核心关键事务的探讨。

② 合伙人层面：指具备管理能力和认知力的人，他们是事业的重要主力，企业中的职业经理人就是合伙人层面的角色。

③ 参与人层面：指具体在某些事情或项目中执行落地的人。

④ 粉丝层面：粉丝其实是支持我们的人，但他们不参与其中。在商业中粉丝可以指我们的用户和客户。

⑤ 观望者层面：观望者是完全和我们没有交流的人，但这是暂时的观望。观望者在一定的时机能够转化为与其他层面的合作和互动。

此外，我们需要动态看待这五种关系模式。

这一分类的价值是让我们知道选择和取舍，不是所有人都适合或胜任所有角色，要根据具体情况有所鉴别。

如何让团队成员从被动应对变成积极合作呢？《影响力》作者罗伯特·西奥迪尼建议，当你遇到突发灾难时，从人群中挑出一个人来，注视着他，指着他，直接对他说："这位穿蓝夹克的先生，我需要帮助，请叫一辆救护车来。"当然，前提是在当前情况下你还能说话。

当在紧急状态中需要帮助时，最有效的策略是减少周围的人对你的处境和他们的责任的不确定性，尽量把你所需要的帮助表达清楚。不要让旁观者自己去下结论，因为社会认同原理和多元认知效应很可能使他们对你的处境做出错误的判断，在人群中尤其如此。团队协作和社群管理同理，在团队中或社群里交代任务时需要将责任落实到具体的人，这样才能更好地执行。模糊责任的边界，会导致任务分担不清。

协作者 DISC 类型

DISC将人类情绪和性格特质分为四类，即领导型、社交型、思考型和支持型（见表10-5）。认识不同人的主导特质，有助于更高效地与他人合作。

表10-5：DISC性格分类与性格特质

老鹰：支配（Dominance）、控制	孔雀：影响（Influence）、社交
关注事 权力、力量、指挥者 喜欢说，不擅长倾听，不善于授权 时间观念强 沟通显示权威性，赋予团队信心	直接 影响者，在乎外表，沟通高手 无时间观念 跳跃性思维 在意存在感
猫头鹰：服从（Compliance）、思考	鸽子：稳健（Steadiness）、平和
关注人 思考者 表情不丰富，不多说话，以听为主 考虑问题严谨 时间感强，强迫症，难以亲近	间接 支持者，没有主见，同理心强，照顾他人想法 时间观念强 关系、合作 不善于应变

每个人在不同时期或针对不同事情体现的主导特质并非一成不变，而是有一定的灵活度。我们在认识自己的同时，也能更好地懂得如何最大化获取协作一方的高效配合与支持。

全世界人类曾经走过的路，都要算是我走过的路之一。

关于如何学习和成长，有两种类比，一种是像黑洞一样，一种是像海绵一样。这两种类比的共同之处在于，通过专注和降噪，最大化自己吸收的知识和成长要素，将正向的事物收于麾下。

许倬云老先生曾说："我们要想办法，拿全世界人类曾经走过的路，都要算是我走过的路之一。"在历史的发展中，人是极其渺小的，个人存在的时间是短暂的。如果排序的话，那么出现时间最短的是个人，比个人时间稍长的是政治，比政治时间稍长的是经济，比经济时间更长的是社会，再后面是文化，自然是时间最长的。从历史的维度来看，个人的地位是最低的。个人的地位越低，越能从大的环境中汲取更多有益的东西。这就像人类的文明是联通的，世界的历史也是全人类共同的历史，其中可以借鉴学习的智慧是没有边界的。

前面提到人生成长的三个阶段：依赖期、独立期和互赖期。全球化的进程加深了彼此的互赖，虽然在某些情况下可以认为我们有足够的能力保持绝缘，完全独立于世，但保持"独立"的立场毕竟不是价值的最大化，也不会成为未来的趋势。因为只有融合和去边界化的协作，才能保证在贸易流动、人才流动、技术流通的时代找到应对问题的最优解。

在人类文明发展的历程中，产生了"轴心时代"[1]。公元前800年至公元前200年，在世界四个非同一般的地区，延绵不断抚育着人类文明的伟大传统开始形成——中国的儒道思想、印度的印度教和佛教、以色列的一神教，以及希腊的哲学理性主义。这些思想发源地大致分布在北纬25度至35度区间，在"轴心时代"这个地理区间内，人类的文明出现了人类精神文明的奠基流派。

在"轴心时代"，各个地区都涌现出文明，一部分原因是这些地方都陷于武力治世：古希腊处于城邦纷争中，在古印度释迦牟尼面临多国争斗，中国正处在春秋战国时期……乱世往往催生思想者，他们试图通过思考寻求解决问题的方法，探索真理和痛苦解脱之道。"轴心时代"的产生也从侧面反映出一个规律，即文明和智慧是环境赋予的同一性，不同地区的人经历相似的事情会产生共性的文明，总结出相似的经验。

"全世界人类曾经走过的路，都要算是我走过的路之一。"这也是将所有文明和地区的历史看成一个集合。不同集合间存在交集，各个集合也存在子集，子集又会相交，彼此借鉴，互助互成（见图10-4）。例如，通过全球规模的协作来应对新冠肺炎疫情，正是对这个认知的践行。

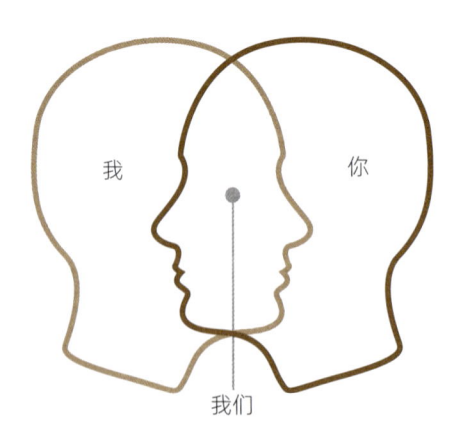

图10-4："我"和"你"之间寻求交集，才能成为"我们"

---

[1] 凯伦·阿姆斯特朗（Karen Armstrong），英国最负盛名的宗教评论家之一，她提出一个跨越边界的认知发展的概念，被称为"轴心时代"。

就像教育家卡尔·雅斯贝尔斯的发问：什么是教育？他说，教育就是一棵树摇动另一棵树，一朵云推动另一朵云，一个灵魂唤醒另一个灵魂。我想，所有他人曾经走过的路，也像树一样，像云一样，传递着影响。一个人也许能走得快，但一群人可以走得远。

所谓格局，即寻找最大公约数

从国际贸易的历史演进可以看到这三个阶段的发展：奴隶社会，生产力低下，人和资源的流动性很弱，贸易主要是为了满足奴隶主的需求；进入封建社会，交易和商品流通变得更加频繁；工业革命后，生产力迅速提高，制造业分工细化，商品规模大大扩大，同时带动了国际市场和跨国贸易的流通。例如，英国在实现工业革命后将商品销售到海外市场，体现的正是从独立期向互赖期的转型。

从当今世界的发展进程来看国际贸易的发展情况，每个国家的产业链的每一个环节和外部世界的商业都有着紧密的联动，每一个环节的波动都会影响产业链其他环节的正常运转。例如，在中国出厂的一辆汽车，构成其整体的千万个零件可能来自百十家全球企业。贸易细分了每个个体的竞争优势并打造了核心竞争力，也优化了整体的成本，加深了彼此的依赖度。但这并不意味着完全的依赖而不可分离，并不是没有对方就无法生产一件商品，只是完全独立生产一件本来可以协作完成的商品会增加生产的成本，降低社会财富创造的效率。这也是从独立期过渡到互赖期的一个核心价值点。

桥水基金创始人瑞·达利欧记录过他在非洲的见闻。他看到一群鬣狗扑倒了一只幼小的角马，这样的弱肉强食让他很难接受，对那只角马充满同情。但他没有停止在感性层面，而是继续思考：如果没有目睹这一幕，这件事是好还是坏？他意识到，自然会走向整体的最优化，而不是个体的最优化。人们惯常的判断是根据事物本身，或者个体情况，而忽略系统和整体的视角。我们对经历的事情的解读同样遵循这个逻辑，对我们自身有利的事情，我们认为这就是好事，但可能这件事会产生不利影响，对整体而言不一定是最优选择。这时我们思考的局限是整体的利益和长期的影响，我们的格局被框住。

事物和个体彼此间的依赖不是因为无法独立存在，而是为了有最好、最优的解决方案。这个最优的解决方案遵循的原则可能是经济效益维度的优化，也可能是人道主义方面的最优解。优秀的人，成就自己；卓越的人，成就他人。先成就自己，再通过个人的能力和努力，成就他人。所以，尊重互赖期彼此的价值，珍视建设性的协作机制，是在新时代流动性巨大的当下应该寻求的一个最优解。我依赖你，并不是因为没有你我不能活好自己，而是我们彼此依赖，才能活出更好的我们，这就是我们寻找最大公约数的过程。

整合最优解

商业中有一个案例[1]，很生动地说明了整合思维的建设性作用。玩具品牌乐高集团一开始需要在两个选择中平衡：制作一部优秀的电影，或者创造一部提升乐高品牌形象的作品。

任职乐高集团的CEO克努德斯托普从认知上找到了问题突破口，他认为大多数人在面对问题时会以一种优化问题（optimization problem）方法处理，即在平衡选择中徘徊。但真正有效的解决方案是整合不同方案的优势，在妥协和整合中获得更优秀的解决方案（见表10-6）。

表10-6：乐高案例

背景	乐高集团计划进入影视创造产业，但其优势不是写电影剧本。方案两大诉求： A. 制作一部优秀的电影 B. 创造一部提升乐高品牌形象的作品
两种极端模式	乐高集团请来电影编剧和导演根据整体架构来落地具体的故事情节。问题是，顶级电影人不太愿意参与这种具有固定框架的创作
平衡问题	当务之急是制作一部既富有创意，又能提升乐高品牌形象的电影
新的解决方案	创意团队的解决方案是从客户那里收集大量故事，并改编成电影中故事的情节。最后，《乐高大电影》找到了成功路径： 专注利用整合资源和故事，最大化整合思维和机会，而不是在既有选项中做出选择

商业思想家、多伦多大学罗特曼管理学院前院长罗杰·马丁（Roger Martin）提出了"整合思维（Integrative Thinking）"，就是头脑中同时容纳两个相互矛盾的观点，并从中得出汇集两方优势的解决方案（见图10-5）。

---

1 作者根据《整合决策》案例整理。

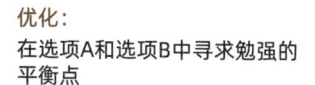

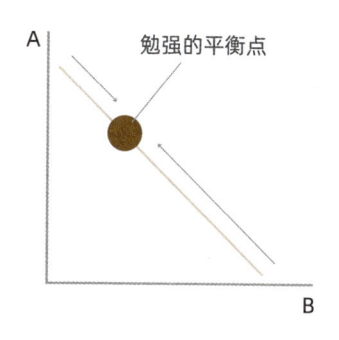

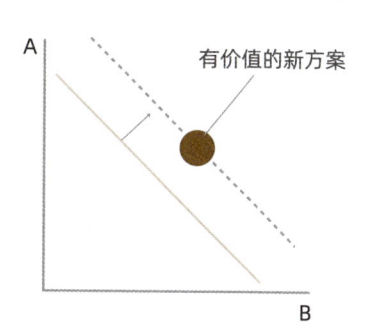

图 10-5：整合思维[1]

整合思维就是创造更伟大的选择。不在既定的选项中找到勉强的平衡点，而是在提炼各个选项的基础上，重新组合出新方案，引入各个方面的优质要素。也就是在相互依赖中寻求各自的优势资源，价值重组。当然，相互依赖的前提是彼此的独立与能力。

复制力

"复制"很容易让人想到电脑操作中的"复制"和"粘贴"，也就容易让人联想起偷懒和投机取巧的把戏。但"复制"的本质不是走捷径，而是找到提升效率的路径。"复制"只是被一些取巧的人用在了不适合的场景下，也就变成了懒惰和抖机灵的代名词。复制力被应用得很广泛，而且越是聪明人，越懂得如何利用复制力。"草船借箭"这个广为人知的故事也是实践"复制力"的历史案例。

在赤壁之战中，周瑜向诸葛亮提出十天造十万支箭，诸葛亮却出人意外地说三日即可，并立下军令状。周瑜心里想，十日内造出十万支箭都是难以实现的，更何谈三日即成。当然，运用线性思维是肯定无法实现的。

诸葛亮向鲁肃请求借调二十只船，每船配三十名军士，船只全用青布为幔，各束草把千余个，分别竖在船的两边。船只等都已准备齐全，前两日诸葛亮都没有举动。第三天凌晨，雾气笼罩着江面，对面不相见，诸葛亮的二十只船

---

[1] 资料来源：《整合决策》，罗杰·马丁 著。

被连在一起向曹营出发。当船队接近曹操水寨时，诸葛亮命船上军士将船一字排开，同时擂鼓呐喊。

重雾迷江，曹操担心遭到埋伏，于是急调旱寨弓弩手六千多人到江边，加上水军弓弩手共一万多人向江中放箭，箭如雨发。等雾散去，船上已布满箭矢。诸葛亮下令船队返回，成功实现三日便得十几万支箭的目的。

草船借箭的故事，说的是一种打破线性思维的能力，也是运用复制力对资源进行调配和利用的能力，以及迁移学习的能力。

第 11 章
跨越第二曲线

> 在这个世界上,所有的有机体,无论是动物、人还是由人所创造的产品,最终都难逃一个叫作"生命周期"的自然规律,都会经历从诞生、成长、衰退,到最后结束的过程。
>
> ——英国管理大师 查尔斯·汉迪

"英雄之旅"的成长思维

当你知道自己的目标无法一蹴而就时,你就不会着急春耕秋收;当你知道长期主义的目的地不仅在远方,也在当下时,你就不会焦虑时光。约瑟夫·坎贝尔是20世纪美国比较神话学大师,因其对神话研究的独特思考而著名,他提出的"英雄之旅"的模型成为文化、艺术领域的创造力的重要理论。

1929年10月,坎贝尔回到纽约,正赶上华尔街股灾。他找不到工作,也在考虑放弃攻读哥伦比亚大学的博士。当时坎贝尔25岁,他选择到位于纽约伍德斯托克的小木屋里隐居,在那里读书,尝试写小说。在隐居的5年里,他阅读了大量书籍,写出了一部短篇小说《神话想象》,但并没有取得成功。不过,这并没有影响他继续阅读和写作的习惯。在阅读方面,坎贝尔的心得是阅读自己想读的书,通过阅读一本书引出自己想读的下一本书。

1934年,坎贝尔接到莎拉·劳伦斯学院的一份工作邀请,随后他开始了教授比较文学和神话学的工作，一直持续了38年。坎贝尔后来回忆年轻时的经历，他说在学生时期参加爵士乐队的演出，攒了一些钱，这些钱支撑他隐居的日子。虽然没有工作，但那时候他生活很自律。他发现作为年轻人，如果没有沉浸在某件事中，也没有能力去支持这件事，就不需要什么钱。

在隐居期间，他给自己制定了日程安排。他说："在没有工作或没有人告诉你该做什么的时候，你要自己找到该做的事情。"每天，坎贝尔都会把一天分成四个时段，每个时段四个小时。其中三个时段看书，剩下一个时段自由活动。坎贝尔会在心里有意识地记录自己的时间开销，他曾这样介绍自己的时间管理：

> 我每天早上8点起床，9点坐下来开始看书。这意味着我用起床后的第一个小时做早餐，整理房间。然后用第一个四个小时时段中剩余的三个小时看书。
>
> 接下来用一个小时吃午饭，另外三个小时看书。接下来是可以选择的部分。通常我用三个小时看书，用一个小时外出吃饭，然后是三个小时的自由时间，再用一个小时收拾上床睡觉。所以我每天晚上大概12点睡觉。
>
> 如果有人邀请我出去喝鸡尾酒或有其他类似的事情，我会把读书的时间安排在晚上，把娱乐安排在下午。
>
> 这个日程安排运转得很好，我每天都能有9个小时的阅读时间。这样的生活持续了9年，在那段时间里我读了很多书。在莎拉·劳伦斯学院工作时，我在开始写作之前，依然会在周末保持这种日程安排。

坎贝尔的英雄之旅追寻的是什么？他给我最大的启发是，在任何危机、经济萧条或外在环境不利的条件下，都不要放弃对自己内在潜能的开发。通过自律和日常时间开销管理，开启个人的成长之旅。每个人认知和成长的过程，都会是一个起承转合，经历启程、启蒙、考验、归来的英雄之旅的过程。

学习的信念

我在大学刚入学时，出于对外面世界的好奇，想寻找一个适合自己探索外面世界的出口，于是开始学习法语。我没有过多考虑这个需要多大的投入，只记得学校有一个外语学习手册，里面有一个数据图表，被称为"欧洲共同语言参考标准[1]"，达到最高级C2水平，需要至少500学时。英语学习的经历倒也让我有了一点信心，我有自己乐观主义的思考，那就是在已经在外语学习上有一定经验的情况下，再学习欧洲其他语言。

抱着这种乐观的想法，法语学习一直没有成为英语学习的对立面，反而在我学习英语GRE级别的词汇时，促进了英语学习。在法语中遇到的词根和词缀，在GRE里面都遇到了。而且我发现越是英语里高级的词汇，像GRE这种硕士入学考试的词汇，越是和法语有相似之处，甚至在拼写上都基本一样。看来历史上法国在欧洲确实有一定的影响力，英语从法语和法国文化里借鉴了很多东西。

后来有些朋友向我咨询学习法语的难易问题，想知道英语会不会成为学习法语的阻碍。我的回答是不会。我认为只要掌握了外语的规律，也就掌握了语言学习本质。就如同拥有深厚的内功，在遇到新的知识时，将之前的技能进行迁移，不但不会成为阻力，反而能大大提升学习效率。不过，法语比起英语，学习起来确实有些难度。我从中总结了我在学习过程中一些认知上的经验：

① 开启一件新的事情，本身是困难的，而且凡事都是有困难的。但如果真的热爱和好奇，那么就鼓起勇气开始，并坚持下去。

② 要随时记得"小马过河"的故事。适合别人的东西不一定适合自己，要学会具体问题具体分析和独立思考。学习方法、掌握知识和打磨一项技能同样如此。对于好的学习方法，要像海绵吸收水一样吸收；对于负面的内容，则要结合自己的情况有选择性地取舍。

③ 相信学习能让一个人降低患阿尔兹海默症的风险，因为脑袋越用越好使，尤其是多掌握一门外语。

④ 越学习，越能打通知识的边界，自然学习新知识的速度也越快。

成长型思维

当我真正到巴黎读书的时候，需要租房，还是感觉自己的法语水平不够。我和室友找到一个两居室，在签合同的那天，第一次见房东。房东是一位华裔女士，她

---

1 Common European Framework of Reference for Languages，简称CEFR，这是欧盟成立后，为了方便管理成员国的人才流通和沟通交流而制定的语言水平标准。

从一沓文件里抽出一张纸刷刷地写了几行字，里面就夹杂着几个我不曾遇到过的法语单词。当时我就有一种想马上掌握好法语的冲动，感觉自己就是异国他乡的"文盲"，一下子成了"没有文化"的人。当时的我，与其说是渴望掌握好法语，不如说是渴望改变当时的境况，希望能够摆脱语言问题对自己的学习和生活的束缚。这种对知识的渴望伴随着我度过了在法国的几年时光。那时候才感觉到语言问题会让人产生对人生的怀疑，会使人容易陷入对自己的否定之中。但庆幸的是，我没有因为最初的法语水平有限就给自己的法语判了"死刑"。

对学习的认知与经验告诉我，语言是一个可以通过刻意学习掌握的技能，而且是一个可以主动选择的知识投资。我曾在《投资陷阱：请放弃努力，万一证明是能力问题就不好了》[1]这篇文章中探讨过外语学习的一个现象，在法国商学院读书，最初入学时，同学们的法语水平可能相差没有那么大，但第二年选择不同的语言授课一段时间后，大家的法语水平就渐渐地拉开了档次。

斯坦福大学教授卡罗尔·德韦克提出了人的思维方式分为两种：一种是成长型思维，另一种是僵固型思维。成长型思维的核心是认为人的能力是变化的，会以发展的眼光看成长曲线，具备成长型思维的人会把生活当作升级打怪的无限游戏。

在异国他乡真切地感受到了语言的束缚，但我慢慢意识到，切断一个束缚，还会有其他束缚限制你的想象力。只有知道自己要什么的人、摆脱环境束缚的人，才能在认知上持续不断地前进，才能更有效长期地成长。

竞争力规划

2017年，美国教育经济学家格雷格·邓肯（Greg Duncan）领导了一项研究，提出了一个儿童早期教育的问题——"凋零效应（Fadeout Effect）"。如果你快速给学生灌输一些知识，的确能让他们迅速获得一个成绩优势——但是，这个优势总是保持不了多久就凋零了。别人终归也会学到那些知识，而你这边后劲不足。而且凋零效应不局限于早教，所有的教育都有这种效应。

这是为什么呢？研究者认为，这是因为能突击灌输的知识，都属于"封闭式"的技能——这都是一些按照规定操作的流程。这种知识包教包会，但是缺乏累加作

---

[1] 该文章被收录在《成长流量：今天的努力是为了打败昨天的自己》一书中。

用，不能成为后面继续进步的基础。要想让人没那么容易赶上你，你需要掌握的是"开放式"的技能，这种技能能与别的知识发生连接，有复利效应。但是对"开放式"的技能学得慢，你会意识到，输了现在、赢得未来的功夫，才是真功夫。

心理学上有一个说法叫"有利的困难（desirable difficulty）"，意思是说，它看起来是一个困难，但是你想要这个困难，因为它能让你深度学习。有困难，才是真学习。无论是对于已经进入社会的成年人，还是对于正在接受学校教育的学生，教育对人的学习和竞争力的影响都是重要的。教育的内卷现象在很多国家都存在，使得所有人都成为统一的毫无差别的人。上好大学，进好公司，不等于幸福、成功的人生。人生很长，走些冤枉路又何妨。

在人生开始阶段，过早地输入知识和信息并不是最要紧的。打造一个人真正的核心竞争力，更重要的是发挥其优势长板，在每个人喜欢、擅长而有价值的方面找到自身定位，深入钻研。父母最重要的任务，是给予孩子应对未来不确定世界的自信力、创新力、独立思考能力。

认知是一种选择力

我记得在工商管理课程和MBA课程上，教授经常会提到"如何做战略"，"战略"成为一个抽象又"高大上"的词。当我慢慢有了一些商业案例的积累后，意识到战略也没有那么神乎其神。大到国家、企业，小到个人，都会涉及战略的应用场景，选择做什么和不做什么，这个原则执行到位了，战略也就出来了。

选择做什么，以及暂时放弃某些目标，是一种决策能力，即对主要矛盾进行辨识并排序，抓住主要矛盾和矛盾的主要方面。

要事第一

通常人们会在头脑中列出一天的任务清单，有的人会付诸笔头，将一天的任务事项（to-do list）列在本子上，再一项项划掉已完成的任务。如果同时附加另外的维度，把重要性和紧急性作为横纵坐标，则更能够集中优势资源解决首要问题和提升效率（见表11-1）。

表11-1：重要性—紧急性坐标管理象限

紧急性	重要性	
	紧急、不重要的事务	重要且紧急的事务
	不重要、不紧急的事务	重要、不紧急的事务

任何时候，都不会只有一件事值得去关注，总是有各种各样的问题发生在同一时期。但选择出最重要且紧急的问题，比能够处理很多问题还要重要。

选择做什么，是一个战略性的部署问题，懂得为事务排序，才能在关键发展点上调动优势资源。

认知深度，决定选择思考的长度

选择是一种认知力的外化。选择学习一门外语或者去某一个国家发展，需要认知层面的思考，也就是需要深入、全面思考一个问题的能力。外语能够打卡一个人的认知窗口，加大其认知带宽，增强其对事物和人的同理心。

学习外语不仅需要从自己的喜好出发，还需要考虑大环境下国家的教育情况，以及基于这个国家发展的特色和状况孕育的教育体制和属性。教育是为国家发展服务的，不同国家的发展战略，即在全球市场的定位，也同样会影响其教育的重心，随即产生人才培养方案的差异化和特有的侧重点。

例如，美国作为移民国家，大批的留学生涌进教育质量领跑全球的高等学府。因为好的东西对人总是有天然的吸引力，美国教育的优势是其精英教育体制，从这些高等学府出来的人很多成为科学家、企业家、商业精英、专家。这也是基于美国的经济特点而向社会输入的顶尖人才，尤其可以看到华尔街的金融从业者和硅谷的科技人才，那里已成为海外人才毕业后的集中地。

流量流向哪里，是因为财富流向哪里。但财富流向哪里，对整个社会和国家的发展而言，并不一定是综合且健康的发展态势。新加坡国父李光耀在谈及美国教育面临的挑战时特别提到，美国需要培养的不仅仅是顶尖的各领域人才，还需要注重培养中层和底层的人，因为支撑一个经济体的大部分工人是由中层的人才构成的。对于基础教育和技术教育的弱化，可能受到美国经济高度依托的第三产业服务业的影响，因而更多的技术类和制造业的从业人员多年处于被边缘化的窘境。

在欧洲，尤其是法国，和美国有相似之处。法国的精英教育也是继承了历史遗留的因素。法国本国学生在高中阶段也要像中国学生一样经过一个人生考核，甚至在某些方面的考核比中国的高考还要严格，竞争极为激烈。这些通过考核选拔出来的学生能够申请到一流的精英院校，除了商科类的，还有工程师类、政治科学类的高等学府。当然，法国的产业以文化和历史的积淀为优势，对文创产业更加依赖，也让首都巴黎保留并加强了其作为世界文化艺术中心的地位，时尚、奢侈品、国际展等领域已经落地为成熟的支柱产业。

由国家层面对教育的定位，也就能感受到，一国的教育其实与这个国家的经济和历史有很大的关联。认识到这种现象，就会意识到作为一个个体，要想去一个地方长期发展、学习或旅居，应该考虑的影响因素是很多的。这也让我想到，高考填报志愿时，还有步入大学后，很多人会考虑选择学习一门外语，但对选择哪个语种会产生困惑。其实，排除兴趣和个人因素，从未来职业和人生体验的方面来看，学习什么样的外语或哪个语种其实就像在宏观层面认识世界，会在很大程度上影响你未来成长的足迹和路径。

学习一门语言能够打开一扇外面世界的窗口。掌握好一门外语，你至少要花费500小时的时间去学习和精进，而你在此过程中会接触到新的文化和不同的思考方式。同样需要考虑的是个人的职业规划是否适合这个国家，选择一门适合自己未来发展和探索未知的语言也需要从长远的方向进行考量。可能存在的一种情况是，如果将大量的时间成本投入在一门语言的学习上，但却没有从中获得通向未来成长的力量，那么学习很容易半途而废。语言学习的长期性会损耗学习的斗志，所以兴趣、未来发展方向与长期的学习投入显得尤为重要。

李光耀在采访中谈及新加坡、马来西亚和印度尼西亚等东南亚国家的发展道路时，多次提到建国之初新加坡选择英语作为第一官方语言，并大力推进英语教育的策略。对语言的选择关乎一个国家未来长期的发展和机会，这对于个人发展而言，其实也有参考意义。

1965年前，新加坡和马来西亚属于一个国家。二战后，因为维系殖民地的成本高昂，英国无力维持海外殖民地，当时被殖民的马来半岛也开始意识到需要争取独立和解放。后来因为种族等因素，新加坡被迫从马来西亚独立出来。当时新加坡华人人口占其总人口40%以上，但考虑到未来新加坡与世界的联系和发展合作，李光耀坚持将英语作为官方语言，而没有按照人口占比选择汉语和马来语。与之不同的是，马来西亚人口占更大比重的马来西亚依然是一个以马来语为主要语言的国家。

所以在脱离英国后的几十年，新加坡和马来西亚的开放、发达程度有了分化。马来西亚的面积是新加坡的近500倍，人口是新加坡的近6倍，但在经济总量上二者基本持平，在人均GDP上新加坡远超马来西亚。

在2003年，马来西亚政府意识到人们失去使用英语的能力将不利于国家发展，所以又让学校开始英语授课。但对英语的推行在几年后受到阻碍，因为人们已经很难再适应英语教学。一旦开始时决定了方向，中间再去改变和逆转就不那么容易了。

推动新加坡和马来西亚发展的因素有很多，其中，最初两国选择的官方语言和对人才的开放程度起了很大的作用。李光耀认为，能讲英语并具备与世界沟通的能力是推动新加坡发展的重要因素，这也是他将选择一种适合本国的语言提到国家发展战略层面的原因。

当然，从实用主义出发，这也是为什么随着中国经济实力的增长，出现了"汉语热"。因为要与中国产生更多的连接，语言是建立认知与信任最基本的沟通工具。个人的语言学习，尤其是外语学习，也是在一个国家的背景下的选择，不能脱离本国的发展中的市场需求，也不能不考虑走出国门后的目的地国家的语言、文化和经济等层面的实际情况。国家的语言定位属于国策层面；对于个人而言，学习、掌握一门外语可能会成为安身立命、认识世界的钥匙。

用进废退

在研究生物和人类的进化时，哈佛大学教授丹尼尔·利伯曼[1]认识到，生物机体在接受不到自然选择给的合适的压力时，就会产生疾病。在无重力的太空环境中，由于缺少环境对骨骼的压力，宇航员的骨量会快速流失。长时间在太空执勤的宇航员返回地球时，骨骼会非常脆弱，所以需要被抬着走，防止骨折。所以说骨骼的强壮需要与环境发生作用，环境带来的压力对骨骼而言不是负担，反而是保障身体机能的必需。这可以概括出一句话，人体有一种天然的特性，适当的压力和锻炼对身体是有益的。这解释了为什么我们不用就会失去，以及人的成长需要压力。

---

[1] 丹尼尔·利伯曼（Daniel E. Leberman），哈佛大学人类进化生物学教授，人类进化生物系主任，著有《人体的故事》。对跑鞋引起的损失问题有深入研究，倡导和践行"赤足跑"，是跑圈内赫赫有名的"赤足教授"（The Barefoot Professor）。

生物进化的过程，是个体不断与环境发生作用的过程，进化的底层逻辑就是用进废退。与骨骼的生长相同，人的写作和思考技能也遵循这个道理。写作过程，就像石油钻井，适当给大脑注入思考压力，促使大脑有组织地产出思考的内容。

世界上大致有两种人：被动者和主动者。在职场中，招聘方往往会特别提出对期待的候选人的特征描述，其中会提到两个点：好奇心和主动性。

在英语的表达中，可以很清楚地看到被动者和主动者的区别：① 被动者的特点是"reactive"，"re-"是"反馈、回复"的意思。被动者容易陷入被动的处境，在很大程度上是因为其长期处于应对变化的策略中，而不是主动出击。② 主动者的特点是"proactive""pro-"是"向前、提前、预先"的意思。主动者是能量释放型的人，更容易根据环境做出预期和判断，预测变化并提前做好应对方案。在大多数时候，主动者能够主动筹划、积极应对改变，并把环境的负能量快速转化为对自身成长有利的支持要素（见表11-2）。

表11-2：被动者与主动者对比[1]

被动者	主动者
reactive	proactive
对刺激或情况做出反应	知道如何设定优先顺序和管理工作流程
倾向先解决简单的问题	相信自己的能力可以选择如何回应
注意力常被非紧急的事件或信息吸引	专注于真正重要的事情并有特定目标
容易受他人负面行为影响	能控制自己应对外在的负面能量
口头禅："我不能"或"我必须"	口头禅："我偏好"、"我会"或"我选择"

真正具备认知高度的人，大多是主动型的人，能够驾驭自己的自由时间。在每个人都拥有的资源中，时间是无差别的，差别的产生在于日常如何利用时间。每个个体的自由时间都是一种资源。我们每个人都具备的重要资产是自由时间，这是能够按照我们个人的意愿和意志支配的资源，它能够让一个人思考得更全面，也能够让平庸化为优秀。

认知的近光灯与远光灯

一位热爱沙漠越野的朋友跟我说，翻越沙漠是一件冒险的事，正因为危险才吸引了很多越野爱好者去征服。翻越一个个沙丘后心底涌现出愉悦感，就好像征服了

---

[1] 来自领英：Natalie Nai-Ling Chen。

生活中的困难，肾上腺素和多巴胺会填满求胜的欲望，自信心也会比平时飙升。征服欲会让人在危险面前丧失灵敏度。在翻越沙丘的时候，真正的困难和挑战不是你猛踩油门后能否爬到沙丘的顶端，而是你能否平安到达顶端后再下来，因为每个沙丘后面都是未知的世界。真正挑战车技的是你能否以足够的马力爬上高点后迅速做出反应，将车身掉转，把车身由垂直状态迅速转为横向状态。

沙漠有大大小小的沙丘，但并不是所有的沙丘两侧都是一样的，你要基于沙漠地形做出判断。有的沙丘一侧是陡坡，爬上陡坡后上面可能是平地，也可能是比之前还陡峭的坡。这时如果加速爬坡，在来不及减速的情况下继续前进，是很危险的，很可能因为速度过快而在冲过顶端后人车一起飞出去，翻下沙丘。

所以技术真正厉害的选手不是仅仅懂得加速和爬坡，还要懂得在适当的时候猛打方向盘和刹车，将车身迅速掉转。原来任何一件事背后都潜藏着窍门和引人思考的东西，这种经验式的知识和行为策略其实也是看待事物、处理问题的认知能力。认知升级也就是在原本认知的基础上进行调试和完善。

吴伯凡老师曾谈到认知，提到一个认知的类比。他说任何认知都是一种"有限的"生存工具。就像汽车的车灯最远能照一二百米，但即便如此，"有限的"工具也能帮助我们不断往前走。每个人的经验和生活的环境都像汽车的近光灯，在夜晚只能照到眼前有限的范围。但如果不断地总结、提炼和学习，近光灯可以被替换成远光灯，让我们拥有更广阔的视野。

蜜蜂和苍蝇，谁更有智慧

不妨思考一下，如果问你"蜜蜂和苍蝇，谁更有智慧"，你会怎么回答？

美国密执安大学教授卡尔·韦克做过一个关于苍蝇和蜜蜂的实验：韦克把六只苍蝇和六只蜜蜂放在一个玻璃瓶中，将瓶子平放，让瓶底朝着窗户。结果，蜜蜂不停地在瓶底打转，拼命寻找出口，直到它们耗费自身所有的体能和精力——力竭倒毙或饿死。而苍蝇不断乱撞，在不到两分钟内，最终从瓶的另一端逃出。为什么会是这样的结果？

其实，蜜蜂的飞行能力并不比苍蝇的差，它们的眼睛也并不比苍蝇的进化得低等。无论是蜜蜂还是苍蝇，它们都是靠着密集排列的小眼构成的"复眼"生存的，这样的构造可以帮助它们辨识光源，确认飞行方向。不同的是，蜜蜂平时的工作是两点一线：找到蜜源，回到蜂巢——"高效"且有条不紊。而苍蝇就像那句老话说的，像一个"没头的苍蝇乱撞"。但为何最终逃出的是苍蝇而非蜜蜂呢？

相比苍蝇，蜜蜂更有智慧，更偏爱有逻辑的坚持。它们懂得追求光源并有着既定的行事目标，它们认为逃脱囚室的出口必然在最光明的地方。而苍蝇，它们欠缺有逻辑的思考，只是通过不断尝试不同的方向，误打误撞撞出了瓶口。看起来它们是头脑简单，甚至有些愚蠢的试错者。然而，这种"欠缺逻辑"的莽撞恰恰是它们获得自由和新生的重要因素。

韦克总结道："这件事说明，实验、坚持不懈、试错、冒险、即兴发挥、最佳途径、迂回前进、混乱和随机应变，所有这些都有助于应对变化。"另外，韦克还得出这样的结论："当每个人都遵循规则时，创造力便会窒息。"同理，在职场中也存在类似的情况。蜜蜂和苍蝇，分别代表了职场中的两种工作类型：

① 前者（蜜蜂）目标性强，执行力以目标为导向，不把时间和精力浪费在看似无关的事务上，能够"专注"和持久地做一件事，自然攻克目标的效率就高。

② 后者（苍蝇）善于不断试错和冒险。虽然对目标的专注性没有蜜蜂强，但它们的优势是抓住一切可能，找到潜在的机会。

蜜蜂的"智慧"与苍蝇看似莽撞的"愚拙"，二者都是成长的要素。坚持就是胜利，这是我听过的最大的谎言。因为即使是平日里再有智慧的人，不懂得审时度势，因时而变，也一样无法摆脱困境。有策略的坚持和取舍，懂得适当的放弃和变通，才是真正的智慧。

为什么过于专注在一件事上有害无益？哈佛大学教授塞德希尔·穆来纳森在长期研究穷人和扶贫的过程中发现在长期性的资源（钱、时间）稀缺中，人们已经形成了"管窥"之见。管窥（tunneling）指专注于某一事物就意味着我们会忽略其他事物，只能看到"管子"之中的事物，也叫"隧道视野"。虽然这有可能为我们带来"专注红利"（短期的富裕或效率），但是从长远来看，这种"专心致志"反而会让我们产生"权衡式思维"，不断增加我们的带宽负担。

可以说稀缺令人"专注"，也可以说稀缺导致我们有了"管窥"之见——只能一门心思地专注于管理手头的稀缺。例如，在摄影技术方面，苏珊·桑塔格（Susan Sontag）曾说过这样一句名言："摄影就是将景物装入框内，而框入一些东西就意味着其他景物会被排除在外。"管窥就是人们对这种体验的总结与融汇。

懂得当下放弃什么比把握什么还重要

互联网预言家凯文·凯利将"屏读（screening）"作为引领未来的趋势之一，未来的发展会赋能周围的实物，任何一种平面都能够成为屏幕，成为屏幕的实物在哪里，注意力和流量就会流向哪里。最初，屏幕被赋能的颠覆式变革受到苹果公司的iPhone手机的影响。苹果公司在孵化iPhone手机这个项目前，一直在研究触屏技术在平板电脑上的应用。一开始，乔布斯致力于打造一款能够摆脱键盘的产品，让用户能够在没有实体键盘的情况下在多点触控的玻璃屏幕上自如地打字和操作。

乔布斯找到界面交互的工程师，使之开发出滚动条和回弹的界面，之后他们才开始考虑，要不要做一款手机。于是，在决定做手机后，苹果公司把研发平板电脑的项目搁置，暂时雪藏起来。

当时，乔布斯说手机更加紧急和重要。苹果公司召集了1000多名员工组成研发iPhone团队，开始了被列为高度机密的项目，名为"Project Purple"。几年后，iPhone手机诞生，并在市场上取得了很积极的反响，之后他开始再次考虑做平板电脑，并把在研制iPhone中取得的经验应用到平板电脑上，这就是后来我们看到的iPad。苹果公司的iPad和iPhone的研发先后次序，体现了一家企业极度的灵活性和对产品开发优先级的把握。

对于2000年的手机用户来说，他们的心里只有键盘手机，根本没有想过手机厂商可以颠覆式地在去键盘化方面进行创新。创新就是在瞬间整合不同模块的灵感，但对机会的把握在于取舍，懂得放弃什么比把握什么其实还重要。有时候把一件事情做到极致，再展开其他相对不那么紧急和重要的事情，需要一种决策能力。

楚门的世界："这个世界很大"是一个伪命题

在不同的国家和城市读书、工作了几年后，我越来越发现"这个世界很大"是一个伪命题。这个世界有多大？纠结这个问题是没有意义的，因为世界的大小对于我们个人而言，在很大程度上受制于时空、经济等因素，大多数人只能局部地感知和与之互动。所以更值得深入思考的是：我们认识的世界有多大？其实你会发现，我们认识的世界，大或小，取决于我们的格局和视野，也就是我们如何与这个世界互动。

在电影《楚门的世界》中，主人公楚门从一出生便开始生活在一座叫桃源岛的小城，他在一家保险公司当经纪人，过着普通而平凡的生活。然而，他并不知道，他从小到大都在数万个摄像头的监控下，他的现实生活是"楚门的世界"纪实肥皂剧的"即兴"剧情，也是桃源岛外面世界的观众消费的对象。

就像故事中导演对楚门说的，外面的世界不比里面真实。从某种角度来看，无论在什么地方，我们与这个世界互动的方式和能力都存在局限性。你所了解和认识的世界都是局部的，而真正的自由并不是简单的有能力去外面转一圈，而是来自内心的某种力量，也就是意志的自由。

在互联网极其发达的时代，认知固化同样存在，而固化的结果就是牺牲我们自己的认知和意志的自由。现在的科技已经可以基于社交网络平台或者应用程序对用户进行精准画像，数据分析工具针对用户日常的浏览和选择，例如网页浏览、点击、点赞、定位等，可以获取用户的应用场景和选择偏好，随后生成一份类似的画像报告。

我们有一种平常且非凡的能力，即选择。选择认知是通过主动的行动去捕获信息，并对信息进行编码、加工处理的。楚门的故事其实也是我们每个人的故事，选择是让自己获得自由的唯一出口。楚门离开桃源岛，是抗争后最终实现的身体上的自由；而我们接受认知的局限性，去拥抱变化，是我们获得的精神和心智上的自由。

安妮·杜克是一名职业扑克选手，曾摘得职业扑克赛世界冠军。她曾提出一个值得思考的问题：如何让人们相信一件事情[1]，并以"假新闻"为例进行了论证。"假新闻"的意图并不是改变人们的想法，而是基于这样的认知——人的信念一旦形成，将很难被改变。所以，"假新闻"的作用是强化信息受众的原有认知和概念，并在重复和趋于同质化的内容中产生放大作用，从而让我们对事物的认知趋同于我们所重复接收的信息，弱化我们的判断力。

依托算法和数据分析，互联网精准定位和广告推送使用户在很大程度上接收的信息更趋同，也就导致同质化的内容大量被重复。这样的后果是，我们基于原有认知，用同质化的信息去强化认知，然后相信这就是世界真实的样子。

人都有这样的共性，我们往往更容易接受支撑自己原有认知的信息，更容易相信自己听到的、看到的以及最初进入头脑中的内容。所以更好地认识世界的出发点，是认识自己认知的局限性，在追求成长的过程中，关注个人意志和认知的自由度。

1　《对赌：信息不足时如何做出高明决策》，安妮·杜克 著。

自律给我自由

摆脱多巴胺，追逐内啡肽

多巴胺和内啡肽其实是人体的两种快乐激素，但两者是不同的供给方式：多巴胺是奖励机制，也就是对欲望的即刻满足，对食物和娱乐舒适的东西产生的欲望满足，便是多巴胺带来的幸福感。内啡肽是补偿机制，其特点就是一定在前期付出了努力才能获得反馈。例如，在健身房进行力量训练，还有长跑，都会在过程中间产生内啡肽。这样的好处是开始的痛苦会被内啡肽的兴奋、快乐效应抵消一部分，可以让我们持久地做一件事，也会产生相应的上瘾效果。

长跑给了我明显的感受，每次跑10公里的话，最初的几公里是比较费劲和痛苦的，但过了这个痛苦的拐点，慢慢就会感觉不到累了，还能够有足够的力量坚持下去。这就是在运动后的一段时间，身体产生的内啡肽让人在运动中兴奋起来，不会有明显的疲惫感。可以说，内啡肽比多巴胺更吝啬，但也可以让人摆脱即刻满足，去追求努力后的结果，让人更加自律和强大。如果说多巴胺是当下的短期利益，内啡肽就是长期的投入换来的收获，痛苦让人快乐和进步，原来和人类进化出的补偿机制有很大的关联。

多巴胺不是快乐的制造者，而是对意外的反应，即对可能性和预期的反应。有时候我们得到了想要的东西之后，就感觉它没有那么好了。那些远处的东西，即我们没有的东西，不能被使用和消耗，你只能去渴望。多巴胺有一个非常特殊的职责：最大化利用未来的资源，追求更好的事物。从多巴胺的角度来说，拥有是无趣的，只有获得才有趣。获取多巴胺的过程给人带来快乐，这自然是每个人都不可缺少的，但这句话强调的并不是不要追求多巴胺，而是不要对能够产生多巴胺，即那些带来即刻满足的娱乐或物质产生依赖，在寻求快乐的过程中可以通过补偿机制促进自己养成一种优质、健康的生活方式。

实现"自律给我自由"的底层逻辑

人是欲望的产物，生活中有很多欲望，例如懒散、没有节制地吃高热量食物、"躺平"不想锻炼等。实现"自律给我自由"的底层逻辑是什么？我认为，欲望是可以分等级的，低级的欲望需要唤醒自律的觉察，可以用更高级的欲望压制，例如，想变得更加健康、漂亮、帅气，这同样也是我们的期望，也是欲望的呈现形式

（见图11-1）。而更高级的欲望，是我们在日常生活中的目标、理想、梦想与愿景，例如，我们想成为什么样的人，过什么样的生活，如何活出生命的意义……

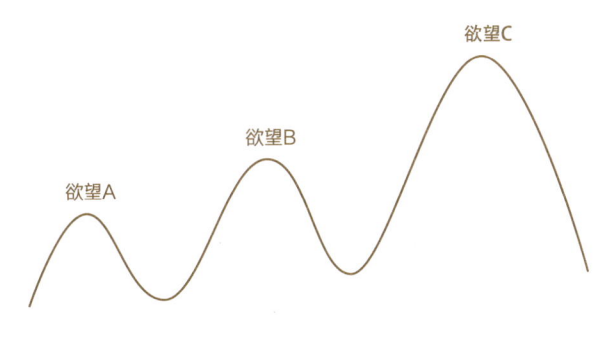

实现"自律给我自由"的底层逻辑

图 11-1：自律带来自由的底层逻辑

从二维视角来看，舒适区、恐惧区、学习区与成长区都是平面的。从三维视角来看，走出舒适区就像从井里通过一个个阶梯爬向高处（见图11-2）。当然，每个更高的池子又存在舒适区，在任何一个池子待久了就会适应这个池子的状态，即使是暂时的停留，也会被困在当下舒适的池子里。如果你选择待在舒适区，随着时间的推移，你的舒适区会变小，同时还要面对外部风险。舒适区的边界，就是我们的世界的边界。

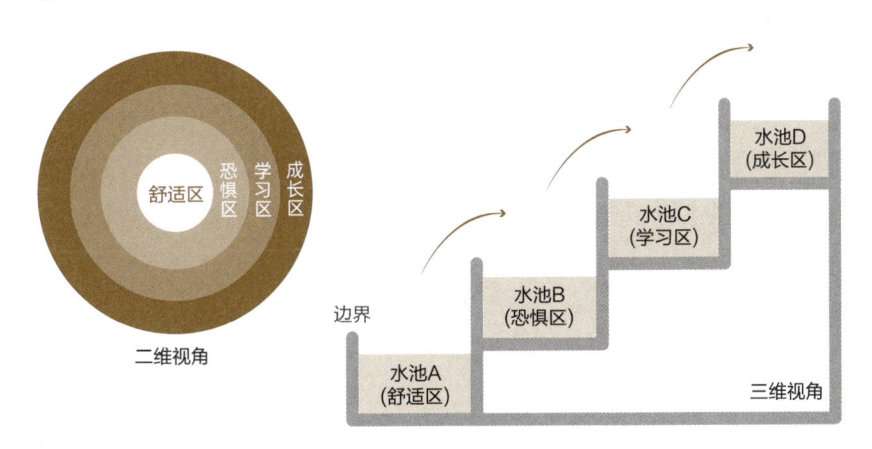

图 11-2：水池跃迁

不断学习和走出舒适区的过程，也是打开新的领域的过程，认识到外面和更高处存在水池。动态的发展心态一旦停止，我们就会成为温水青蛙。当我们前进的时候，可能也会遇到捷径，即使靠捷径这种投机心理能将我们带到更高水池的边沿，让我们看到更高地方的水池原来是这个样子，我们也难以真正成为里面的人，最后还是要落到低处的水池。只有真正凭借自身努力与实力进入高处的池子，而不是靠虚无缥缈的捷径，才能真正赋予我们脱胎换骨的成长与升维。

强势思维与弱势思维

只有你能够捍卫的东西，才真正属于你。我曾看到一个有意思的实验，研究自然界中动物的繁殖和交配规律，实验对象是哈里斯麻雀（Harris' sparrows）。这种麻雀的羽毛颜色会随着交配季节的到来变得越来越深，深色羽毛体现了雄性麻雀的战斗能力。

科学家在一次实验中将浅色的雄性麻雀羽毛染成深色，结果发现单纯依靠羽毛颜色的变化不但没有提升这些雄性麻雀的交配概率，反而让这些本身浅色羽毛的麻雀被其他雄性麻雀杀死了。因为雌性麻雀是稀缺资源，只有战斗力强的雄性个体才能冲出重围，获得交配机会。这些浅色羽毛的麻雀单纯是羽毛颜色变深，并没有真正具备深色羽毛麻雀的战斗力，从而因为虚假的深色羽毛招致了"杀身之祸"。之前浅色羽毛带来的稳定生活因此被破坏，平衡一旦被打破，而不改变其他能力要素，就只能在失衡的状态里挣扎，甚至丧命。

做这个实验的研究学者总结道："你天然会捍卫属于你的东西，但只有你能够捍卫的东西，它们才真正属于你。"在没有足够能力和资源时，最好的战略是忍耐，通过努力，让自己具备更多捍卫自己想要的东西的能力。

《遥远的救世主》[1]这部小说对强势文明和弱势文明进行了探讨（见表11-3）。

---

1 《遥远的救世主》中关于强势文化的探讨：
- 透视社会依次有三个层面：技术、制度和文化。小到一个人，大到一个民族、一个国家，任何一种命运归根结底都是文化属性的产物。强势文化造就强者，弱势文化造就弱者，这是规律，也可以理解为天道，不以人的意志为转移。
- 强势文化就是遵循事物规律的文化，弱势文化就是依赖强者的道德期望破格获取的文化，也是期望救世主的文化。强势文化在武学上被称为"秘籍"，而弱势文化由于易学、易懂、易用，成了流行品种。
- 传统观念的死结就在一个"靠"字上，在家靠父母，出门靠朋友，靠上帝、靠菩萨、靠皇恩……总之靠什么都行，就是别靠自己。这是一个沉积了几千年的文化属性问题。
- 生存法则：生存法则很简单，就是忍人所不忍，能人所不能。忍是一条线，能是一条线，两者的间距就是生存机会。

弱势文明产生的弱势心理将他人作为解决问题的关键，希望靠别人成就自己，把别人当成自己的救世主。但就像这部小说的名字《遥远的救世主》所指，这个世界上根本就没有救世主。如果有救世主，那也是自己，真正能救你的只能是你自己，别人能够帮到你、引导你，成人之美，却不能决定你的人生一路与最终的轨迹。

表11-3：强势文明与弱势文明的对比

强势文明	弱势文明
强势文明促进强势心理的产生	弱势文明造就弱势心理，期待救世主的来临
特点：掌握强势文明的人，从实际出发，不断优化现有资源，依托自己获得成就	特点：依赖别人，寻求贵人，期望能够通过别人的协助来获得自己的成功

我很认同书中男主人公丁元英对女主人公的事业定位的建议："中国应该多一个由你注册的强势文化传播公司，你应该整合你的社会关系资源，埋头学几年、干几年，吸纳、整合零散能量，从你的第一本书、第一个剧本、第一部电视剧做起，用小说的形象思维和影视艺术的语言去揭示文化属性与命运的因果关系，去传播强势文化的逻辑、道德、价值观。"这个建议不仅针对文学创作领域，任何事业领域和行业、不同工作岗位都可以从中汲取"强势文明"的理念，这个理念是一种强势的认知与思维逻辑，不把自身的局限性固化，具备改造外部环境的魄力与积极心态，在任何情况下都能找到事情的意义。

事实上，在本书的写作过程中，强势文化的理念贯穿并支撑我度过写作中最困难的阶段，尤其是发心的定位，强势文化的正向能量与价值观也是促使本书问世的驱动力量。

第 12 章
不浪费任何一场危机

重新认识危机

我们曾以为的人生,从出生到死亡,一路平顺,到了中年,出现中年危机,也自然接受了。没想到越长大越被现实戳中内心的痛楚,其实真实的人生全部都是危机(见图12-1)。这是一个有趣的段子,幽默的洞察背后也透着实在的真实。

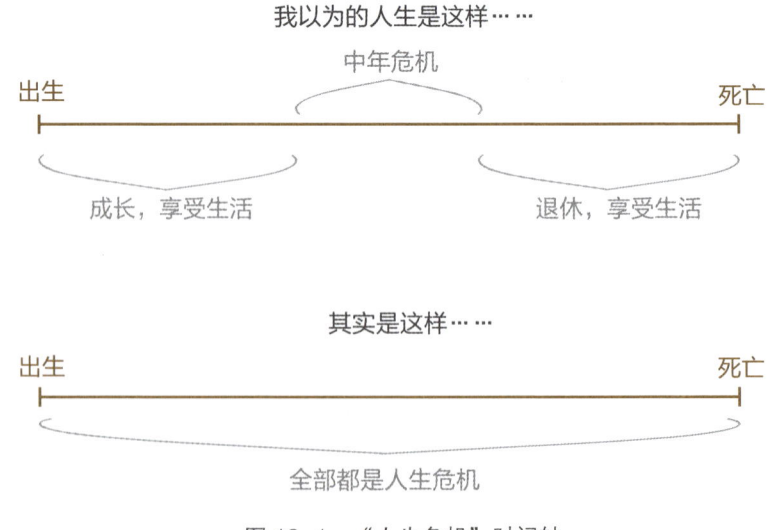

我以为的人生是这样……

出生 —— 中年危机 —— 死亡

成长,享受生活　　退休,享受生活

其实是这样……

出生 —————————— 死亡

全部都是人生危机

图 12-1:"人生危机"时间轴

人生就是不断地在与未知、不确定性的博弈中变得通透和强大。就像武术中有一个防御反击性派别，称为"合气道（aiki-do, the way of peace）"，其讲求非对抗策略，利用攻击者的力量反击对手，强调以柔克刚。在合气道里，重要的不是对抗力量，直面冲突，而是化解。这也是做人、做事的智慧，在协作与寻找共同点上发力，借力化解问题，顺势而为。

从不确定性中获益

上学的时候，老师总会建议大家准备一个错题本，将曾经错过的和掌握不牢固的知识点整理出来，定期翻出来看看，这就是"复盘"。为什么复盘能够使学习事半功倍？后来我慢慢意识到学习过程是一个与自己的知识、习惯和认知系统打交道的过程，在这个过程中个体的技能得以查漏补缺和逐步完善，而复盘则是帮助我们查漏补缺的关键一环。

如何正确地推进一件事情——这个问题在过去的一年里困扰了我很久。在筹备第一本书的出版时，我最初的目标是一年内出版。在朝着这个目标努力的路上，我意识到事情的推进不得不考虑内外部因素。内部因素是自己容易掌控的，而外部因素是不得不面对，同时又很难把控的。原本以为用几个月时间就可以完成的目标，会像主干生出来的旁支一样，有很多意外和意想不到的"事故"，例如，新冠肺炎疫情这种"不可抗力"的出现，就对很多应该如期推进的事项产生了影响。

这就是一个人成长过程中所经历的，也就是个人"去中心化"的过程。外部环境并不是按照个人主观意愿创造的，有时要学会"妥协"和"理解"。了解现实的这个层面，我认为人也就成熟了，接受了与外部环境共生和协作的基础条件。但接受并不意味着世故或任由环境摆布，这也是在构建自己的反脆弱系统的过程，正如尼采的这句名言："杀不死我的，使我更强大。"

《黑天鹅》的作者纳西姆·尼古拉斯·塔勒布（Nassim Nicholas Taleb）在《反脆弱：从不确定性中获益》中提到个体面对不确定性有三种状态：脆弱、强韧、反脆弱。脆弱的事物在安全和宁静的环境中得以发展。相比之下，反脆弱的事物在混乱中成长，反脆弱能力指能够从不确定性、随机甚至混乱中受益——不但不会因此被摧毁和败落，反而得以成长和发展。

什么叫"反脆弱"呢？可以从三种状态来体现：① 脆弱状态：玻璃杯很硬，但掉到地上，很容易摔碎；② 强韧状态：塑料杯容易变形，但掉在地上，一般完好无损；③ 反脆弱状态：想象有一种材质做成的杯子，当它掉在地上时，会变成两个小杯子。

换句话说，摧毁性的事件和错误带来的负面影响通过复盘能够产生反向效果，也就是为什么所有的事到最后都是好事，如果不是，则说明还没有到最后，因为时间这个变量需要在长期中才能显现并判定一个事件的影响。

"黑天鹅"和"反脆弱"可以被概述为一句话：事物的演化发展存在"黑天鹅"，是不可预知、不定期的事件，甚至可能造成大规模的毁灭性后果，但具备"反脆弱"的能力，也就具备了在混乱中求生的能力，可以将危机变成生机。这就像药理学家创造的"毒物兴奋效应"，计量小的有毒物质会对机体产生积极的作用，让机体在面对毒性更强的东西时不至于产生过度的反应。其实注射疫苗后人体产生的抗体也是这个作用，人体的自身免疫系统能够在被具备活性的病毒侵袭后，通过产生的有益抗体保护身体免受病毒真正的攻击。

人们容易对不可控的事情产生焦虑情绪。事实上，一件事情本身可能具备两个属性，即确定性和不确定性。接受不确定性会让你尽可能利用现有的资源，而专注于如何把不确定性变成确定性，将会使你花费很多精力，却得不到期待的结果。

所以，回过头来看，在这本书从0到1的过程中，虽然遇到很多不确定性，但也正因为这些不确定性，让我更加深挖这个主题，以及坚定写作的初心。

正如塔勒布对反脆弱能力的类比：风会熄灭蜡烛，却能使火越烧越旺。对随机性、不确定性和混沌也是一样的：你要利用它们，而不是躲避它们。你要成为火渴望得到风的吹拂。

记得有一个关于商人和渔夫钓鱼的故事。商人看到一个渔夫钓了很多鱼，很羡慕地问："除了捕鱼，你一天中的其他时间都在干嘛？"

渔夫说："我一般就是起个大早去捕鱼，回来后和孩子们玩一会儿，然后就吃中饭了，吃完中饭睡个午觉。到了晚上，就跟村子里的人一起喝酒、弹吉他、唱歌、跳舞。"

商人这时候建议渔夫："我是MBA，对商业很在行，我可以帮你走向成功啊！你只要每天多在海上待一段时间，尽量多捕一些鱼，然后就可以存够一些钱，用来买一条更大的船，捕更多的鱼。很快，你就能买得起更多的船，成立自己的公司，以及建立加工罐头食品的工厂。到那个时候，你就可以不用住在村子里了，你可以搬到大城市，在那里建一个总部来管理其他分公司。"

渔夫听后问他："然后呢？"

商人说："你就可以在自己的家里像一个国王一样生活。等到时机成熟的时候，你的公司可以上市，在股票市场上出售股票，到那时你就发大财了。"

渔夫又问："然后呢？"

商人回答说："然后你就可以退休了呀，你们全家可以搬到某个渔村。早晨起来，出海捕点儿鱼，回家和孩子们玩耍，中午睡个午觉，晚上和朋友们一起喝酒、弹吉他、唱歌、跳舞！"

渔夫很纳闷地说："我现在做的不就是这样的事情吗？"

对于这个故事，每个人的解读和侧重理解的点会不同。我想到的是，如果换作是我，会选择哪种人生？商人建议的人生规划是否无意义呢？人的所有努力为的又是什么呢？渔夫和商人最本质的不同其实在于应对不确定性的能力。渔夫是脆弱的，经受不起大的外部环境的改变和冲击，也不太可能换一个快节奏的大城市谋求发展，更不用谈获得幸福了。而商人却具备反脆弱的能力，因为他之前所有的努力都让他具备应对冲击的能力，无论是久经商场，还是财富实力，都能够让他在变换新的环境和应对危机时表现得更加从容。

危机 = 危难 + 机遇

2020年，澳大利亚发生了火灾，这场大火燃烧了四个月。NASA的卫星照片里，整个澳洲大陆近三分之一被烟雾覆盖。悉尼大学报告显示，这场大火造成10亿动物受到严重损伤。短期来看，这场自然灾害是极具破坏力的灾难，造成野生动物尸横遍野，进一步导致生态失衡；但从另一个角度来看，这可能是未来生态系统的一次调整，并且会促使消防系统、专家学者、当地民众、政策法规制定者等重新复盘，建立一系列应对自然灾害的危机防控体系。

例如，日本因为地处地震带，常年遭受地震灾害的侵扰，进而发展成在地震防控、房屋建造上更加专业。又如，因为1973年的能源危机，石油价格大涨，日本的汽车制造商丰田困中求变，在20世纪80年代通过差异化战略，在美国市场推出节能型、质量好、成本低的汽车，甚至一举重创美国的汽车巨头，占据美国汽车市场的半壁江山。

中国文化体现了换个视角思考问题的哲学，"危机"拆开来看正是"危难"和"机遇"的组合，凡事到最后都是好事，如果不是，则说明对这件事本身的价值挖掘还没有到位。焦虑、恐惧，大多时候源于对未知事物和问题思考的懒惰。历史存在这样一个规律：在每个朝代的更迭中都会出现文学和艺术的盛世，而这往往不是政治、商业的盛世。精神层面的高潮往往不在歌舞升平的时代，而是在动乱和危机中，因为痛苦教给我们的东西会更加深刻。

所有的事到最后都是好事

所有的事到最后都是好事。说到底，就是如何应对事情的反馈机制，我们在力所能及的掌控中如何管理自己对灾难的解读和认知，即如何选择。亚马逊创始人杰夫·贝索斯（Jeff Bezos）嘱咐儿子的一句话是：不要因为你具备的天赋而骄傲，要以你的选择为傲（Don't be proud of your talents, be proud of your choice）。在做事情中懂得选择，才是智慧。

不因事情本身的好坏而喜悦或悲观，而是挖掘其中潜藏的价值，在时间的长轴中，选择如何应对……所有的事到最后都是好事，如果不是，则说明还没有到最后。

采铜老师[1]曾探讨环境的重要性——为什么要在一所优质的学校读书？他认为大多数人，尤其在进入一个新环境时，基于本能会努力调整自己去更好地适应环境。所以，如果进入一所并不优质的学校，则很容易降低要求和标准，为了减少与环境的冲突而丢失严格要求自己前进的动力。这个论证的前提是，假设所有人的心智都是不成熟的。对于年轻人而言，容易受到环境的影响，价值体系还没有形成，这个假设是成立的。然而，对于大多数进入职场和社会打拼的成年人来说，是否已达到心智的成熟，是否能够掌控自己的大方向，不被环境左右？

在面对危机时，我们是否同样能够摆脱环境的负面干扰，对生活具备掌控力？

查理·芒格在一次机场安检中，因为检测器不断鸣叫，反复安检了几次，折腾完安检后，他要搭乘的飞机已经起飞了。但他并没有着急，而是拿出随身携带的书坐下来静静地等下一班飞机。他说："我手里只要有一本书，就不会觉得浪费时间。"所以任何时候，他都随身携带一本书，即使坐在经济舱的中间座位上，他也能安之若素，只要手里拿着书。

---

[1] 《精进：如何成为一个很厉害的人》的作者。

对自己的把握和对时间管理的掌控，简单来说，就是乐观且自律。在做选择的时候，坚定自己的信念，我们选择环境，而不让环境改变我们。

在写作本书的初稿时我遇到很多困难，例如，没有灵感、没有体力或发生其他影响进度的"意外"。但我还是坚持目标，头脑中反复出现李敖说过的一句话：作家不是有了灵感才写作的。所以每当我想停下来的时候，我就会反复暗示自己：这个时候，"作家"不是有了灵感才写作的。可以说，这本书从0到1的过程，也是我认知管理的过程。

人们往往会高估一件事情的意义，其实很多事情本身是没有意义的，我们要先接受事情没有意义，再去当中寻找意义。写作带给了我度过危机的力量，也让我体会到最好的投资是投资自己，最聪明的投资是投资时间。文字教会我做时间的朋友，也让我没有虚度时间，没有浪费任何一场危机。

破局思维

破局就是逆天改变，进而上升到另外一条道路。在新的道路中又会面临同样的循环。希腊神话中的西西弗斯因为触犯了众神，诸神惩罚西西弗斯把一块巨石推上山顶。每当他把巨石成功推到山顶后，巨石又滚下山。于是，他就不断重复，永无止境地做同一件事，周而复始。虽然西西弗斯不断推巨石是做无用功，但我很欣赏这个故事中透露的做事的毅力。其实每个人的人生经历都类似于西西弗斯的故事，都是周期往复，经历从诞生、成长、衰退到最后结束的过程。

《怪诞行为学》的作者丹·艾瑞里（Dan Ariely）的故事是破局思维的经典案例。18岁那年，丹·艾瑞里在以色列一次军事训练中因为被镁弹击中而造成70%的皮肤灼伤，短短几秒钟，灾祸降临，给他的生活带来巨大的改变。连续三年，他都需要在医院里裹着绷带。外出的时候，他需要穿着合成纤维紧身衣，头戴面罩。由于没有办法像常人一样参加活动和社交，他觉得自己与社会隔绝了。但这个特殊的时期给了他思考和观察生活的机会，他开始反思日常生活中看似普通和理性选择背后的原理。

在住院期间，他关注的是疼痛；在理疗和手术期间，他有很多时间思考。每天，他都需要经历"浸泡治疗"，这给他带来巨大的痛苦。在浸泡治疗的过程中，他需要全身泡在消毒溶液里，去除绷带，再把皮肤的坏组织刮掉。正常皮肤不会对溶液有很大的感觉，但烧伤恢复期的皮肤很脆弱，身体表面皮肤有的还没完全长好，所以在绷带和消毒液的一起作用下，产生的痛苦是撕裂般的。

这个痛苦的经历过后，一般的人可能只会抱怨剧烈的疼痛，但他从这三年的皮肉痛苦中开始思考人的选择和决策中的非理性，他开始对人的心理活动产生巨大的兴趣和好奇心。他曾研究：为什么免费的东西会让人过度兴奋？为什么我们乐于做义工，干活儿赚钱时反而不高兴？为什么我们会依恋自己拥有的一切？

例如，针对免费让人产生非理性行为的研究，丹·艾瑞里发现，多数交易都有有利的一面和不利的一面，但免费使我们忘记了不利的一面。免费给我们造成一种情绪冲动，让我们误认为免费的物品的价值大大高于它的事实价值。为什么？他认为这是由于人类本能地惧怕损失。免费的真正诱惑力是与这种惧怕心理联系在一起的。我们选择某一免费的物品不会有显而易见的损失，但是假如我们选择的物品是不免费的，那就会有风险，可能做出错误决定，可能蒙受损失。于是，如果让我们选择，我们就会尽量朝免费的方向去找。

年轻时的烧伤带来的痛苦经历，唤起了他对人的非理性行为的思考，也让他在经济学和行为学领域有所建树。他的痛苦和独特的经历，让他能够以另外的视角审视周围看似平常中的不平常，透过现象看到问题的本质。丹·艾瑞里作为一位经济学家，他在麻省理工学院斯隆管理学院任教期间研究的方向便是人们决策和行动的非理性行为。他想探求这些愚昧、奇怪和异常的现象中的非理性行为的来龙去脉，这样就能知道如何更好地决策和行动。

丹·艾瑞逆袭的故事也从侧面反映了一个道理：你是你的问题，你也是你的解决之道。失去一些东西，可能也意味着要赋予你一些别的东西，但需要努力探索和把握才能发现你得到的是什么。

建设性思考，解决问题的开始

历史上，人类文明的分化在很大程度上基于自身能力和认知力的差异化发展。在探寻游牧社会和农业社会的发源问题时，除了自然环境对人的影响，我们往往忽略了人的认知和思想是如何影响社会发展的。

游牧社会在生产繁衍中需要依靠水源，基于其机动能力，他们不断动态迁居，依水源生活。驱动古代游牧社会的隐含问题是：怎样才能找到水源？但是，当他们把隐含问题变成"怎样才能把水源引到身边"以后，这个新问题引发了人类最卓越的生存形式的转变，它带来了农业，包括灌溉的发明、蓄水、掘井、耕作，最终使城市出现了。这种转变对我们的启发是什么呢？对问题不同的提问方式如何帮助我们解决现在面临的工作困境呢？

在心理学上与认知、情绪管理领域存在很多理解世界的共识。我们身边的环境与事物是客观存在，内心的理解和解读作用于自己的情绪，并引导我们的行为和选择。

美国心理学家埃利斯创建的情绪ABC理论认为情绪的形成过程涉及：① 诱发性事件（Activating Event）；② 信念（Belief）；③ 引发情绪和行为后果（Consequence）（见图12-2）。

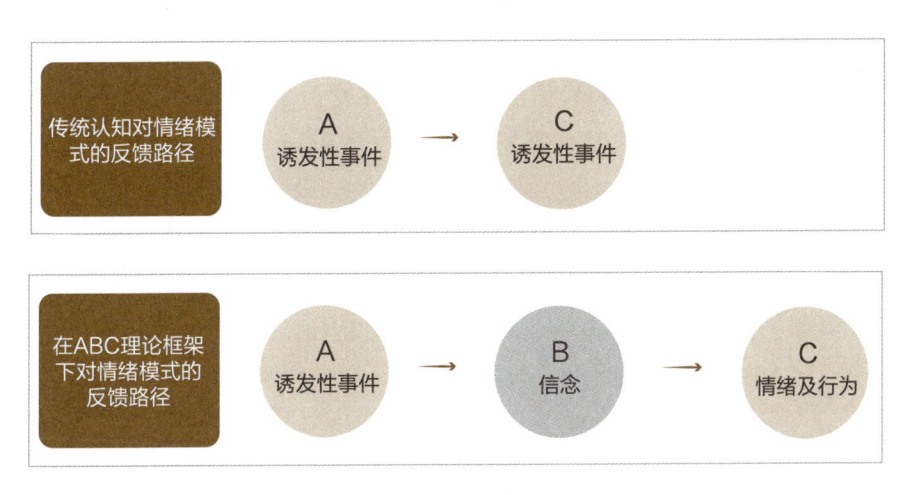

图 12-2：情绪 ABC 理论

外部环境对我们的作用会通过我们的大脑信念和认知进行过滤与解读，外部环境本身并不具有正、负能量，大脑的解释区分了事件在我们认知中的正向、负向属性，随后引发情绪和行为后果。

在面对困难与挑战时，我们不被问题所局限，而是基于期待达成的结果，寻求创造性的解决方案。爱因斯坦说："提出一个问题，往往比解决一个问题更重要。"提问的能力往往代表了发现、解决问题的能力。新的提问能彻底转换我们的视角，能带动我们用新的方式来看待难题。充分发挥优势和改造问题的能力，不受限于困难,这是打造我们的认知和思考的武器,也是自己的护城河。

凡事都需要建设性思考,因为任何事情都是客观的非情绪的现象。通过信念和认知,我们能从中挖掘出对价值的思考。任何事情的发生都教给我们一些东西,让我们更好地认识自己与外部环境。这些都是我们的经历资产。人生没有白走的路,每一步都算数。

创造性地改变现状

我曾和一位犹太裔教授共事,筹备即将在以色列举办的活动。当时有一个项目需要与各大咨询公司合作,这里说的大咨询公司指在管理咨询公司中排在全球第一梯队的麦肯锡、贝恩和波士顿咨询公司等。对于一个没有人脉资源且刚刚毕业的学生来说,要与这些公司建立合作关系并找到融资很困难。教授也了解这个情况,于是,他跟我讲了他自己求职的故事。

他出生在位于北非的摩洛哥,家里做裁缝生意,并不算富裕,但他不安于现状,好学和上进的他选择去法国深造。博士毕业后,他在里昂的一所商学院当讲师。在工作了一段时间后,他计划去巴黎发展。在分析了法国高等商学院的排名、体系和定位后,他来到位于巴黎共和国大道的一所高等商学院,他向门口的保安询问:"我是来求职的,请问如何见到招聘办公室的工作人员?"

保安示意他去接待处预约和咨询。于是,在接待员的安排下,他见到了招聘负责人,并表明了求职意向。但招聘负责人的回复是:"我们目前并不缺人。"

他说:"我了解到你们学校现在的发展方向,是要建立与企业的合作项目,急需企业融资,只要你给我提供一张桌子、一部电话和一个座位,给我一个月时间,我就能够帮助学校拉到融资。如果到时候没有结果,学校也没有损失。"

后来,他的提议真的被采纳了,学校给他分配了一间办公室,提供了一张简单的书桌,还有一部能和外部联系的电话。这样,他每天的工作就是联系企业,和企业谈项目合作与融资。事实上,他的资历和教育背景足以使他在课堂上教书育人,与学生一起分析商业案例,做着通常被认为更有意义的事情,开启新的学术生涯。

虽然后来的工作内容并不是他最初设想的,而且现在的工作也极具挑战性,但他还是坚持下来了。一个月后,他拿到了一家顶级技术咨询公司的融资,融资金额远远超出学校预期。自然,他被学校聘用了,成为学校师资团队中的一员,由讲师到后来成为副教授和部门管理者。

这位教授的故事,让我感受到一位犹太裔学者在追求目标的过程中表现出的品质和智慧。

我们知道犹太民族很有智慧,但是智慧到底是什么?在具体情况下,智慧是否能发挥价值?就像看了很多书,走了很多路,却不一定能过好一生。其实,真正的智慧是应用你所知道的东西去创造性地改变现状,直接或迂回地接近你的目标,而目标也在这个过程中被不断地调试,而不是一成不变的。

天空没有痕迹,但鸟儿已经飞过

你从不知道,你通过某种方式留下的痕迹,在别人看来是什么,或者对他们来说意味着什么。这对他们来说,很可能是很重要的启发和帮助。

小时候我很喜欢画画,在上高中时一个夏天的周末,农村的家里出现了一盒彩色粉笔,心血来潮的我,想着在院子的墙上画几朵荷花,正好和院里小池子中的荷花相映成趣。

我喜欢荷花的简洁,也喜欢那首诗:小荷才露尖尖角,早有蜻蜓立上头。于是,那天院子的墙就成为我的大画板。几朵荷花,配着几个含苞待放的花骨朵儿,一起被大片荷叶环绕着,加上这首《小池》的诗句,一并被印在了墙上。

周末结束我离开老家,又像往常一样离开了爷爷奶奶。时隔几周再回到老家,墙上的粉笔色被下过的几次雨冲刷得轮廓模糊,揉开的颜色也不再鲜亮,倒真成了"夏雨荷"。

爷爷坐在院子里的椅子上,眯着眼笑着说:"你画的荷花和写的那首诗不错,你上回离开后,没事儿早上起床我就坐在院子里,看你画的这画。这几朵花画的和咱们池子里的荷花一个位置,跟投影一样,还挺搭配!"

由于在外面读书,不能经常在爷爷奶奶身边,听到这话,想着自己即使不在他们身边,也能留下点东西让他们想起孙女,好像也是一种陪伴和慰藉,心里虽然宽慰了许多,但也心疼两位老人。

大学毕业后选择去法国读书,一走又是几年,每年回一次家。但这下离家更远了，回去看爷爷奶奶的频率由当初的一个月两三次，成了一年一次。后来，在我在外面读书的第二年，爷爷突然离开了。当我再次想起当年在院子里率性涂鸦的场景，以及爷爷对我说的话，还是会心潮动荡。我只是出于童趣留在墙上的涂鸦和字迹，竟成了对老人想念孙女的宽慰。

身在异国他乡的时候，我去过几次巴黎的橘园美术馆，里面两个椭圆形展厅的墙壁上展览着印象派大师莫奈的巨幅壁画《睡莲》，每次都会让我想起家中院子里曾经画过的粉笔画，想起稚嫩的涂鸦和两行粉笔字。

很多时候，我们留下的痕迹，无论是画的画、写的字，还是一些微不足道的思考，可能对别人都意义非凡。这让我想起泰戈尔的那句诗：天空没有留下翅膀的痕迹，但我已飞过[1]。

的确，当我们经历一些事情、创造一些故事后，虽然天空没有留下痕迹，但我们却已飞过。事实上，即使痕迹肉眼看不到，内心也依然能够触达。文字的东西，可能你不知道自己当下写的几行字有什么意义，但对于一些人来说，它们很可能就是其一直追随的全部。哪怕只是从你的文字中感知的一些东西、产生一点共鸣的东西，也是这些文字的痕迹，也是其存在的意义。

一鲸落，万物生

第一次看到"鲸落"（whale fall）这个词，感觉很文艺。后来知道，这是指一只鲸鱼的陨落。一条足够大的鲸鱼尸体，落入超过1000米深的海底时才有可能出现"一鲸落，万物生"的现象。一只鲸鱼的尸体可以供养循环系统，特别是其中的分解者长达百年，在冰冷黑暗的海底，它留给了大自然最后的温暖。鲸落现象既是自然的循环，也是生命的循环与传承，更是生命的意义所在。

每个人在有限的生命中都在寻求意义、价值与归属。我们在人生四季中行走，将看过的风景与领悟到的智慧传递给身边的朋友，传承给未来的人，让我们的故事、思想、价值观等能够穿越时空，给人以触动和启发，就像鲸落一样，实现了孵化、孕育百年生态，也是价值的升华。

---

[1] 英文：I leave no trace of wings in the air but I am glad I have had my flight.

凡是动态发展的事物都存在周期，物质与财富都无法逃离周期的规律，真正的长期主义，不仅是让我们这一代人享受到长期主义的价值，更是让更多的未来人感受到长期主义的温暖，并传递这种精神力量。精神上的、无形的财富将更具备穿越时空与周期的力量，在发展中迭代与升华。

不管做什么，都不要急于回报。因为播种和收获不在同一个季节，中间隔着一段时间，我们叫它"坚持"。余世存在《时间之书》里说："年轻人，你的职责是平整土地，而非焦虑时光。你做三四月的事，在八九月自有答案。"我们应以长期主义作为护城河，做好当下的事。

一鲸落，万物生。这是一种多么浪漫的长期主义。

参考文献

【1】 丹尼尔·利伯曼 . 人体的故事 . 杭州：浙江人民出版社，2017.

【2】 常娜 . 成长流量：今天的努力是为了超越昨天的自己 . 成都：西南财经大学出版社，2020.

【3】 史蒂芬·柯维 . 高效能人士的七个习惯 . 高新勇，王亦兵，葛雪蕾，译 . 北京：中国青年出版社，2010.

【4】 彼得·考夫曼 . 穷查理宝典 . 李继宏，译 . 北京：中信出版集团，2016.

【5】 维克多·E. 弗兰克尔 . 活出生命的意义 . 吕娜，译 . 北京：华夏出版社，2018.

【6】 稻盛和夫 . 干法 . 曹岫云，译 . 北京：机械工业出版社，2015.

【7】 傅高义 . 邓小平时代 . 冯克利，译 . 北京：三联书店，2013.

【8】 尤瓦尔·赫拉利 . 人类简史 . 林俊宏，译 . 北京：中信出版集团，2014.

【9】 野口悠纪雄 . 战后日本经济史 . 张玲，译 . 北京：民主与建设出版社，2018.

【10】 李光耀 . 李光耀：新加坡的硬道理 . 北京：外文出版社，2015.

【11】 李光耀 . 李光耀观天下 . 北京：北京大学出版社，2015.

【12】 罗伯特·清崎，莎伦·莱希特 . 富爸爸 商学院 . 萧明，译 . 海口：南海出版公司，2009.

【13】 埃米尼亚·伊贝拉 . 能力陷阱 . 王臻，译 . 北京：北京联合出版公司，2019.

【14】 格拉宁 . 奇特的一生 . 侯焕闳，唐其慈，译 . 北京：北京联合出版公司，2013.

【15】约瑟夫·坎贝尔. 英雄之旅：约瑟夫·坎贝尔亲述他的生活与工作. 黄珏苹, 译. 杭州：浙江人民出版社, 2017.

【16】纳西姆·尼古拉斯·塔勒布. 黑天鹅：如何应对不可预知的未来. 万丹, 刘宁, 译. 北京：中信出版集团, 2011.

【17】纳西姆·尼古拉斯·塔勒布. 反脆弱：从不确定性中获益. 雨珂, 译. 北京：中信出版集团, 2014.

【18】瑞·达利欧. 原则. 刘波, 綦相, 译. 北京：中信出版集团, 2018.

【19】彼得·圣吉. 第五项修炼：学习型组织的艺术与实践. 张成林, 译. 北京：中信出版集团, 2009.

【20】彼得·德鲁克. 管理的实践. 北京：机械工业出版社, 2009.

【21】克莱·舍基. 认知盈余. 胡泳, 哈丽丝, 译. 北京：中国人民大学出版社, 2011.

【22】克莱顿·克里斯坦森. 创新者的窘境. 胡建桥, 译. 北京：中信出版集团, 2014.

【23】李笑来. 财富自由之路. 北京：电子工业出版社, 2017.

【24】李笑来. 把时间当作朋友. 北京：电子工业出版社, 2009.

【25】詹妮弗·里尔, 罗杰·L. 马丁. 整合决策. 王培, 译. 杭州：浙江人民出版社, 2020.

【26】宫玉振. 善战者说：孙子兵法与取胜法则十二讲. 北京：中信出版集团, 2020.

【27】张本波 等. 人口老龄化：新时代、新挑战、新机遇. 北京：企业管理出版社, 2021.

【28】明源地产研究院. 资管大未来：打通资管血脉, 决胜地产存量时代. 北京：中信出版集团, 2019.

【29】袁吉伟. 资管新时代与信托公司转型. 北京：中国铁道出版社, 2020.

【30】乔永远, 孔祥. 超级资管：中国资管业的十倍路径. 北京：中信出版集团, 2021.

【31】李奇霖, 刘文奇, 钟林楠. 大资管时代：危机与重构. 上海：上海财经大学出版社, 2018.

【32】中国保险资产管理业协会．中国保险业养老金管理蓝皮书 2020．上海：上海财经大学出版社，2021．

【33】梁建章，李建新，黄文政．中国人可以多生！反思中国人口政策．北京：社会科学文献出版社，2014．

【34】梁建章，黄文政．人口创新力：大国崛起的机会与陷阱．李君伟，译．北京：机械工业出版社，2019．

【35】哈瑞·丹特．人口峭壁：2014—2019 年，当人口红利终结，经济萧条来临．萧潇，译．北京：中信出版集团，2014．

【36】施展．溢出：中国制造未来史．北京：中信出版集团，2020．

【37】大前研一．M 型社会：中产阶级消失的危机与商机．刘锦秀，江裕真，译．北京：中信出版集团，2015．

【38】大前研一．低欲望社会．姜建强，译．上海：上海译文出版社，2018．

【39】NHK 特别节目录制组．老后两代破产．石雯雯，译．上海：上海译文出版社，2021．

【40】查尔斯·汉迪．第二曲线：跨越"S 型曲线"的二次增长．苗青，译．北京：机械工业出版社，2018．

【41】查尔斯·汉迪．成长第二曲线：跨越 S 型曲线持续成长．苗青，包特，译．北京：机械工业出版社，2021．

【42】李·布劳尔．布劳尔象限．凯洲家族研究院，译．北京：人民东方出版传媒东方出版社，2017．

【43】琳达·格拉顿，安德鲁·斯科特．百岁人生：长寿时代的生活和工作．吴奕俊，译．北京：中信出版集团，2020．

【44】安德鲁斯科特，琳达格拉顿．长寿人生：如何在长寿时代美好地生活．舍其，译．北京：中信出版集团，2020．

【45】聂云台．保富法．北京：光明日报出版社，2014．